《下关沱茶图鉴2011年—2020年》编辑团队

顾　问：罗乃炘　陈国风　褚九云　吴　青

主　编：杜发源

副主编：万岚兰

参　编：杨　欢　施　磊　王韦涛　段启雷　叶宁娜　蔺　佳
　　　　苏玲娇　段自良　李　佳　朱彩霞　周春娥　李　菱

摄　影：李其康　郭亚林　张锦程　林陈生　李　榕　姜佳岐
　　　　张振兴　夏　希　郑　娅　刘宇凌　杨亚萍　揣丽萍

2011年—2020年

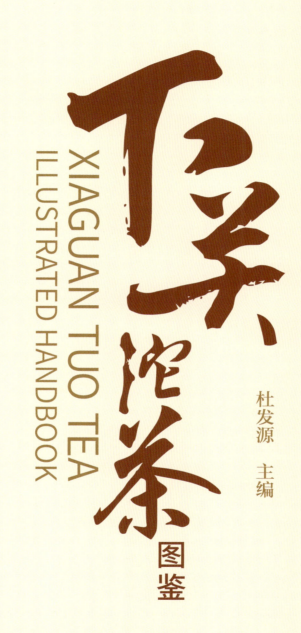

下关沱茶图鉴

XIAGUAN TUO TEA
ILLUSTRATED HANDBOOK

杜发源　主编

云南美术出版社

图书在版编目（CIP）数据

下关沱茶图鉴. 2011年—2020年 / 杜发源主编. --
昆明 : 云南美术出版社, 2023.12
ISBN 978-7-5489-4805-6

Ⅰ. ①下… Ⅱ. ①杜… Ⅲ. ①茶叶—云南—图集—
2011-2020 Ⅳ. ①TS272.5-64

中国版本图书馆CIP数据核字(2022)第010897号

选题策划：陈国风　杜发源　万岚兰　张文璞　肖　超　李　俊
责任编辑：何　花　赵雪妮　戴　熙　张　蓉
责任校对：李志敏　魏于清
装帧设计：昆明尚韦文化传播有限公司　罗　冕

下关沱茶图鉴（2011年—2020年）
杜发源　主编

出版发行　云南美术出版社
地　　址　昆明市环城西路609号
邮　　编　650034
制　　版　昆明美林彩印包装有限公司
印　　刷　昆明美林彩印包装有限公司
开　　本　889mm×1194mm　1/16
印　　张　29.5
字　　数　495千
版　　次　2023年12月第1版
印　　次　2023年12月第1次印刷
印　　数　1～1200
书　　号　ISBN 978-7-5489-4805-6
定　　价　398.00元

序　言

陈国风

　　当您打开这本《下关沱茶图鉴2011年—2020年》的时候，茶友们很快会发现，这就是一份实实在在的下关沱茶。自1902年品牌创立伊始，历经几辈人，只专心致志地做一件事：一心为消费者做出知己好茶就成了下关茶人的追求。在茶界江湖"纷繁复杂"的各种"大戏"连环上演的当下，科班出身的新一代下关茶人继续发扬坚守了121年的初心——这里一切都是那么真实，没有做作，没有虚妄，没有浮夸。真实的茶，真实的料，真实的技艺，大气明理做人，一心一意做茶，以匠心缔造高性价比茶品。

　　2011年至2020年，是普洱茶走出了2008年至2010年低谷以后重新奋进的十年；是茶叶市场以消费为主体，向多元价值拓展的十年；是等级拼配向日益提升的小众需求迭代的十年。云南下关沱茶（集团）股份有限公司的这十年，是发挥传统优势、紧跟时代需求、提升产品品质、丰富产品品种、满足个性需求的十年。

　　2021年，下关茶厂迎来了建厂80周年的喜庆日子，我们把近十年来的产品，在这里以图鉴的形式呈现给大家，是为热爱下关沱茶的爱茶人士提供一个选茶、品茶、读茶的翔实依据，也是为茶界"发烧友"们提供一种赏茶、析茶、识茶、鉴茶的工具书。

　　希望它成为您得心应手的工具！

始创于1902
大气明理 知己好茶
XIAGUAN TUOCHA

前　言

杜发源

十年前，直至往前上溯到20世纪90年代中期，有关普洱茶的画册百花齐放。2011年，在下关茶厂成立70周年之际，我们编写了《下关沱茶图鉴2009年至2010年》一书，率先在行业内策划和使用了"图鉴"这一概念，在此之前的普洱茶产品画册，大多是以图谱的形式流行于世。原计划是在这两年产品介绍的基础上，往前和往后延伸，但愧对读者的是，我们什么也没有做，一晃就过了十年，弹指一挥间，下关茶厂步入了80华章的陈香岁月。

值此下关茶厂成立80周年之际，我们把云南下关沱茶（集团）股份有限公司自2011年到2020年的产品，收集、整理、汇编成《下关沱茶图鉴2011年—2020年》。延续使用"图鉴"这种传播方式，是我们认为它最能完整地表达我们希望在这个产品图册中确立的公司产品的完整性、权威性和指导性，由于十年来累计生产的产品单品数量庞大，有八九百种之多，一本书的常规页码没办法实现全部产品都以图片形式展示，所以我们只能把产品分为两个部分：一部分产品生产批次多，消费者接触比较广的单品，以单页图片进行展示；另一部分生产批次相对较少的单品，则以图表的形式进行展示。

图鉴对产品的分类，在上一版图鉴的沱茶系列、饼茶系列、紧茶砖茶三个版块基础上，增加了生肖系列和调味茶等其他类别；根据下关沱茶产品营销的实

际，每个类别再细化为统销品和包销品两个版块，每种产品都以图示为主。因为产品时间跨度较长，不同仓储地方的转化效果不尽一致，为避免对茶友形成误导，这一次的图片中取消了开汤和叶底的图片。以单页展示的产品，都有产品简介、茶品档案和品质特征三部分文字内容进行介绍。产品图片尽可能地呈现该产品在十年间包装更换的不同版本及更换包装的对应年份。因篇幅关系，部分系列产品无法完整展示系列内各个单品的茶品档案及品质特征，只展示该系列下各个产品的图片及名称；茶品档案力求对产品的包装规格和包装形式顺序等信息进行详尽介绍。饼茶（圆茶）依据成型方法的不同，分泡饼和铁饼，用布袋辅助成型的饼茶（圆茶）称为泡饼，用金属模具直接成型的产品称为铁饼；市场概念的"生茶"和"熟茶"已被国家标准所采纳，所以本书的普洱茶也同时标明了普洱茶（生茶）和普洱茶（熟茶）区别；本期年份是指在本书收录范围2011年至2020年内有该产品生产的年份；这十年，国家对茶产品的标准、标识的调整和变更较大，生产许可也由QS向SC转化，因此，本书未对生产标准、条码、二维码等识别元素做统一的全面展示；茶品的排列顺序尽可能依据该茶品历史上初始生产时间的先后顺序排列，不代表该茶品的产量、品质、价格和重要程度等因素，也不代表企业对该产品的推荐程度。

　　本书附录了部分课题成果、论文和研究报告，目的是给消费者和茶友更全面地了解下关沱茶提供一些背景素材和参考资料。

下关沱茶

图鉴

2011年—2020年

目　录

饼茶篇

统销品

紧茶篇

统销品

包销品

其他类篇

统销品

附 录

大事记

2011年

1月，在商务部《关于进一步做好中华老字号保护与促进工作的通知》中，云南下关沱茶（集团）股份有限公司以诚信为本、公道守规、货真价实、服务优质的商业道德，以质量第一、顾客至上的经营理念荣登《第二批保护与促进的中华老字号名录》。

3月8日，中日友好协会副会长、福井县日中友好协会会长酒井哲夫为团长的日本福井县日中友好文化交流访问团一行15人，到云南下关沱茶（集团）股份有限公司访问并进行茶文化交流。

4月22日，第六届中国云南普洱茶国际博览交易会在春城昆明隆重开幕，公司携带新产品参与此次展会。

5月23日，中央党校新疆班学员一行55人，在省委党校巡视员徐贞耀以及州、市领导的陪同下，到云南下关沱茶（集团）股份有限公司进行社会经济调研。

5月25日，商务部市场运行司领导在云南省商务厅、大理州商务局负责人的陪同下，到云南下关沱茶（集团）股份有限公司，对边销茶储备、轮库等工作进行调研。

5月，国务院发布《关于公布第三批国家级非物质文化遗产名录的通知》，在国务院公布的第三批国家级非物质文化遗产保护的名录中，"下关沱茶制作技艺"荣耀入选国家级非物质文化遗产保护名录（扩展项目名录—传统技艺—Ⅷ152）。

下关沱茶于1902年始创于茶马古道中心——云南大理，下关沱茶制作技艺传承经历了清朝、中华民国和中华人民共和国三个不同历史时代。一百多年来，下关沱茶制作技艺薪火相传，精益求精，并随着时代的发展注入了新的内涵。

7月14日，参加2011重庆茶业博览会，布置的特装展位被评为"最美最靓的展馆"。

8月20日，大理电视台《身边》栏目专门制作播出了一期节目《茶香百年》。

9月3日至6日，参加第六届东莞茶业博览会。

9月24日，以卢旺达共和国政治局委员让·巴普蒂斯特·穆赛马克维尼为团长的卢旺达爱国阵线干部考察团一行15人，在中联部、云南省外办、大理州外办陪同下，来到云南下关沱茶（集团）股份有限公司参观交流。

10月29日，庆祝云南下关茶厂成立70周年暨下关沱茶创制109周年大会在大理风花雪月酒店隆重举行。由时任中共大理市委副书记黑尚锋主持，出席大会的领导有：中国茶叶流通协会常务副会长王庆，中共大理州委常委、常务副州长马建全，大理州人大常委会副主任尚榆民，大理州政协副主席毕熊光，大理市人大常委会主任李国源，大理市市长马忠华，国家茶叶质检中心主任郑国建以及国家商务部、云南省民委等相关部门领导。

以"岁月七十·品味百年"为主题的系列活动：揭幕了下关沱茶"沱之源"丰碑、首发了《下关沱茶图鉴》、"沱之味"纪念茶上市。大型专题文艺晚会"沱茶之夜"，共分《序幕》《沱茶之源》《岁月沧桑》《光荣绽放》《德耀大地》五个篇章，犹如翻开下关沱茶这本厚厚的史册。

11月24日，第十二届中国（广州）国际茶业博览会开幕，公司携厂庆纪念茶"沱之味""饼之韵"在"中华品牌馆"设置特装展区。

12月15日至19日，公司参加在深圳会展中心举办的深圳茶博会。

12月17日，由云南省委外宣办、云南茶叶办、香港商报、云南茶马古道文化研究所共同主办的"茶马古道——跨越时空的穿越"采访团来到云南下关沱茶（集团）股份有限公司，对下关在茶马古道的中心地位以及云南下关沱茶（集

团）股份有限公司在茶马古道上发挥的重要作用进行深度采访。

2012年

1月18日，中共大理州委常委、州委组织部部长叶翠萍带队，代表州委、州政府到公司进行春节慰问。

1月20日，云南下关沱茶（集团）股份有限公司召开2011年度年会。

4月4日，韩国茶友代表团一行40人慕名考察了云南下关沱茶（集团）股份有限公司。

4月20日，公司在昆明国际会展中心特装参展第七届云南普洱茶国际博览交易会。下午，下关沱茶专场茶艺展演活动在昆明国际会展中心5号厅举行，政府部门和行业协会领导以及下关沱茶茶友等300多人参加了此次活动。

5月13日，由上海东驰汽车有限公司和云南下关沱茶（集团）股份有限公司、下关沱茶上海专卖店联合举办"悠悠茶香 为爱而生"——梅赛德斯奔驰母亲节赏车会暨下关沱茶新品上海发布会。云南下关沱茶（集团）股份有限公司新品"沱之源"和"康藏记忆"揭幕。

5月18日，2012中国（上海）国际茶业博览会在位于上海虹桥开发区的国际展览中心举办。云南下关沱茶（集团）股份有限公司以庞大的参展阵容和极富下关沱茶品牌特色的特装展区强势亮相本届上海国际茶业博览会。

6月5日至8日，由大理州人民政府主办，州总工会承办的大理州第六届职工技术技能大赛茶叶专业竞赛在南涧举行，我公司选手在各项比赛中都取得了优异成绩。

6月8日，参加2012第六届中国西安国际茶业博览会。

6月15日，商务部驻昆明特派办副特派员赵传义一行6人到公司视察参观承储中央储备边销茶的情况。

6月16日，参加2012北京国际茶业展。

6月16日至24日，公司组队参加马来西亚第四届大红花文化茶展。

6月29日，云南省工信委生物产业发展调研组巡视员马正祥一行5人到我公司调研产业发展情况。

6月29日，中共云南下关沱茶（集团）股份有限公司党总支组织党员到大理市湾桥镇周保中将军纪念馆参观学习。在鲜红的党旗下，公司4名新党员庄严宣誓，加入中国共产党。

7月2日，云南省绿色食品发展中心主任赵春山一行4人到公司考察指导。

7月3日，公司迎来新加入下关沱茶的11位大学毕业生。

7月26日，全国政协常委、安徽省政协副主席、安徽农业大学副校长夏涛携该校茶与食品科技学院的多位专家教授到我公司考察指导，对企业的机械化、自动化、清洁化生产进行实地调研。

8月5日，大理州人民政府副州长、州公安局局长陈川，大理州公安消防支队支队长王梁波以及州、市相关部门领导到我公司检查消防安全工作。

9月7日，参加第七届东莞秋季茶博会。

9月21日，第三届中国（福保）文化艺术节在昆明隆重启幕，作为入选第三批国家级非物质文化遗产名录的下关沱茶制作技艺，首次将110年前传承下来的传统技艺瑰宝，活态演示给莅临现场视察的各级领导和广大下关沱茶爱好者，成为此次文化艺术节的最亮丽风景。

11月22日，为期5天的2012中国（广州）国际茶业博览会在中国进出口商品交易会琶洲展馆隆重开幕。公司高度重视本届茶博会，提前就对下关沱茶的宣传推广工作进行了策划。

12月15日，在大理州委书记尹建业，大理州代州长何华等大理州、市党政领导的陪同下，天津市河西区党政考察团到我公司考察指导。

12月17日，由塞舌尔人民党中央委员、中央党校校长西蒙·吉尔率领的塞舌尔人民党干部考察团一行专程到我公司考察。

12月28日至30日，下关沱茶生产系统管理人员到传统销区川渝市场考察学习。通过了解市场、消费者对下关沱茶的认知、认可情况及对下关沱茶质量方面的反馈意见，以达到加强市场认识，提高质量、工艺等生产要素的管理等目的。

12月30日，筹建于大理古城蒋公祠的大理非物质文化遗产博物馆正式揭牌开馆。大理州、市党政领导及相关部门负责人出席了开馆仪式，大理市委书记罗建忠宣布"大理非物质文化遗产博物馆开馆"。作为2011年5月入选国家级非物质文化遗产保护名录的下关沱茶制作技艺设置分馆展示。

2013年

1月18日，联合国开发计划署南南全球技术产权交易所主任尹铭携非洲贝宁"宋海组织"创始人Nzmujo Godfrey Ubeti博士一行赴我公司参观考察。

1月25日，公司专门举办座谈会欢送2012年退休的20名老员工，感谢他们为下关沱茶做出的奉献，并向每一位老同志送上纪念品作为留念。

2月4日，公司以"迎新春金蛇献瑞、百年缘下关沱茶"为主题，举办了下关沱茶2012年年会。通报了下关沱茶新的视觉识别系统，传达了新标志和广告语蕴含的本土元素和下关沱茶以"大气明理做人、一心一意做茶"的理念和追求。

2月18日，全国政协委员、清华大学教授朴英等2人到我公司参观。

3月11日，下关沱茶迎来17位新员工。这批新员工接受了为期6个月的关于下关沱茶历史、文化、生产工艺流程、茶业基础与审评、茶道茶艺及接待礼仪等一系列培训，为即将运行的下关沱茶交流体验中心（后定名为"沱之源"）的广大茶友提供专业、热情的茶文化服务。

3月11日，来自俄罗斯、乌克兰、以色列的茶文化爱好者一行15人访问我公司，分别参观了展示下关沱茶历史和公司发展历程的下关沱茶博物馆和生产车间。

3月26日，来自长春茶友——东汉寻茶传奇之旅一行9人慕名前来我公司参观，探访沱茶之源。

3月29日，大理市规划局组织的专家组在下关山水大酒店会议室对云南下关沱茶（集团）股份有限公司银桥新厂区总体规划进行了评审。经过充分讨论，专家组认为云南下关沱茶（集团）股份有限公司银桥新厂区总体规划符合相关规范，布局合理，同意通过规划评审。

始创于1902
大气明理 知己好茶
XIAGUAN TUOCHA

4月11日，来自马来西亚老茶行贸易有限公司的客人一行13人到我公司参观考察。

4月15日，下关沱茶全新的视觉识别系统在新专卖店管理体系正式启用。全新的视觉识别系统及专卖店管理体系的升级完成了品牌理念的提升、渠道的规范和拓展、新产品体系的研发。

5月4日，筹备两个多月的下关沱茶中高级茶艺师培训班拉开帷幕。为了提升下关沱茶新一代茶人的专业知识和服务意识，公司此次专程邀请云南农业大学的周红杰教授及其团队10余人到公司为员工授课。

5月14日，迪庆州委书记张登亮、州长黄政红等一行20余人莅临下关沱茶参观考察，大理州委书记梁志敏，州委副书记、州长何华等州、市领导陪同。考察团一行先后参观了下关沱茶国家边销茶原料储备库、下关沱茶生产车间和下关沱茶博物馆。

5月16日至19日，2013中国（上海）国际茶业博览会在上海国际展览中心举办，公司以全新的视觉识别系统亮相，获得了不俗的宣传效果。

5月17日至20日，2013年春季东莞国际茶业博览会在东莞国际会展中心举行，公司东莞经销商代表云南下关沱茶（集团）股份有限公司参加了本次茶博会。

5月31日，下关沱茶茶艺师班学员们给公司领导及员工们上演了一场茶艺表演盛宴。

6月，在全国范围内开展下关沱茶"易武之春"全国品鉴周活动。"易武之春"老树饼茶是公司精选易武古茶山优质春茶原料，浓缩下关百年传统制作工艺而成的精品。

6月，第五届马来西亚大红花茶文化大展隆重开幕，下关沱茶展馆以"大气明理、知己好茶"新标识为主题，设计经典雅致，展示规模最大，体现大气豪华，茶友络绎不绝。

6月20日，北京国际茶业展在北京展览馆隆重开幕。云南下关沱茶（集团）股份有限公司携即将推出的新品"易武之春"参展，伴随下关沱茶新VI系统首次在北京亮相，耳目一新的展位吸引了众多茶商茶友前来参观。

6月20日至23日，云南下关沱茶（集团）股份有限公司作为大理州生态茶叶的代表，在大理州副州长邹子卿的率领下，与大理州其余9家企业前往昆明国际会展中心，参展第七届中国生物产业大会。

6月27日，大理市委书记罗进忠带领市委办、市工信局等部门到公司调研；大理州政协副主席杨丽君带领州政协、州国税局、市政协、市工信局等部门领导到我公司就下关沱茶上半年经济运行情况进行调研。

6月29日至7月3日，以"传承、展示、交流、合作"为主题的首届山西文化产业博览交易会为促进文化产业发展，打造区域性文化产业合作交流平台而特别举办，我公司应邀参展。

6月27日至30日，2013中国（杭州）国际茶业博览会在杭州和平国际会展中心举办，下关沱茶展位吸引着下关沱茶爱好者和众多向往大理"风花雪月"的茶友前来品茗、论茶。

7月19日，下关沱茶天猫旗舰店（下关茶叶旗舰店）举行开业仪式。店面设计通过简洁、朴实、具有地方特色的风格传递给茶友静谧、悠远的茶心情，引领茶友走入朴实、真挚的茶世界。

7月23日，大理州质量技术监督局质量科、食品安全科、州质量协会相关领导到我公司实地考察。

7月25日，云南省供销合作社联合社处长何志勇一行到我公司检查边销茶原料储备情况。

4月至7月，经过公司的严格调研审核，已有近30家正式被确认为下关沱茶拟开专卖店，已经有全新形象的9家店正式对外营业。

9月5日，下关沱茶参加第八届东莞茶业博览会。

9月9日，下关沱茶陕西总代理商携客人前来了解公司历史、文化、生产工艺和公司发展规划。

9月30日至10月3日，公司参加2013年中国（重庆）茶博会。

10月18日，在大理州质监局党组成员、纪检组长杨红本带领下，质量科长杨金生、食品科长施利到公司开展了产品质量和食品安全培训活动。公司高中层管理和质量部、生产部全体人员以及车间班组长参加了培训。

10月24日至27日，公司参加2013年中国（苏州）国际茶叶博览会和中国（太原）国际茶业博览会。

11月1日，由云南下关沱茶（集团）股份有限公司倾力打造的"大理沱之源茶文化有限责任公司"在洱海国际生态城盛装开业。出席开业庆典的有大理州、市领导，国内外各地经销商代表、供应商代表以及企业界同仁。在开业庆典上，公司倾情推出了下关沱茶创制111周年庆沱茶。

11月21日，广州国际茶叶博览会开幕，由云南下关沱茶（集团）股份有限公司打造的高端茶品"上善冰岛"正式对外销售。

11月26日，公司召开第七届董事会第一次会议：选举严云江先生为第七届董事会董事长；聘任陈国风先生为公司第七届经营班子总经理；聘任褚九云先生为公司第七届经营班子常务副总经理、吴青先生为公司第七届经营班子副总经理；聘任杜发源先生为公司第七届董事会秘书；聘任杨发保先生为公司第七届经营班子财务总监（财务负责人）；监事会选举朱子纲为公司第七届监事会主席。

同日，云南下关沱茶（集团）股份有限公司作为大理市高原特色农产品代表企业之一，在苍山饭店参加大理高原特色农产品电子商务对接活动。

11月29日，大理市国税局曹局长一行人来到云南下关沱茶（集团）股份有限公司开展税务业务知识培训。

12月6日至9日，2013年秋季中国（中山）国际茶业博览会在中山市博览中心隆重举行。中山经销商代表下关沱茶参展。

12月5日，由中国茶叶流通协会和上海市茶叶行业协会共同主办的2013中国茶业交易会在上海光大会展中心拉开序幕。中国茶叶流通协会常务副会长王庆以及上海当地的多位党政领导莅临下关沱茶展区，与茶艺师亲切交流，了解下关沱茶悠远的茶文化历史。

12月22日，下关沱茶银桥新厂区陈化车间建设工程于破土动工，标志着下关

沱茶银桥新区建设进入了快速推进时期。

12月23日至29日，全国少数民族非物质文化遗产展示周在北京民族文化宫举行。云南下关沱茶（集团）股份有限公司以国家级非物质文化遗产"下关沱茶制作技艺"，在本次活动中进行了精彩展示。

12月27日，根据《商标法》《商标法实施条例》及《驰名商标认定和保护规定》的有关规定，公司使用在商标注册用商品和服务国际分类第30类商品上的"下关"商标，被国家工商总局商标局认定为"中国驰名商标"。

12月29日，公司组织生产系统管理人员一行45人开展为期5天的考察活动。

2014年

1月25日，公司举行2013年度年会联欢活动，全体员工欢聚一堂，喜迎马年春节。

3月2日，公司在东莞召开了下关沱茶广东专卖体系规范会议。此次会议的召开，理顺了广东地区的经销商、终端服务商及专卖店更好的渠道关系，交流了管理规范的相关问题，有效衔接了专卖体系建设的后续工作。

3月15日，公司第七届董事会第二次会议决议：增聘杜发源先生为公司副总经理。

4月29日，在"五一"国际劳动节来临之际，大理市召开庆祝"五一"表彰大会，表彰奖励大理市第四届劳动模范和先进工作者。我公司员工康树良荣获本届市劳动模范。

5月9日，公司应邀参加第九届中国云南普洱茶国际博览交易会。

5月12日，大理州财政局局长苏发吉，大理州、市财政部门部分领导来到我公司，就公司纳税和财务状况等信息进行调研。

5月16日，为期4天的2014中国（上海）国际茶业博览会和第七届东莞国际茶业博览会，分别在上海世贸展览馆和广东东莞国际会展中心开幕。云南下关沱茶（集团）股份有限公司应邀参加上海和东莞的茶博会，并以独具特色的特装展

始创于1902
大气明理 知己好茶
XIA-GUAN TUOCHA

台展现了下关沱茶的魅力。

6月6日至9日，我公司盛装参展在曲江国际会展中心举办的第八届西安国际茶业博览会。

6月11日，国家统计局云南调查总队副总队长邱文达一行，深入我公司了解情况，调研采购经理指数（PMI）样本企业。

6月13日，台湾中南部地区农民代表交流参访团一行58人在大理州农业局副局长李月秋等领导的陪同下，到我公司参观访问。

6月13日至16日，我公司参展中国济南第八届国际茶产业博览会，下关沱茶展位在本届展会上表现出众，得到了广大茶友、茶商、各界媒体和当地省、市领导的认同与赞赏，CCTV-2 财经频道、山东电视台，济南电视台及多家会刊等媒体都对下关沱茶进行了采访报道。

6月13日至16日，2014第八届中国（青岛）国际茶文化博览会暨紫砂艺术展在青岛国际会展中心举办，下关沱茶宝焰紧茶（蘑菇沱生沱茶）获选本届青岛茶博会"消费者喜爱品牌"。

6月19日至22日，我公司应邀参加2014北京国际茶业展·2014北京马连道国际茶文化展·第22届信阳国际茶文化节北京活动周。

6月20日至23日，为期4天的2014中国茶叶博览会暨浙江省第三届茶文化博览会在浙江杭州和平国际会展中心举办，我公司应邀参加了此次茶博会。

6月26日至29日，2014第十届中山国际茶博会在中山市博览中心举办，我公司参展。

7月7日至8日，云南广播电视台大型电视行动《一路向南·南方丝绸之路记者行》栏目组来到公司，进行为期两天的取景拍摄，栏目组主要就下关沱茶的发展历史和现状等内容进行了拍摄和采访。

7月14日，我公司举行2014新员工欢迎会。

7月23日，下关沱茶制作技艺数字化博物馆正式上线评审会在大理州文化局召开。

8月1日至2日，云南下关沱茶（集团）股份有限公司在昆明世纪金源大酒店召开了下关沱茶终端服务商（广东市场外）规范会议。

8月29日至9月1日，2014年第九届东莞国际茶业博览会在东莞举办，公司参加本届茶博会，公司终端服务商协办本届茶博会。

9月3日，在纪念全国抗战胜利69周年、滇西抗战胜利70周年的特殊日子里，公司派出关爱团队，带着全体下关沱茶人的崇敬之情，来到收复龙陵的松山战役遗址，参加抗战老兵重返战地遗址纪念活动。

9月19日，大理·建水"陶茶缘"文化艺术交流会在我公司总部和沱之源茶文化有限责任公司举办。

9月23日，公司关爱抗战老兵活动在雄壮的国歌声中正式启动。大理州委常委、州委统战部部长、州海外联谊会会长许云川参加关爱活动启动仪式。

9月中下旬，长沙、长春茶叶博览会先后在两地举办，并圆满落幕。我公司在当地专卖店团队的大力协助下，精心筹备，开展了非遗活态展示、茶叶品饮交流等丰富的品牌推广活动。

9月29日，云南下关沱茶（集团）股份有限公司为大理企业首家登录央视广告，央视综合频道与新闻频道全年播出，公司品牌形象传播取得了前所未有的成效。

10月10日到13日，公司参加第三届中国非物质文化遗产博览会，博览会以"我们的生活方式"为主题，集中展示了千百年以来的中华瑰宝。

11月9日，云南省商务厅厅长和良辉一行到云南下关沱茶（集团）股份有限公司调研，大理州州长何华、副州长许映苏、州政府秘书长马忠华和大理州商务局局长单进园等州市领导陪同调研。

11月20日至24日，由中国茶叶流通协会、广东省茶业行业协会主办的2014中国（广州）国际茶业博览会（以下简称广州茶博会）在中国进出口商品交易会展馆C区盛大开幕。我公司的新品"大成班章"获得普洱拼配茶金奖。

11月25日，下关沱茶银桥新厂区的筛分车间破土动工。

11月28日，搭载中欧货物专列的下关沱茶20周年版8653饼茶等茶在CCTV-2 财经频道《第一时间》栏目中特写播出。

12月11日至15日，在马来西亚最具影响力的"大红花茶&文化展"，2014年度展览会于在马来西亚首都吉隆坡"VIVA EXPO"商业中心举行。马来西亚"老茶行"公司和云南下关沱茶（集团）股份有限公司参加此次展会。

12月6日，公司领导及营销团队成员，到南涧县无量山小古德茶山考察无量山茶树王树及古茶园。

12月5日至8日，2014年第十一届中国（中山）国际茶业博览会在中山市博览中心隆重举行，下关沱茶中山服务代表下关沱茶参展。

12月28日，下关沱茶生产系统茶区考察团一行50余人，经南涧、赴临沧、出双江、走勐海，抵达西双版纳州景洪市。考察茶叶的产地环境、生长状态、茶区自然风貌、风土人情。

2015年

2月13日，公司2014年年会在公司总部举行。总经理陈国风向全体员工做了题为《携手共进　共创下关沱茶的美好未来》的致辞，常务副总经理褚九云宣读了公司《关于表彰2014年度劳动竞赛标兵、优秀员工、优秀管理人员、优秀集体及创新奖的决定》，出席活动的公司高管向年度优秀工作者和2014年度劳动竞赛标兵颁发了奖状和奖金。

3月9日，来自大理州摄影家协会的多名摄影师齐聚云南下关沱茶（集团）股份有限公司，并在公司，举行"沱茶香·大理情"主题巡回影展采风出征仪式。为即将在重庆、长沙、太原、大连、长春、南京、深圳7个城市开展以影展为主，产品推荐会，精品品鉴会相结合的系列茶文化活动做准备。

3月15日，下关沱茶韩国总代理石佳茗茶公司、下关沱茶韩国经销商团队和韩国茶友一行41人来到公司参观考察，并在集团公司的大理沱之源茶文化有限责任公司举办中韩茶艺交流活动。

3月24日，云南省加快发展非公有制经济工作督导组副组长苏正国一行到云南下关沱茶（集团）股份有限公司调研，就新常态下民营企业发展的新趋势、新变化，生产经营情况和发展中存在问题和困难进行深入调研。大理州工信委副主任那玉海等陪同调研。

4月29日，文化和旅游部国家非物质文化遗产保护工作专家委员会副主任委员周小璞，中国社会科学院荣誉学部委员、中国非物质文化遗产保护协会副会长刘魁立，中国艺术研究院工艺美术研究所所长邱春林，国家非物质文化遗产保护协会专家彭泽华、王志强，云南省文化厅非遗处副处长董艳玲一行在大理州文化局副局长李树祥等州市领导陪同下参观访问下关沱茶。

5月7日至9日，拉萨市考察团一行对大理州经济发展、农业产业、文化旅游等方面进行考察。拉萨市委常务副书记龙志刚一行在大理州委常委、州委秘书长罗进忠、州旅管委常务副主任马金钟、州农业局局长李跃兴等州市领导陪同下，莅临下关沱茶参观。

5月15日，为期4天的第十二届中国（上海）国际茶业博览会和第八届东莞国际茶业博览会分别在上海国际展览中心和广东东莞现代国际展览中心隆重开幕，下关沱茶作为普洱茶领导品牌，分别应邀参加这两场茶业博览盛会。

5月15日，第十届中国云南普洱茶国际博览交易会在昆明国际会展中心开展。当晚，作为第十届中国云南普洱茶博览交易会活动核心内容之一的"下关沱茶之夜"茶晚会，在昆明国际会展中心顺利举行。茶晚会吸引了来自中国和马来西亚等国的茶叶专业买家、普洱茶学者和爱好者以及普洱茶投资、收藏客。原云南省委常委，省关心下一代工作委员会主任张宝三，农业农村部优质农产品开发服务中心副主任陈金发，云南省农业农村厅副厅长王平华、大理州人民政府副州长邹子卿、云南省农业农村厅茶叶产业处处长王兴原、大理州农业局局长李跃兴等嘉宾出席茶晚会。公司启动的中期普洱茶价值发现系列活动，成了一次载入云南普洱茶历史与文化交流史册的论坛。

5月22日，国家农业银行总行副行长王纬、公司业务部总经理张军洲、信贷管理部总经理朱科帮，云南分行行长张君儒、行长助理刘星照，农总行信贷管理部段肖磊处长、农总行秘书李泽等一行近20人在大理分行行长赵泽润、副行长刘勇等领导陪同下到公司调研。

5月22日，普洱市思茅区政协副主席白海思、区政协秘书长郑宏彬等一行8人在大理市政协领导的陪同下到我公司参观考察。

5月22日，下关沱茶诚信体系建设正式启动。诚信体系是工业和信息化部在食品行业率先推行的确认与加强企业诚信经营的全面系统的认证体系，体系涵盖了公司经营的各方面，从原料采购、工艺控制、质量管理、市场营销、仓储物流、售后服务、消费者满意度调查与改进全流程，从生产质量、营销服务、财务税务、员工关怀、后勤保障、社会责任、消防安全以及信用修复等方面全方位建立可操作的诚信体系细则，全面检查与控制，确保企业在各方面都能做到诚信。

5月28日，下关沱茶参加为期5天的2015春季中国（广州）国际茶业博览会。

6月5日至8日，云南下关沱茶（集团）股份有限公司在重庆南坪国际会展中心参加第二届中国重庆国际茶产业博览会。

6月15日，云南下关沱茶（集团）股份有限公司参加为期4天的第九届中国西安国际茶叶博览会暨中国（西安）丝绸之路茶叶文化节。

7月11日，公司召开第七届董事会第四次会议，经过半数董事审议通过：改选陈国风先生为第七届董事会董事长。

7月16日，十一世班禅的母亲桑吉卓玛及亲友一行专程参观访问下关沱茶，云南省、大理州统战部门负责人陪同参观。

7月17日，公司组织中高层以及部分基层管理人员，赴大理洱宝实业有限公司参观考察。

7月25日到26日，云南下关沱茶（集团）股份有限公司2015年（广东以外）终端服务商会议在公司召开。

7月27日，大理市委书记孔贵华在市工信局、银桥镇等领导的陪同下，视察了下关沱茶银桥新厂区建设现场。

8月13日，美国驻华大使马克斯·博卡斯（Max Baucus）夫妇访问昆明，出席"飞虎队与云南抗战"系列活动。我公司应云南飞虎队研究会邀请，参加了飞虎队与云南抗战大型文物图片展，并为活动提供了茶礼。

8月24日起，公司以纪念中国人民抗日战争胜利暨世界反法西斯战争胜利70周年的单品——中华铁饼为主要内容，新摄制的广告片在CCTV-4中文国际频道正式亮相。

9月4日至7日，云南下关沱茶（集团）股份有限公司携公司新产品到滨海城市大连参加第二届大连茶博会。

9月8日，2013年—2014年度全国十佳特色茶馆表彰等系列活动在安徽省黄山市隆重举行。我集团公司旗下沱之源茶文化有限责任公司的沱之源茶会荣膺"2013—2014年度全国十佳特色茶馆"。

9月15日，台湾经贸考察团一行30余人在州农业局相关领导陪同下来到我公司参观考察。

9月18日至21日，云南下关沱茶（集团）股份有限公司在长春国际会展中心参加第四届中国（长春）国际茶产业博览会。

9月24日，由大理州政协、大理大学、大理州对外友好协会及云南下关沱茶（集团）股份有限公司共同举办的寻梦大理——留学生中秋联谊会在公司会议室举办。大理州政协常务副主席毕熊光、副主席杨泽恒、杨丽君以及大理大学校长张桥贵、副校长李小兵出席联谊会，与来自美国、东南亚等国的留学生一起喜迎中秋佳节。

10月24日，我司的诚信管理体系符合中华人民共和国工业和信息化部发布的《食品工业企业诚信管理体系（CMS）建立及实施通用要求（QB/T4111-2010）》，荣获国家认证认可监督管理委员会认证认可技术研究所颁发的《诚信管理体系证书》，证书编号01-CCAI（滇）15-0002。

11月13日，第二届南京秋季茶博会在南京国际展览中心隆重举办，我公司参加本届茶博会。

11月13日，2015中国国际旅游交易会（以下简称"旅交会"）期间，首届中国特色旅游商品评选活动颁奖典礼在昆明滇池国际会展中心举行，云南获得4金4银。我公司报送参选的下关沱茶系列产品，荣获"旅交会"中国特色旅游商品金奖。

11月19日，公司在广州举办了中期普洱茶"鉴藏大典"活动，年度的"中期茶价值重现"系列活动圆满成功。中国茶叶流通协会常务副会长王庆、广东省茶业促进会会长蔡金华、广东省茶业行业协会秘书长张黎明等业界嘉宾出席活动。活动汇集了茶行业协会、业界、学界的普洱茶学者、爱好者以及普洱茶销售、投资、收藏客和媒体记者共百余人参加，更吸引了不少茶叶专业买家慕名前来参观品鉴。

11月12日至16日，马来西亚2015大红花国际茶与文化展在吉隆坡举行，我公司参展并将入选国家级非物质文化遗产名录的"下关沱茶制作技艺"带到现场展示，引起了大批马来西亚茶友的关注和热议。

11月27日，大理州副州长杨承贤带领州政府副秘书长、州工信委、市工信局等领导一行到云南下关沱茶（集团）股份有限公司调研。

12月4日，云南下关沱茶（集团）股份有限公司邀请大理州食品药品监督管理局专业人士到我司培训，解读将于2015年10月1日开始实施的新《食品安全法》及《食品生产许可管理办法》。

12月21日，由云南下关沱茶（集团）股份有限公司承办，以"诚信自律·做强普洱"为主题的中国茶叶流通协会普洱茶专业委员会换届会暨二届一次会议在大理州剑川县沙溪古镇召开，公司原董事长罗乃炘当选专委会主任，副总经理杜发源当选专委会执行副秘书长。

2016年

2月4日，2015年年会在公司总部驻地举行，本届公司年会还采用了官方微博直播的形式与全国茶友进行互动。2015年度公司共有43名员工受到"优秀员工"

表彰；3名员工被评为公司2015年度"优秀管理人员"；公司营销中心电商组和原生产一车间边茶包装组被评为公司2015年度"优秀集体"。

3月4日至8日，由云南省文产办主办，中共大理州委宣传部、大理州文产办和云南报业文化投资发展有限公司共同承办的"情系苍洱·品味乡愁"云南周末文博会大理专场在昆明紫云青鸟·云南文化创意博览园举行。我公司将入选国家级非物质文化遗产名录的"下关沱茶制作技艺"带到了文博会现场。

3月，云南下关沱茶（集团）股份有限公司荣登"云南省工业质量标杆十强企业"的榜单，公司申报的"工序质量标准化考评的实践经验"也成为十强质量标杆的典型经验。

3月26日，公司第七届董事会第五次会议决议：陈国风董事长不再兼任公司总经理，改聘褚九云先生为公司总经理，并依照公司现行章程之规定为公司法定代表人。

4月，经大理州人民政府和大理州高原特色农业"双十"推选活动组委会办公室审定，我公司被评选为大理州高原特色农业"十大领军企业"。

4月26日，国家民委监督检查司民族关系处处长杜宇，云南省民宗委党组成员、副主任陆永耀，在大理州委常委、州委统战部部长许云川，大理州人民政府副州长杨承贤和州民宗委工作人员陪同下，共同对我公司民族团结进步创建活动进行考核。

5月23日，由云南省普洱茶协会牵头组织，以云南下关沱茶（集团）股份有限公司为核心的"滇茶进藏"活动工作会在拉萨召开。西藏自治区商务厅副厅长嘎松美郎出席会议并讲话。此后，由我公司生产的20吨"宝焰牌福神汉茶"通过不同渠道陆续免费送到西藏的寺院及群众手中。

6月10日，我集团公司参加了在西安曲江国际会展中心举办的第十届中国西安国际茶业博览会；公司参加了第十届中国（青岛）国际茶文化博览会暨紫砂艺术展。

6月12日，第4届中国—南亚博览会暨第24届中国昆明进出口商品交易会在昆明滇池国际会展中心隆重开幕。我公司作为云南省知名的普洱茶企业应邀参加了此次国际盛会。

6月17日，云南省政府副省长董华，率省工信委、能源局等部门领导一行，深入云南下关沱茶（集团）股份有限公司调研，云南省政府副秘书长孙涛，大理州政府副州长杨承贤等领导陪同调研。

6月24日，2016北京国际茶业展在北京展览馆盛大开幕，云南下关沱茶（集团）股份有限公司亮相本次展会。公司2016年新品——高端古树熟茶"金雀"荣获本届茶展产品评选推荐活动金奖。

6月29日至30日，云南下关沱茶（集团）股份有限公司党总支全体党员及部分管理人员70余人，在云南省保山市杨善洲精神教育基地开展集团公司"七一"活动。

6月，公司受韩国首尔国际茶工艺博览会组委会、韩国悟云山及茶叶村等普洱茶客商邀请，参加韩国首尔第14届国际茶文化大展，参观韩国茶叶市场，考察了下关沱茶韩国营销体系。下关沱茶非物质文化遗产传承人参加了国际茶展及中韩文化交流系列活动。由于云南下关沱茶（集团）股份有限公司是参加此次国际茶文化大展最大的外国茶叶企业，博览会一开幕就成为展会明星。展会期间，韩国SBS广播公司等媒体现场采访，电视台、网络新闻等媒体播出后，引起很大反响。

7月17日，云南下关沱茶（集团）股份有限公司与长安汽车公司签署战略合作的"藏地观茶"车队发车仪式正式启动。云南省大理州副州长杨承贤、云南下关沱茶（集团）股份有限公司董事长陈国风、副总经理吴青、杜发源，长安汽车销售有限公司副总经理邓智涛、茶语网总裁张阳、著名茶人王心等嘉宾出席发车仪式并见证协议签署。云南下关沱茶（集团）股份有限公司总经理褚九云主持仪式。

7月17日至18日，"藏地观茶"团队在抵达香格里拉后，云南下关沱茶（集团）股份有限公司董事长代表公司向松赞林寺、东竹林寺、塔巴林寺等寺庙赠送了公司专门准备的"宝焰"牌边销普洱茶等茶礼。

7月27日，"藏地观茶"团队到达了此行最终的目的地——扎什伦布寺，向寺

庙赠送下关沱茶。

7月30日上午，大理州农村电子商务公共服务平台启动仪式在大理州电子商务公共服务中心举行。农业农村部农产品质量安全中心副主任罗斌、云南省农业农村厅党组书记王敏正、云南省农科院院长李学林、大理州委书记杨宁、大理州州长杨健，工商银行云南省分行等省级有关部门领导出席了启动仪式。云南下关沱茶（集团）股份有限公司作为大理州电子商务协会副会长单位受邀参加启动仪式。

7月28日至31日，第十一届中国云南普洱茶国际博览交易会在昆明国际会展中心举行，云南省副省长张祖林出席开幕式并参观我公司特装展位。

8月，为纪念十世班禅额尔德尼·确吉坚赞参观下关茶厂30周年、十一世班禅额尔德尼·确吉杰布参观云南下关沱茶（集团）股份有限公司10周年，公司制作的宝焰牌心脏形紧茶"世代茶缘"上市。1986年，为迎接十世班禅的到来，下关茶厂精心制作了一批心脏形紧茶赠送班禅，班禅礼茶由此问世。十世班禅用藏文题写下关茶厂厂名。2006年，十一世班禅专程到云南下关沱茶（集团）股份有限公司参观，亲笔题下"世代茶缘，藏汉合欢"的题字。

8月13日，云南下关沱茶（集团）股份有限公司旗下各专卖店、茶语网掌茶人茶馆联盟、心部落等全国范围内的300多家茶馆同步举办"藏地·寻梦茶会"，并同步举行微博直播。

8月26日至29日，公司参加第十一届东莞茶博会。

9月5日，云南省职工创新创意成果展在云南省科技馆正式开幕，我公司荣获2016年云南省职工创新创意成果展金奖。

9月10日，第三届中国西藏旅游文化节国际博览会在拉萨会展中心隆重开幕。展会由文化和旅游部、西藏自治区人民政府共同主办，云南下关沱茶（集团）股份有限公司受西藏商务厅邀请参加此次博览会。

9月24日至26日，云南下关沱茶（集团）股份有限公司与广州新业茶叶有限公司共同举办了"大雪山尚品金丝·滇金丝猴国家公园秘境之旅"活动，数十位下关茶友在维西县滇金丝猴国家公园度过了一次奇妙的秘境之旅。

10月17日，以"打决胜之战 建小康大理"为主题的2016年大理州脱贫攻坚电视公益晚会在大理电视台演播大厅举行。首届大理州高原特色农业"十大领军企业"暨"十大优质品牌"（双十）推选活动，在晚会上进行表彰，我公司总经理褚九云代表公司出席。

10月30日，云南下关茶厂建厂75周年暨下关沱茶创制114年庆典大会在大理海湾国际酒店隆重举行。大理州委副书记、大理州州长杨健、中国茶叶流通协会常务副会长王庆、大理州副州长邹子卿，大理市市长等党政领导，大理州、市有关单位领导和兄弟企业出席本次庆祝大会。云南下关沱茶（集团）股份有限公司董事长陈国风、总经理褚九云携公司全体员工喜迎八方来宾，共同庆祝云南下关茶厂75周年华诞。10月31日，伴随着一首《远方的客人请你留下来》，云南下关茶厂建厂75周年暨下关沱茶创制115年庆典大会在云南下关沱茶（集团）股份有限公司银桥厂区圆满落下帷幕！

11月17日，17名来自泰国茶与文化会馆的代表来到云南下关沱茶（集团）股份有限公司访问，实地学习了解下关沱茶百年发展历史。

11月24日至28日，2016中国（广州）国际茶业博览会在广州举行。云南下关沱茶（集团）股份有限公司携云南下关茶厂建厂75周年纪念茶"划时代沱茶"参展。

12月8日，公司参加2016秋季第十五届中国（中山）国际茶业博览会。

12月15日，公司参加在深圳会展中心隆重启幕的第13届中国（深圳）国际茶产业博览会。

12月9日至13日，我公司参加在吉隆坡举行的马来西亚2016大红花国际茶与文化展，再次将入选国家级非物质文化遗产名录的"下关沱茶制作技艺"带到现场展示。

12月11日，中国茶叶流通协会普洱茶专业委员会二届二次会议在江苏南京召开。云南下关沱茶（集团）股份有限公司荣获2016年度"中国普洱茶优秀加工企业"称号。

2017年

1月11日，云南下关沱茶（集团）股份有限公司顺利通过美国FDA认证。

1月20日，鸡年新春佳节即将来临之际，公司2016年年会在总部厂区顺利举行。

2月4日，公司技术中心作为一个独立的部门，负责技术研发、新品开发、课题研究、检测分析等工作。

2月24日，马来西亚沙捞越州内阁成员、第二财政部部长、沙捞越州立科技大学董事局主席黄顺舸率代表团参观访问云南下关沱茶（集团）股份有限公司。

2月10日，公司启动以"零恶性杂质"为目标的质量提升行动。

3月28日，公司召开原料收购专题会议。

4月7日，马来西亚普洱茶商会到我公司参观。

4月15日，召开八届一次董事会。选举陈国风为第八届董事会董事长；聘任褚九云为公司总经理（法定代表人）；聘任吴青、杜发源为公司副总经理；聘任杨发保为公司财务负责人（财务总监）；聘任杜发源兼任为公司第八届董事会秘书。八届一次监事会选举朱子纲先生为第八届监事会主席。

4月15日，公司2017年全国经销商大会广东大区会议在广州香格里拉大酒店开幕。来自广东大区的下关沱茶终端服务商和专卖店经销商近400人参加了会议。

4月19日，吉林省政府考察团一行到访参观考察。

4月20日，公司参加在江城武汉举行第四届中国（武汉）茶产业博览会。

4月21日，河北省政府研究室一行到访考察。

4月22日，大理州委书记莅临公司视察工作。

4月28日，"下关沱茶甲川渝百年盛典"在重庆融汇丽笙酒店隆重举行。各经销商代表、行业专家和学者、重庆消费者代表、媒体记者等受邀参加百年盛典。同日，公司2017年全国经销商大会在酒店召开，开启了"下关G3"营销新模式。

4月，由公司仓储部负责将公司"国家3万担（1500吨）边销茶"原料储备库保质保量移库至银桥新厂区，实现更安全、更规范的仓储，同时向云南省商务厅进行备案。

5月8日，两年一届的意大利国际食品饮料展于意大利米兰的新国际展览中心如期举行。云南下关沱茶（集团）股份有限公司作为普洱茶类唯一一家茶企受邀参展。

5月10日，4台环保型快速压茶机投入沱茶车间使用。

5月26日，公司参加了中国（济南）第十一届国际茶产业博览会暨第五届茶文化节。

5月，在"中国农产品企业品牌网络声誉50强"评选中，下关沱茶位居26位，在品牌好感度前十位中排名第五。

5月，银桥厂区包装车间进行了初步验收。

6月，由公司技术中心承担的云南省科技厅"降氟处理的高品质小沱茶产品研发"项目完成了云南省科技计划项目验收与评价中心的现场答辩，顺利通过验收。

6月9日，第六届中国（重庆）国际茶产业博览会暨紫砂、陶瓷、茶具用品展在重庆国际会展中心（南坪）盛大开幕。云南下关沱茶（集团）股份有限公司董事长陈国风亲临现场讲述一百年来下关沱茶在川渝的发展历史，并和茶友们一起回忆沱茶与一座城的故事。

6月10日，参加2017第十一届中国西安国际茶业博览会。

同日，2017年"文化和自然遗产日"云南省非物质文化遗产宣传展示的主场活动在大理州群众艺术馆集中开展。我公司作为唯一一家受邀参加活动的茶叶企业，于活动现场表演非遗传承制作技艺——下关沱茶制作技艺。

6月16日，参加2017北京国际茶业展。

7月，公司党总支组织的七一党员活动"重走长征路"，带领关茶人铭记历史，启迪未来。

7月21日至23日，公司受邀参加2017浦东新区第九届农产品博览会暨上海云品中心大理高原特色农产品专场推介活动。

7月28日，第十二届中国云南普洱茶国际博览交易会在昆明国际会展中心隆重开幕。云南下关沱茶（集团）股份有限公司应邀参加本届茶博会。"云茶之夜·千人雅集"云南茶博会历史上规模最大、规格最高的大型茶会上，公司被评选为"云南普洱茶十大影响力企业"。

8月16日，云南省农业农村厅领导莅临公司视察边销茶工作；大理州外事办携韩国光州广域市南区代表团一行参观访问云南下关沱茶（集团）股份有限公司。

8月17日，公司参加第五届呼和浩特国际茶产业博览会。

8月，在杭州"中国茶叶博物馆茶萃厅茶样征集令"主题活动中，云南下关沱茶（集团）股份有限公司共计有7款茶样入选再加工茶类的名茶样库。

9月2日至3日，美国旧金山首届茶叶博览会在美国北加州的圣马刁县会展中心如期举行。公司受主办方邀请，在本届茶博会中精彩亮相。

9月20日，公司迎来滇西应用技术大学普洱茶学院2017届（首届）新生开展专业认知教育活动。作为该校教育实习活动基地，为培养应用型社会人才提供实践支撑。

9月，由公司技术中心自立课题"茶叶原料（半制品）拣剔质量提升与控制项目"开始实施。

9月12日，针对社会上"普洱茶致癌"的热议，公司技术中心依照抽样规范抽取了公司生产的25个产品，并委托云南出入境检验检疫局检验检疫技术中心大理分中心进行黄曲霉毒素B1检测。经检测，样品中均未检出黄曲霉毒素B1。公司作为行业一员，为破不实传闻，用科学实验数据说话，为维护行业的健康形象积极做贡献。

10月12日，参加第六届中国（青岛）国际茶产业博览会暨紫砂、陶瓷、茶具用品展。

11月9日，由公司安保物业部组织公司管理人员对"突发火灾的自救方法、干粉灭火器的使用方法、消防水带的铺设及操作要领、灭火毯的使用方法和如何扑灭液体火灾"进行培训。

11月23日至27日，参加2017中国（广州）国际茶业博览会、第十八届广州国际茶文化节。

11月30日，公司顺利完成QS食品生产许可证到期换证工作，新版证书字母简称为SC。

12月7日，公司工会召开第十届会员代表大会，大会上选举谭金庆为新一届工会主席。

12月8日至11日，第十七届中山茶博会在广东省中山市博览中心举办，公司受邀参展。

12月8日，云南下关沱茶（集团）股份有限公司受邀参加2017马来西亚大红花国际茶与文化展。

12月14日，参加第十五届中国（深圳）国际茶产业博览会。

12月，"灵犬收官"生肖茶面市，下关十二生肖茶系列圆满收官。下关沱茶成为普洱行业首家开启、首家集齐十二生肖系列产品的茶企。

12月，公司ISO9001质量体系换版工作在各部门通力协作下，经过多次会商、修改，最终按时完成了换版工作，顺利通过了CQC云南评审中心审核组2017年12月7日至8日到公司开展的外部审核，顺利拿到了新版证书。

12月，全国"中茶杯"赛上，公司参赛的"中国沱"产品荣获全国名优茶评比一等奖。

12月，公司技术中心与同济大学合作开展项目成果论文《下关沱茶在发酵过程中的微生物多样性和成分变化》顺利通过德国施普林格期刊编辑部评审。

12月，公司被大理市国税、州地税评定为2016年度信用等级A级单位。

2017年，公司荣获云南省工信委颁发的"省级民营小巨人"证书。

2017年，公司质量部按照《到期企业标准的修订流程》和《新企业标准制定流程》，并结合公司生产的实际需要，分别修订了到期企业标准和"紫鹃茶"标准。

2017年，银桥新厂区筛分车间、拣剔车间完成了验收工作；公租房（共五栋168套）已全部封顶；生产车间主体建设完工；生活中心设计完成施工图设计工

作，进入到施工图审查和工程造价预算阶段。

2018年

1月30日至31日，公司开展了为期两天的中基层管理人员述职评议会。评议会结合公司ISO9001质量管理体系管理评审暨诚信管理体系评价要求进行。

2月3日，第十世班禅额尔德尼·确吉坚赞大师八十周年诞辰，云南下关沱茶（集团）股份有限公司特制罗布门巴礼盒茶，再现经典之作。

2月9日，公司2017年年会在一片欢乐喜庆中顺利举行。

2月13日，国家食品药品监管总局发布2018年重点抽检食品生产合格企业名单，在27类产品644家企业中，云南下关沱茶（集团）股份有限公司作为茶叶及相关制品类别的重点抽检企业上榜。

3月至4月，为保障正山老班章毛茶原料符合公司采购要求，生产部派人到毛茶采购基地驻守，负责原料品质管控，完成原料采购。

4月25日，公司被大理州地税局评定为纳税信用等级A级单位。

4月28日，春茶收购中，公司使用拼堆机和筛分机进行毛茶样品抽样及检测，排除人为影响，增加样品及数据代表性。

5月10日，公司以"非遗"活态演示亮相被誉为"中国文化产业第一展的"中国（深圳）国际文化产业博览交易会，这是中国唯一一个国家级、国际化、综合性的文化产业博览交易会。

5月16日，参加亚洲最大的食品与饮料贸易盛会，2018年第十九届（SIAL China）中国国际食品和饮料展览会在上海举行。

5月18日至19日，由公司组织开展了"如何当好班组长"及"情商提升与压力管理"两期专题培训活动。

5月24日，参加2018广州春季茶博会，特装展位设置下关老班章"流水席"。

5月25日，公司正山系列茶叶"正山老班章"发售，体系内经销商开始在公司G3平台抢购。

5月26日，部分股权变更后，为增强信心，公司在广州丽思卡尔顿酒店召开全国代表性经销商会议。集团公司董事长陈国风、总经理褚九云，中国中小企业协会专职副会长、和君集团原总裁、公司董事刘纪恒参加会议，会议由公司副总经理杜发源主持。

6月4日至5日，云南下关沱茶（集团）股份有限公司联合大理州红十字会前往剑川县马登镇江南小学和南涧县南涧镇东涌小学开展"情暖童心·庆六一"慰问活动。

6月8日至6月11日，参加第十二届中国西安国际茶业博览会。

6月14日，参加2018重庆茶博会。

6月22日，参加2018北京国际茶叶展。

6月23日，在"两展一节"北展报告厅，和君咨询集团、云南下关沱茶（集团）股份有限公司、安溪铁观音集团共同举办了"健康起航、合作共赢"为主题的三方战略合作发布会。

6月29日，云南下关沱茶（集团）股份有限公司党总支开展了以"致敬英雄 缅怀先烈"为主题的"七·一"党员活动。党总支一行70余名中共党员到腾冲、龙陵，参观滇西爱国主义教育基地。

7月8日，公司2018年第一次临时股东大会决议：同意业已完成的北京唐士风资讯有限公司向原有股东云南省下关茶厂有限责任公司转让其持有本公司的全部股份；同意昆明英瑞投资有限公司、郑晓军先生、重庆长城茶业有限责任公司分别向北京国茶科技有限公司转让各自持有本公司的部分股份；同意公司法定代表人改由董事长担任。

7月，公司制作了"复兴沱茶"，纪念中国改革开放四十周年。

7月，为了更好地传递下关沱茶信息，及时与茶友们互动交流，下关沱茶微信订阅号全新启动，每日更新下关沱茶最新资讯与动态。

8月20日，以"时光清浅·静享茗香"为主题的2018中秋茶会在全国范围内开展。

8月23日，云南下关沱茶（集团）股份有限公司携手华铁传媒强势冠名的G字头高铁"下关沱茶号"普洱茶文化列车在上海虹桥枢纽站正式首发。列车运行线路覆盖沪广线、沪昆线沿线的各大城市，这也是继公司央视广告等品牌推广活动后推出的又一品牌营销事件，为公司的品牌形象提升发挥积极作用。

8月，公司在业内首次向社会公开20世纪50年代初期，全国国营茶厂统一使用"中茶"牌商标的珍贵档案，媒体大量转载。因"中茶"牌商标如同"印"一样，业内将"中茶"牌大一统时期生产的普洱茶称为"印级茶"。

8月至12月，下关蓝印·全球顶级私享会分别在中国大理、昆明、西安、上海、长春、北京、郑州、深圳、青岛、广州、重庆、东莞和加拿大温哥华、马来西亚吉隆坡等全球各地成功举办14场，引起茶行业广泛关注。

9月19日，由新周刊杂志社联合天泰·大理十畝共同举办的2018大理生活方式报告发布会在下关举行，云南下关沱茶（集团）股份有限公司应邀出席活动。

9月，完成绿色食品年检工作。

10月1日新《食品安全法》开始实施后，国家食品药品监督管理总局制定的《食品生产许可管理办法》同步实施。2018年10月1日以后，食品生产中不得再使用QS标志和编号，"QS"标志将被"SC"加14位阿拉伯数字取代。云南下关沱茶（集团）股份有限公司生产许可证编号为"SC11453290112736"。

10月18日，参加2018青岛茶博会。

10月31日，中国农行"七彩云南·普洱贷"系列产品发布会暨云南省茶叶流通协会第五次会员双月活动在西双版纳勐海举行。云南下关沱茶（集团）股份有限公司董事长陈国风先生与农行签署"茶企贷""茶商贷"合作协议。

11月5日，公司的毛茶原料验收增加含氟量快速检测，有效控制入库毛茶含氟量，确保边销茶品质。

11月15日上午，第十四届中国茶业经济年会开幕式暨中国茶业品牌盛典在武夷山隆重举行。云南下关沱茶（集团）股份有限公司入围"2018中国茶业最受消费者认可十强企业""2018中国茶叶企业质量创新能力排行榜"和"2018中国茶叶百强企业"。

11月19日，茶企通"最美茶艺师"茶艺大赛大理海选在大理沱之源茶文化有限责任公司圆满举行，参加大理站复赛的19位茶艺师和众多茶艺爱好者相聚沱之源，展示东方茶艺之美。

11月22日，2018广州秋季茶博会期间，公司新品"岩子头"古树圆茶、"日照金山"紧茶受茶友追捧。

11月，公司完成出口茶叶基地备案工作和质量管理体系换证工作。

11月，"下关沱茶""海湾茶业"和"六大茶山"三家茶界名企共同倾力打造高端收藏级普洱茶产品——"福禄寿"联名纪念茶上市。下关沱茶以"沱茶"形态对应着"福"字，海湾茶业以"饼茶"形态对应着"寿"字，六大茶山以"砖茶"形态对应着"禄"字。

12月5日，公司再次名列农业农村部正式发布的第八次监测合格农业产业化国家重点龙头企业名单。云南下关沱茶（集团）股份有限公司自2004年就成为全省茶叶行业第一家农业产业化国家重点龙头企业。

12月8日，在马来西亚2018大红花国际茶展期间，下关蓝印·全球顶级私享会在马来西亚吉隆坡进行。

12月15日，下关沱茶燃煤锅炉淘汰工作现场验收会在公司召开，公司拆除4吨、6吨两台燃煤锅炉。

12月25日至27日，由云南省供销合作社、云南农业大学、云南省农业科学院主办等共同承办的全国首届评茶员职业技能竞赛云南省选拔赛在云南农业大学文韵堂举行。我公司参赛选手杨文蔚获得决赛二等奖；杨欢、贺洁、何兴旺获得决赛三等奖；赵炼琴、彭绍华获得决赛优胜奖；我公司参赛队获得优秀组织奖。

2019年

1月8日，于荣光版《天龙八部》在大理举行开机仪式，云南下关沱茶（集团）股份有限公司作为协作单位应邀参加。

1月18日，云南下关沱茶（集团）股份有限公司2018年度QC小组成果发表会在公司会议室展开。

1月25日，公司2018年年会在一片欢腾喜悦中圆满举行。

1月26日，下关沱茶全新广告片每周六21：30正式亮相CCTV-13，在新闻频道高收视率栏目《新闻调查》前播出。

1月29日至30日，2018年度述职总结暨质量管理体系管理评审会议在集团公司举行。

2月15日，国家市场监管总局食品生产司副司长顾绍平、国家市场监管总局食品生产司副处长金波，云南省市场监管局副局长杨柱等一行到云南下关沱茶（集团）股份有限公司调研边销茶质量安全及生产经营情况。

2月20日，公司到宾川县鸡足山镇大松坪村开展"心存天下　关爱永恒"活动。

3月4日，银桥项目通过水土保持专家评审，取得扩建3万吨精制茶生产项目水土保持方案行政许可决定书。

3月8日，公司举行精细化6S落地管理培训。旨在对生产现场的各要素所处状态不断进行整理、整顿、清扫、清洁、安全、提高素养。

3月21日，取得陈化二车间施工许可证。

3月25日，云南省人民政府发布了《关于表彰第八届"云南省百户优强民营企业"和"云南省百名优秀民营企业家"的通报》，云南下关沱茶（集团）股份有限公司荣获第八届"云南省百户优强民营企业"称号！

3月27日，公司发布《在这里读懂下关沱茶》知识手册，并在微信公众号进行分期宣传。

3月29日，公司迎来蒙古国外宾一行开展考察交流活动。

3月，"传统加温室与空气能热泵加温室的研究与应用""普洱茶发酵过程跟踪与关键技术研究"和"自动潮茶设备研发"3个项目结题；安装伺服沱茶机10台。

4月11日，银桥厂区取得办公楼施工许可证；大理大学2016级食品质量与安全专业40余名学生到云南下关沱茶（集团）股份有限公司开展课程见习活动。

4月12日，贵州中烟工业有限责任公司（以下简称"贵州中烟、贵烟"）携"探茶马古道·寻行者精神"沙龙活动嘉宾一行到云南下关沱茶（集团）股份有限公司，开展跨界交流活动。

4月12日至13日，云南下关沱茶（集团）股份有限公司首次开展内部培训师队伍建设的培训。

4月19日，中国奥委会专家委员会专家委员、原中国羽毛球队总教练、中国羽毛球协会原副主席李永波先生一行来公司做客。

4月19日，在广东省珠海经济特区举办下关沱茶专卖体系培训，活动覆盖公司直营店和专卖店，提升营销技能，普及普洱茶知识的学习。6月在山东省青岛市、7月在陕西省西安市进行了相同内容的培训。

4月26日至27日，在文山州麻栗坡县开展了"弘扬老山精神，为英雄敬献一杯盛世铁饼"的主题教育活动，通过"心存天下　关爱永恒"爱心基金向支援老山战役的民兵家庭捐献3万元慰问金。

4月28日，2019年中国北京世界园艺博览会在北京延庆开幕，下关沱茶作为参展商被邀请参加，并入驻胖龙谧园。在"五一"期间，进行多场次"非遗"活态表演。

4月，中国质量认证中心云南分中心高级审核员刘新民到公司银桥新厂区进行实地考察，对银桥厂区体系建设进行指导工作。

公司品质资源调查团队深入茶区，充实部分名山古寨的山头茶原料实物档案。

5月6日，云南省副省长和良辉一行莅临位于北京世园会的下关沱茶展厅视察、指导工作。

5月8日上午，中共云南下关沱茶（集团）股份有限公司总支部委员会召开换届选举大会，选举产生了第五届总支委员会，朱子纲为总支书记。

5月13日，中国技能大赛——"武夷山杯"首届全国评茶员职业技能竞赛总决赛在武夷山举行。下关沱茶团体赛代表队取得了全国第15名的好成绩；王韦涛、

何兴旺和赵炼琴三人获得职工组单项赛优秀奖。

5月18日上午，日本曹洞宗宗务厅责任役员、教学部前部长、峰仙寺住持千叶省三长老一行来访云南下关沱茶（集团）股份有限公司。

5月19日，赞助"爱跑步，去大理"2019大理国际马拉松赛。

5月23日，参加广州春季茶博会，下关中期茶展现超强实力。

5月23日至6月6日，举办了主题为"品味岁月　经典回归"的下关沱茶8603生茶全国品鉴会。

5月27日，下关沱茶入驻北京世园会茶文化体验馆。

6月1日，参加西安茶博会。

6月5日，参加中国（上海）国际食品博览会。

6月5日，四川省政协副主席祝春秀携四川省政协相关部门、四川省水利厅相关领导莅临云南下关沱茶（集团）股份有限公司调研交流。云南省政协经济和农业农村委员会副主任孙乔宝、大理州、市政协相关领导陪同调研。

6月12日，以"共聚开放前沿、共建辐射中心、共享繁荣发展"为主题的2019南亚东南亚国家商品展暨投资贸易洽谈会（以下简称"商洽会"）在昆明滇池国际会展中心正式开幕。下关沱茶作为大理州特色品牌企业参与本次商洽会。

6月14日至17日，参加青岛国际茶博会。

6月21日至24日，参加北京国际茶业展。

6月22日，云南下关沱茶（集团）股份有限公司的茶艺师们来到世园会生活体验馆互动展区，为大家奉献一场极具大理特色的茶道表演——三道茶。

6月29日，中共云南下关沱茶（集团）股份有限公司总支部60余名党员同志来到大理鹤庆"红军长征经过鹤庆纪念碑"，开展学习长征精神纪念活动。

6月，公司进行"智能化光电色选机在普洱茶半制品杂质拣剔中的研发和运用""100克沱茶自动称量系统"两个项目的课题立项。

7月8日，赞助河南广播市电视台《快乐大冲关》栏目。

7月30日，成品车间设备安装调试完成，进行试运行，具备验收条件。

7月31日，全国茶叶标准化技术委员会、中华全国供销合作总社杭州茶叶研究院主导的沱茶国家实物标准样制作协商会在我公司举行。国家茶标委主任委员、中茶院院长尹祎、大理州政府副州长李平等出席会议。

8月7日，印度本地治里特区印中友好协会主席拉达哈夫人和秘书长克理在大理州外事办领导陪同下来到公司参观。

8月14日，荣获云南省工信厅颁发的"云南省民营小巨人企业"称号。

8月17日，公司赞助中国羽毛球协会业余俱乐部联赛云南赛区比赛。

8月28日，为延续"世代茶缘 藏汉合欢"情缘，下关沱茶携"中国心"紧茶，前往香格里拉噶丹·松赞林寺举行公益茶会。

8月，100克沱茶自动称量设备安装调试及试机。

9月23日，云南省2019年"10大名品"和绿色食品"10强企业""20佳创新企业"表彰大会在昆明海埂会堂隆重召开。公司"松鹤延年"牌下关甲沱沱茶荣获2019年10大名茶第二名。云南省委书记陈豪、省长阮成发、副省长陈舜等领导到"10大名品"展示体验区参观并指导工作。云南下关沱茶（集团）股份有限公司总经理褚九云向众位领导介绍下关甲沱沱茶。

当晚，2019年中国农民丰收节，云南省"绿色云品之夜"暨云南省首届绿色食品电商节晚会上，公司副总经理杜发源参加现场直播介绍公司情况。

9月25日至10月10日，公司举办"发现美——记录你眼中的'日照金山'"摄影大赛。

9月27日，2019年下关茉莉花茶上市发布会在重庆举行。

9月11日，公司在博物馆举行了一场别开生面的传统盛大的中秋茶会。

10月22日上午，第十五届中国茶业经济年会正式发布了2019中国茶叶行业调查的最终结果。在2019中国茶业百强企业榜单中，下关沱茶位居云南省茶业榜单第一名。

11月9日，云南省文化和旅游厅发布了第六批省级非物质文化遗产代表性项目代表性传承人名单。云南下关沱茶（集团）股份有限公司董事长陈国风先生入选

本次省级非物质文化遗产代表性传承人名单。

11月21日，参加广州秋季茶博会。

11月，完成绿色食品基地产品认证工作取得相应证书。

12月5日，参加马来西亚2019大红花国际茶展。

12月5日，公司顺利通过了材料评审和现场答辩后，第四届云南省人民政府质量奖评审专家组莅临大理，到公司进行现场评审。

12月18日，参加云南高原特色现代农业北京推介活动。

12月19日，云南省工业和信息化厅办公室公布了2019年云南省工业质量标杆名单，云南下关沱茶（集团）股份有限公司荣列2019年云南省工业质量标杆名单。

12月21日，公司2019年第一次临时股东大会决议：同意公司股东北京国茶科技有限公司将其持有的本公司的全部股份划转给其母公司广东伯乐投资有限公司；同意股东昆明英瑞投资有限公司名称变更为昆明成汇佳贸易有限公司。

12月23日，在"七彩云南　旅游天堂"云南旅游推介会上，下关沱茶产品"中国沱"作为特别礼物，赠泰国国务院前副总理、泰中友好协会功·塔帕菲西会长等嘉宾。

12月，公司银桥厂区压制环节设备安装调试及试机完成。

由云南下关沱茶（集团）股份有限公司、云南省人力资源协会等联合开办的"国家中级茶艺师"职业资格培训班在我公司举行。

与云南农业大学赵明教授团队进行合作，就下关沱茶渥堆发酵过程中的微生物多样性进行深入研究。

下关沱茶第二轮生肖系列首作，特邀陈永锵先生为产品作画题字的2020鼠年生肖茶品——"好市当头"上市。

公司从2017年起至2019年，连续三年顺利通过美国FDA认证。

2020年

1月8日，由州人才工作领导小组主办的大理州首批"苍洱霞光"人才主题晚会在大理州群众艺术馆举行。云南下关沱茶（集团）股份有限公司董事长陈国风先生被评为苍洱霞光"技能名匠"。

1月19日，取得新的生产许可（含银桥厂区）。

1月20日至21日，云南下关沱茶（集团）股份有限公司召开了中基层管理人员年度述职交流暨ISO9001质量体系管理评审会议。

1月28日公司成立下关沱茶防控新冠肺炎疫情领导小组及领导小组办公室，并发布于同年3月6日发布《下关沱茶应对新冠肺炎疫情应急预案》。

2月26日，银桥筛制大联机正式高频率试机。

4月，初步建立三大产品区理化指标数据库。

5月4日，银桥厂区的成品车间、生活中心竣工验收。

5月15日，由浙江大学CARD中国农业品牌研究中心等联合开展的"2020中国茶叶企业产品品牌价值评估"课题结果出炉，"下关沱茶"荣获2020中国茶叶企业产品品牌价值前20位。

5月18日，由公司培训中心承办的下关沱茶首期茶叶加工技术培训顺利开班，云南下关沱茶（集团）股份有限公司生产一线员工共计46人参加培训。

5月21日起，试行辅助工岗位职能转变为质检员。

5月27日，云南省地方金融监管局局长李春晖一行莅临我公司调研金融支持企业复工复产及上市金种子企业培育情况。大理州副州长字德海，州财政局副局长、州金融办主任徐思锦，大理市副市长袁春城等领导陪同调研。

5月，完成"普洱茶半制品拣剔非茶类夹杂物工艺的创新探究"课题，科研项目的加计扣除。

6月12日，首次使用电子计量衡出库。

6月27日，公司召开九届一次董事会：选举陈国风先生为董事会董事长；聘任褚九云先生为公司总经理；聘任吴青先生、杜发源先生为公司副总经理；聘

任杨发保先生为公司财务负责人（财务总监）；聘任杜发源先生兼任公司董事会秘书。

7月20日起，云南下关沱茶（集团）股份有限公司培训中心组织开展了为期一周的安保服务培训学习。

7月22日，民建中央专职副主席（原环保部副部长、云南省副省长）吴晓青一行莅临我公司调研，大理州委副书记袁丽娟等州市领导陪同调研，我公司董事长陈国风、总经理褚九云参加调研。

7月，"七一"建党节前夕，下关沱茶党总支一行70余人到祥云红色传承教育馆和王复生、王德三烈士故居，探访红色基地，学习革命精神。

9月8日，包装车间、沱茶边茶干燥车间竣工验收。

9月22日，2020年云南省"10大名品"和绿色食品"10强企业""20佳创新企业"表彰会议在云南省大剧院召开，会议揭晓了2020云南省"10大名品"的评选结果。云南下关沱茶（集团）股份有限公司董事长陈国风出席会议，代表公司接受"10大名茶"现场表彰。"松鹤延年牌"下关特沱沱茶荣获2020年云南省"10大名茶"。

9月28日，办理完成公租房占用土地的不动产权登记，取得不动产权证书，并已将公租房占用土地变更为城镇住宅用地。

10月22日，2020北京国际茶业展在北京展览馆盛大开幕，在本届茶展茶叶产品质量推选活动颁奖仪式上，公司生产的巅峰易武古树饼茶被授予特别金奖，福瑞贡饼被授予金奖。

10月29日，获得FDA认证续展。

10月30日，入选云南省工业和信息化厅2020云南省工业互联网"三化"改造试点示范项目。

10月30日，中国茶产业联盟第一届理事会第四次理事会议暨茶产业高质量发展高峰论坛在长沙国际会展中心举行，云南下关沱茶（集团）股份有限公司入选中国茶产业T20创新模式企业。

10月，公司完成23个绿色食品证书年检工作。

中国工程院国家标准化发展研究院项目调研组一行莅临我公司调研，大理州副州长李平、大理大学校长王华等陪同调研。

全国边销茶质量安全监管会议在大理市召开，期间国家市场监管总局食品生产司、食品抽检司、审评中心，中国检验检疫科学研究院等单位，云南、四川、陕西、湖北、西藏、青海、宁夏等地市场监管部门及相关单位领导一行40余人莅临我公司实地调研边销茶生产经营情况。

西藏自治区商务厅党组副书记、厅长边巴一行莅临我公司调研，云南省商务厅，大理州商务局相关领导陪同调研。

11月，现行沱茶规格较多，为满足生产需要，将内飞改为双面以适应生产。

完成ISO9001质量管理体系第三方审核。

云南下关沱茶（集团）股份有限公司入选中国茶叶流通协会"茶叶行业百强企业"和"十佳社会责任企业"。

11月20日，公司顺利通过2020年度农业产业化国家重点龙头企业监测，继续荣膺"农业产业化国家重点龙头企业"殊荣。

11月23日，下关沱茶"生态班章沱 传世玉玺茶"生态班章全国新品发布会在昆明富力万达文华酒店举行。

12月3日，银桥架空层开始熟茶筛制。

12月10日，2020深圳秋季茶博会在深圳会展中心隆重开幕。云南下关沱茶（集团）股份有限公司参与云南省组团参展，设立了云南十大名茶特别展区，公司历年来荣获云南省绿色食品牌十大名茶的系列产品共展云茶魅力。

12月11日，工业和信息化部印发了《关于公布第二批专精特新"小巨人"企业名单的通告》（工信部企业函〔2020〕335号），云南下关沱茶（集团）股份有限公司被授予第二批"专精特新'小巨人'企业"称号。

12月14日，根据《国家标准化管理委员会关于下达2020年度第一批国家标准样品研复制计划项目的通知》（〔2020〕35号）要求，"沱茶感官分级标准

样品"列入全国标准样品技术委员会新项目计划，为圆满完成项目计划，全国茶叶标准化技术委员会在云南大理云南下关沱茶（集团）股份有限公司召开项目启动会。

12月18日，公司开展了2020年度安全生产专题培训会。

12月25日，在2020中国（昆明）国际茶产业博览会上，下关沱茶举办了下关茶厂80周年Logo暨力鼎千山产品发布会。

12月28日，公司获得云南省人民政府表彰的"第四届云南省人民政府质量奖"（云政函〔2020〕116号）。

12月，"下关沱茶"牌入选中国茶叶流通协会2020年度"十大黑茶品牌"；银桥厂区进行整体消防验收，绿化施工完成，进入养护阶段。

下关沱茶

图鉴

2011年—2020年

沱茶篇

统销品

1

下关沱茶（甲级）、
下关甲沱沱茶（100克便装甲级）

茶品简介

下关沱茶（甲级）是传统产品，在1981、1985、1990年3次被国家经委、国家质量奖审定委员会评为"国家质量银质奖"；并获"中国茶叶名牌""首届云南省名牌产品"等荣誉。此后下关沱茶（甲级）屡获殊荣，是下关有持续百年生产历史的茶叶产品，也是我国沱茶类产品中的标志性茶品，为茶叶界的代表作，其制作技艺入选"国家非物质文化遗产名录"。

茶品档案

成型类别：布袋
发酵情况：生茶
商标演变：松鹤（图）牌→下关牌→松鹤延年牌
本期年份：2011年、2012年、2013年、2014年、2015年、2016年、2017年、2018年、2019年、2020年
识别条码：6939989620050、6939989627448、6939989630783
产品标准：GB/T9833.5、Q/XGT 0006 S
包装规格：
100克/个×5个/条×40条/件=20千克/件
100克/个×5个/条×24条/件=12千克/件
100克/个×5个/条×30条/件=15千克/件
包装形式：内飞→包纸→纸袋→纸箱

品质特征

外形：碗臼状，紧结端正，松紧适度，色泽绿润显毫。
内质：香气纯浓持久，汤色橙黄明亮，滋味醇厚，叶底嫩匀明亮。

2011年

2012年、2013年

2014年、2015年

2016年—2019年

2020年

无内飞裸茶

带内飞裸茶

裸茶背面

2011年—2013年

2014年、2015年

2018年

2020年

无内飞裸茶

带内飞裸茶

裸茶背面

2

苍洱沱茶（250克方盒）

茶品简介

苍洱沱茶是1959年中华人民共和国成立10周年时，云南省下关茶厂（当时改名为大理茶厂）为向国庆10周年献礼而专门研制生产的特制沱茶，并以大理苍山洱海秀丽的自然风光定名为"苍洱沱茶"。2000年10月按当时的选料和工艺恢复生产苍洱沱茶（250克方盒）。

茶品档案

成型类别： 布袋
发酵情况： 生茶
商标演变： 松鹤（图）牌→松鹤延年牌
本期年份： 2011年、2012年、2013年、2014年、2015年、2018年、2020年
识别条码： 6939989620197、6939989627097、6939989634965
产品标准： GB/T9833.5、GB/T 22111
包装规格：
250克/个×1个/盒×60盒/件=15千克/件
250克/个×1个/盒×48盒/作=12千克/件
250克/个×1个/盒×36盒/作=9千克/件
包装形式： 内飞→包纸→纸盒→纸箱

品质特征

外形： 碗臼状，松紧适度，色泽油润，条索清晰显毫。
内质： 香气鲜爽持久，汤色橙黄明亮，滋味鲜爽可甘，叶底嫩匀明亮。

3

下关沱茶（100克便装一级）

茶品简介

下关沱茶（甲级）是传统产品，在1981、1985、1990年3次被国家经委、国家质量奖审定委员会评为"国家质量银质奖"；并获"中国茶叶名牌""首届云南省名牌产品"等荣誉。下关沱茶（100克便装一级）在下关沱茶（甲级）基础上调整开发而来。

茶品档案

成型类别：布袋
发酵情况：生茶
使用商标：松鹤（图）牌
本期年份：2011年
识别条码：6939989620067
产品标准：GB/T9833.5
包装规格：100克/个×5个/条×40条/件=20千克/件
包装形式：内飞→包纸→纸袋→纸箱

品质特征

外形：碗臼状，紧实端正，色泽尚绿润。
内质：香气尚清香，汤色橙黄尚亮，滋味浓厚尚醇，叶底尚嫩匀。

2012年

2018年

2020年

4

下关沱茶、云南沱茶、下关甲沱（100克圆盒甲级）

茶品简介

下关沱茶（甲级）是传统产品，在1981、1985、1990年3次被国家经委、国家质量奖审定委员会评为"国家质量银质奖"；并获"中国茶叶名牌""首届云南省名牌产品"等荣誉。下关沱茶（100克圆盒甲级）在下关沱茶（甲级）基础上改进而来，从20世纪60年代初开始生产。

茶品档案

成型类别：布袋
发酵情况：生茶
商标演变：松鹤（图）牌→松鹤延年牌
本期年份：2012年、2018年、2020年
识别条码：6939989623310（2012年）、6939989633197（2018年）、6939989634903（2020年）
产品标准：GB/T9833.5、GB/T22111、Q/XGT0006S
包装规格：
100克/个×1个/盒×160盒/件=16千克/件（2012年）
100克/个×1个/盒×80盒/件=8千克/件（2018年、2020年）
包装形式：内飞→包纸→纸盒→纸箱

品质特征

外形：碗臼状，紧结端正，松紧适度，色泽绿润显毫。
内质：香气纯浓持久，汤色橙黄明亮，滋味醇厚，叶底嫩匀明亮。

5

云南沱茶（下关礼品沱茶）

2011年—2013年

茶品简介

下关礼品沱茶是20世纪90年代初期在下关甲级沱茶基础上开发生产的云南下关沱茶礼品盒。包装使用具有鲜明的南诏大理国特点的图案设计，故该包装的云南沱茶一直被称为下关礼品沱茶。

茶品档案

成型类别：布袋
发酵情况：生茶
商标演变：松鹤（图）牌→松鹤延年牌
本期年份：2011年、2012年、2013年、2014年
识别条码：6939989620210、6939989627684
产品标准：GB/T9833.5
包装规格：
125克/个×2个/盒×48盒/件=12千克/件
125克/个×2个/盒×30盒/件=7.5千克/件
包装形式：包纸→纸盒→提袋→纸箱

2014年

品质特征

外形：碗臼状，紧结端正，松紧适度，色泽绿润显毫。
内质：香气纯浓持久，汤色橙黄明亮，滋味醇厚，叶底嫩匀明亮。

2011年、2013年

2014年、2015年

6

风花雪月沱茶（一号沱茶）

茶品简介

"风花雪月地，银苍三洱茶"，"风""花""雪""月"是大理的四景，都有其各自的故事传说，其中"风"和"雪"还是沱茶加工得天独厚的自然资源。公司2004年起生产集自然资源和文化遗产元素为一体的礼盒——风花雪月沱茶。"风""花""雪""月"采用不同的配方，形成各有特点又一脉相承的口感。

茶品档案

成型类别：布袋
发酵情况：生茶
使用商标：下关牌
本期年份：2011年、2013年、2014年、2015年
识别条码：6939989621323
产品标准：GB/T9833.5、GB/T 22111
包装规格：
250克/小盒×4小盒/套×8套/件=8千克/件
包装形式：包纸→纸盒→礼盒→提袋→纸箱

品质特征

外形：碗臼状，紧实端正，色泽油润，条索清晰显毫。
内质：香气纯正，汤色橙黄明亮，滋味醇和，叶底黄绿。

7

下关特级沱茶、下关特沱沱茶（100克便装）

茶品简介

2003年起，云南下关沱茶（集团）股份有限公司根据市场需求，开发了原料等级更高，外形条索更为完整的下关特级沱茶，已成为消费者广泛喜爱的常规产品。

茶品档案

成型类别：布袋
发酵情况：生茶
商标演变：松鹤（图）牌→下关牌→松鹤延年牌
本期年份：2011年、2012年、2013年、2014年、2015年、2016年、2017年、2018年、2019年、2020年
识别条码：6939989620081、6939989627424、6939989629930
产品标准：GB/T 9833.5、Q/XGT 0006 S
包装规格：
100克/个×5个/条×40条/件=20千克/件
100克/个×5个/条×24条/件=12千克/件
100克/个×5个/条×30条/件=15千克/件
包装形式：（内飞）→包纸→纸袋→纸箱

品质特征

外形：碗臼状，松紧适度，外形端正，色泽绿润，白毫满披。
内质：香气鲜爽，汤色绿黄明亮，滋味鲜醇，叶底嫩匀明亮。

2011年

2012年

2013年

2014年、2015年

2016年—2020年

无内飞裸茶

带内飞裸茶

裸茶背面

2011年

8

下关特级沱茶（100克圆盒装）

茶品简介

2003年起，云南下关沱茶（集团）股份有限公司根据市场需求，开发了原料等级更高，外形条索更为完整的下关特级沱茶（便装），特级沱茶（100克盒装）是在便装下关特级沱茶基础上于2003年同步开发的产品。

茶品档案

成型类别： 布袋
发酵情况： 生茶
商标演变： 松鹤（图）牌→松鹤延年牌
本期年份： 2011年、2014年
识别条码： 6939989620241、6939989626663
产品标准： GB/T 9833 5
包装规格：
100克/个×1个/盒×160盒/件=16千克/件
包装形式： 包纸→纸盒→纸箱

2014年

品质特征

外形： 碗臼状，松紧适度，外形端正，色泽绿润，白毫满披。
内质： 香气鲜爽，汤色绿黄明亮，滋味鲜醇，叶底嫩匀明亮。

9

下关特级沱茶（250克圆盒装）

2011年

茶品简介

2003年起，下关沱茶集团公司根据市场需求，开发了原料等级高，外形条索更完整的下关特级沱茶（便装），特级沱茶（250克盒装）是在便装下关特级沱茶基础上开发的产品。

2013年

茶品档案

成型类别：布袋
发酵情况：生茶
商标演变：松鹤（图）牌→下关牌→松鹤延年牌
本期年份：2011年、2013年、2014年
识别条码：6939989624836、6939989626656
产品标准：GB/T 9833.5
包装规格：250克/个×1个/盒×60盒/件=15千克/件
包装形式：包纸→纸盒→纸箱

2014年

品质特征

外形：碗臼状，外形端正，松紧适度，色泽绿润，白毫满披。
内质：香气纯正持久，汤色绿黄明亮，滋味鲜爽，叶底嫩匀明亮。

2011年

10
开门红下关沱茶

2013年、2014年

2015年、2018年

茶品简介

下关沱茶是下关有持续百年生产历史的茶叶产品，在1981、1985、1990年3次被国家经委、国家质量奖审定委员会评为"国家质量银质奖"；并获"中国茶叶名牌""首届云南省名牌产品"等荣誉。

开门红下关沱茶在下关特级沱茶基础上于2005年开发生产的伴手礼茶品。

茶品档案

成型类别：布袋
发酵情况：生茶
商标演变：松鹤（图）牌→松鹤延年牌
本期年份：2011年、2013年、2014年、2015年、2018年
识别条码：6939989620807、6939989626250
产品标准：GB/T 22111
包装规格：
250克/个×1个/盒×36盒/件=9千克/件
250克/个×1个/盒×24盒/件=6千克/件
包装形式：内飞→包纸→纸盒→提袋→纸箱

品质特征

外形：碗臼状，紧结端正，色泽绿润显毫。
内质：香气纯正持久，汤色橙黄明亮，滋味醇和，叶底嫩匀。

2011年

2012年—2014年

11

下关沱茶（百年经典小青沱）

2015年—2020年

茶品简介

20世纪90年代初，云南省下关茶厂率先研制成功并生产出粒重3克、5克的旅游型小沱茶，分青茶型和普洱型两类，开创了沱茶方便品饮的新时代，百年经典小青沱是在常规小沱茶基础上生产的产品。

茶品档案

成型类别：机压（约3克/粒）
发酵情况：生茶
商标演变：松鹤（图）牌→下关牌
本期年份：2011年、2012年、2013年、2014年、2015年、2017年、2018年、2019年、2020年
识别条码：6939989621637、6939989627783
产品标准：GB/T 22111
包装规格：30克/袋×2袋/小盒×4小盒/条×36条/件=8.64千克/件
包装形式：包纸→食品袋→方纸盒→长纸盒→提袋→纸箱

品质特征

外形：小碗臼状，紧结端正，色泽绿润显毫。
内质：香气纯正持久，汤色橙黄明亮，滋味醇和，叶底嫩匀。

12

下关沱茶绿酽缘（100克便装）

2011年

2012年—2014年

2016年、2017年

茶品简介

下关沱茶在1981、1985、1990年3次被国家经委、国家质量奖审定委员会评为"国家质量银质奖"；并获"中国茶叶名牌""首届云南省名牌产品"等荣誉，是下关有持续百年生产历史的茶叶产品。主要供应川渝片区的绿酽缘沱茶（100克便装）是专门为适应川渝地区的饮用习惯，2008年起在下关沱茶（一级）的基础上开发的产品。

茶品档案

成型类别： 布袋
发酵情况： 生茶
商标演变： 下关牌→松鹤延年牌
本期年份： 2011年、2012年、2013年、2014年、2017年
识别条码： 6939989621378、6939989629558
产品标准： GB/T 9833.5
包装规格：
100克/个×5个/条×40条/件=20千克/件
100克/个×5个/条×30条/件=15千克/件
包装形式： 内飞→包纸→纸袋→纸箱

品质特征

外形： 碗臼状，紧实端正，色泽尚绿润。
内质： 香气尚香，汤色橙黄尚亮，滋味浓享，叶底黄绿尚嫩。

13

苍洱沱茶礼盒

茶品简介

苍洱沱茶是1959年中华人民共和国成立10周年时，云南省下关茶厂（当时曾改名为大理茶厂）为向国庆10周年献礼而专门研制生产的特制沱茶，并以大理苍山洱海秀丽的自然风光定名为"苍洱沱茶"，2000年10月起按当时的选料和工艺恢复生产。

苍洱沱茶礼盒在苍洱沱茶（250克方盒）基础上组装而成。

茶品档案

成型类别：布袋
发酵情况：生茶
使用商标：松鹤（图）牌
本期年份：2011年
识别条码：6939989621996
产品标准：GB/T 9833.5
包装规格：
250克/小盒×4小盒/大盒×8大盒/件=8千克/件
包装形式：包纸→纸盒→礼盒→提袋→纸箱

品质特征

外形：碗臼状，松紧适度，色泽油润，条索清晰显毫。
内质：香气鲜爽持久，汤色橙黄明亮，滋味鲜爽回甘，叶底嫩匀明亮。

14

下关沱茶（100克特制圆盒）

2011年

2012年、2013年

茶品简介

下关沱茶是下关有持续百年生产历史的茶叶产品，在1981、1985、1990年3次被国家经委、国家质量奖审定委员会评为"国家质量银质奖"；并获"中国茶叶名牌""首届云南省名牌产品"等荣誉。

为便于作为礼品使用，下关沱茶（100克特制圆盒）在下关沱茶（100克圆盒甲级）基础上改进而来，从2010年开始生产。

2014年、2015年

2016年、2017年

茶品档案

成型类别：布袋

发酵情况：生茶

商标演变：松鹤（图）牌→松鹤延年牌

本期年份：2011年、2012年、2013年、2014年、2015年、2016年、2017年、2018年、2019年

识别条码：6939989623310（内盒）、6939989626670（外盒）

产品标准：GB/T 9833.5、Q/XGT 0006 S

包装规格：

100克/个×1个/盒×18盒/提×4提/件=7.2千克/件

包装形式：内飞→包纸→纸盒→提盒→纸箱

2018年、2019年

2011年—2013年

2014年—2019年

品质特征

外形：碗臼状，紧结端正，松紧适度，色泽绿润显毫。

内质：香气纯浓持久，汤色橙黄明亮，滋味醇厚，叶底嫩匀明亮。

15

下关沱茶（200克袋装小青沱）

2011年

2012年、2013年

2014年、2015年、2018年、2019年

2019年、2020年

茶品简介

20世纪90年代初，云南省下关茶厂率先研制成功并生产出粒重3克、5克的旅游型小沱茶，分青茶型和普洱型两类，开创了沱茶方便品饮的新时代。200克袋装小青沱是在盒装普洱沱茶基础上于20世纪90年代中期开始生产的便捷产品。

茶品档案

成型类别：机压（约3克/粒）
发酵情况：生茶
使用商标：下关牌
本期年份：2011年、2012年、2013年、2014年、2015年、2018年、2019年、2020年
识别条码：6939989623327、6939989627974、6939989634194（金花版）
产品标准：GB/T9833.5、GB/T 22111
包装规格：200克/袋×50袋/件=10千克/件
包装形式：包纸→食品袋→纸箱

品质特征

外形：小碗臼状，紧结端正，色泽绿润。
内质：香气醇香持久，汤色橙黄明亮，滋味醇和，叶底嫩匀尚匀、明亮。

16

下关沱茶 (沱之味礼盒)

茶品简介

2011年，下关沱茶迎来了沱茶创制109年暨下关茶厂70周年华诞。为记录下关沱茶走过的风雨历程，"沱之味"纪念茶出世。

茶品档案

成型类别：布袋
发酵情况：生茶
使用商标：下关牌
本期年份：2011年
识别条码：6939989624508
产品标准：GB/T 9833.5
包装规格：70克/个×10个/筒×7筒/盒=4.9千克/盒×2盒/件=9.8千克/件
包装形式：内飞→包纸→笋叶→礼盒→提袋→纸箱

品质特征

外形：呈碗臼状，紧结端正，松紧适度，色泽绿润显毫。
内质：香气纯浓持久，汤色橙黄明亮，滋味醇厚，叶底嫩匀明亮。

始创于1902
大气明理 知三好茶
XIAGUAN TUOCHA

17

沱之源沱茶（100克圆盒装）

2012年

2013年—2015年

茶品简介

"大理山水，沱茶之源"，云南沱茶因创制于下关，历史上长期仅在下关生产，又称下关沱茶，是下关有持续百年生产历史的茶叶产品。为庆祝下关沱茶制作技艺入选"国家级非物质文化遗产名录"，2010年特制沱之源沱茶，以示纪念。

茶品档案

成型类别：布袋
发酵情况：生茶
使用商标：沱之源牌
本期年份：2012年、2013年、2014年、2015年
识别条码：6939989625253
产品标准：GB/T 9833.5
包装规格：100克/个×1个/盒×80盒/件=8千克/件
包装形式：内飞→包纸→纸盒→纸箱

品质特征

外形：碗臼状，紧结端正，松紧适度，色泽绿润显毫。
内质：香气高扬，汤色亮丽，滋味丰富，持久耐泡，叶底嫩匀明亮。

18

111年庆沱茶（250克盒装）

茶品简介

下关沱茶创制于1902年，凭借不可复制的世界茶树原产地云南大叶种原料品质优势、中国西南茶马古道中心大理区位优势、世所罕见的下关风自然干燥优势；一百多年以来，下关沱茶在发展中形成了独具特色的民族和地域文化背景。

2013年，为庆祝并纪念下关沱茶创制111年，云南下关沱茶（集团）股份有限公司精心制作了"111年庆"沱茶。

茶品档案

成型类别： 布袋
发酵情况： 生茶
使用商标： 松鹤延年牌
本期年份： 2013年
识别条码： 6939989826519
产品标准： GB/T 9833.5
包装规格： 250克/个×1个/盒×12盒/件=3千克/件
包装形式： 内飞→包纸→纸盒→提袋→纸箱

品质特征

外形： 碗臼状，松紧适度，色泽油润，条索清晰显毫。
内质： 香气高扬持久，汤色橙黄明亮，滋味鲜爽回甘，叶底嫩匀明亮。

19

高原陈沱茶（100克铁盒装）

茶品简介

云南是普洱茶原产地，地处高原，气候干燥，有利于普洱茶后期的缓慢陈化。高原陈沱茶，产于云南，存于云南，采用陈化的毛茶原料生产压制而成，地道的高原味。

茶品档案

成型类别：布袋
发酵情况：生茶
使用商标：松鹤延年牌
本期年份：2013年、2014年
识别条码：6939989626243
产品标准：GB/T 9833.5
包装规格：
100克/个×1个/盒×64盒/件=6.4千克/件
包装形式：内飞→包纸→铁盒→纸箱

品质特征

外形：碗臼状，紧结端正，色泽油润，白毫显露。
内质：香气持久，汤色橙黄明亮，滋味醇厚鲜爽，汤感饱满，叶底嫩匀明亮。

2013年

2014年

20

沱茶精灵（150克盒装）

茶品简介

20世纪90年代初，云南省下关茶厂率先研制成功并生产出粒重3克、5克的旅游型小沱茶，分青茶型和普洱型，开创了沱茶方便品饮的新时代。沱茶精灵是2013年推出的旅游型小沱茶新品，分青茶型和普洱型，小巧灵动，简约时尚。

茶品档案

成型类别： 机压（约3克/粒）
发酵情况： 生茶
使用商标： 松鹤延年牌
本期年份： 2013年、2014年、2015年
识别条码： 6939989626038
产品标准： GB/T 9833.5、GB/T 22111
包装规格： 150克/盒×60盒/件=9千克/件
包装形式： 包纸→铁盒→纸盒→纸箱

品质特征

外形： 小碗臼状，紧结端正，色泽绿润。
内质： 香气纯正持久，汤色橙黄明亮，滋味醇和，叶底细嫩尚匀、明亮。

21

沱之源沱茶（500克圆盒装）

茶品简介

"大理山水，沱茶之源"，云南沱茶因创制于下关，历史上长期仅在下关生产，又称下关沱茶，是下关有持续百年生产历史的茶叶产品。为庆祝下关沱茶制作技艺入选"国家级非物质文化遗产名录"，2010年特制沱之源沱茶（绿盒），以示纪念。

2013年，为庆祝云南下关沱茶（集团）股份有限公司子公司——大理沱之源茶文化有限责任公司开业，特制沱之源沱茶（金盒），以示纪念。

茶品档案

成型类别：布袋
发酵情况：生茶
使用商标：沱之源牌
本期年份：2013年
识别条码：6939989626472
产品标准：GB/T 9833.5
包装规格：500克/个×1个/盒×8盒/件=4千克/件
包装形式：内飞→包纸→纸盒→提袋→纸箱

品质特征

外形：碗臼状，紧结端正，松紧适度，色泽绿润显毫。
内质：香气高扬，汤色橙黄明亮，滋味饱满，入口甜醇甘滑，叶底柔嫩明亮。

22

和合茶喜（66克铁盒装）

2014年—2015年

2016年

茶品简介

11粒生茶，11粒熟茶，代表着一心一意，一生一世。每粒3克，一共66克，代表心心相印，六六顺心，心心相印，六六顺意。和合茶喜，是为婚庆活动新人和亲朋好友送上的美好祝福！

茶品档案

成型类别： 机压（约3克/粒）

发酵情况： 生茶+熟茶

使用商标： 松鹤延年牌

本期年份： 2014年、2015年、2016年

识别条码： 6939989628162、6939989631025

产品标准： GB/T 22111

包装规格：

66克/盒×48盒/件=3.168千克/件

66克/盒×32盒/件=2.112千克/件

包装形式： 包纸→铁盒→提袋→纸箱

品质特征

【生茶】

外形：小碗臼状，紧结端正，色泽绿润。

内质：香气纯正持久，汤色橙黄明亮，滋味醇和，叶底细嫩尚匀、明亮。

【熟茶】

外形：小碗臼状，松紧适度，色褐红。

内质：香气陈香纯正，汤色红浓明亮，滋味醇和，叶底红褐均匀。

23

中国沱（下关沱茶民营十周年纪念）

茶品简介

2004年，通过云南省下关茶厂国有净资产拍卖，国有云南省下关茶厂改制重组为云南下关沱茶（集团）股份有限公司，2014年是民营10周年，特制"中国沱"民营10周年纪念茶品，净重3.65公斤，产品寓意为：每年365天，10年为3650天，1克代表1天，因此净重3650克即3.65公斤。

茶品档案

成型类别：布袋
发酵情况：生茶
使用商标：松鹤延年牌
本期年份：2014年
识别条码：6939989628063
产品标准：GB/T 9833.5
包装规格：3.65千克/个×3个/件=10.95千克/件
包装形式：
内飞→包纸→木质底座→亚克力罩→纸箱

品质特征

外形：大碗臼状，紧结端正，松紧适度，色泽绿润显毫。
内质：香气高扬持久，汤色橙黄明亮，滋味醇厚饱满，有层次感，叶底嫩匀明亮。

24
银苍玉洱沱茶

茶品简介

"风花雪月地，银苍玉洱茶"。风、花、雪、月是大理的四景，都有其各自的故事传说，其中"风"和"雪"还是沱茶加工得天独厚的自然资源。2014年生产的银苍玉洱沱茶系列，延续"银""苍""玉""洱"，四盒为一整套；承载着大理四景，浪漫气息融于优质茶品之口。

茶品档案

成型类别：布袋
发酵情况：生茶
使用商标：松鹤延年牌
本期年份：2014年
识别条码：6939989626267
产品标准：GB/T 9833.5
包装规格：
100克/个×1个/盒×160盒/件=16千克/件
包装形式：内飞→包纸→纸盒→纸箱

品质特征

外形：碗臼状，外形端正，松紧适度，色泽绿润，白毫满披。
内质：香气纯正持久，汤色绿黄明亮，滋味鲜爽，叶底嫩匀明亮。

25
子珍尚品沱茶

茶品简介

"子珍"品名源自沱茶创制人严子珍之名，"尚品"意为便捷时尚饮品。子珍尚品承载着始创于1902年的厚重历史，经下关沱茶百年配方技艺及入选"国家级非物质文化遗产名录"的下关沱茶制作技艺精制而成。

茶品档案

成型类别：机压（约3克/粒）
发酵情况：生茶+熟茶
使用商标：松鹤延年牌
本期年份：2014年、2015年
识别条码：6939989626069（生）、6939989626052（熟）、
6939989626526（礼盒）
产品标准：GB/T 22111
包装规格：45克/盒×28盒/件=1.26千克/件（铁盒）
45克/盒×2盒/套×8套/件=720克/件（礼盒）
包装形式：包纸→铁盒→礼盒→提袋→纸箱

品质特征

【生茶】
外形：小碗臼状，紧结端正，色泽绿润。
内质：香气高扬持久，汤色金黄透亮，滋味鲜爽，生津强，回甘久，叶底嫩匀明亮。
【熟茶】
外形：小碗臼状，松紧适度，色泽褐红显毫。
内质：香气陈香纯正，汤色红艳明亮，滋味醇正滑爽，叶底褐红嫩匀。

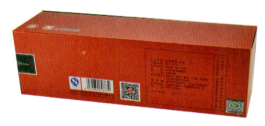

26

金榜甲沱沱茶（100克礼盒装）

茶品简介

金榜甲沱，让人温暖的用心之作，金榜甲沱甄选滇西到滇南的勐库茶区（突出其滋味与香气优势）、景谷茶区（突出其外形优势）、车朗茶区（突出其香气优势）的原料拼配而成。

茶品档案

成型类别：布袋
发酵情况：生茶
使用商标：下关牌
本期年份：2015年
识别条码：6939989628834
产品标准：GB/T 22111
包装规格：100克/个×5个/盒×16盒/件=8千克/件
包装形式：内飞→包纸→纸盒→提袋→纸箱

品质特征

外形：沱形周正、优美，松紧适度；色泽青褐油润，条索肥壮清晰，白毫显著。
内质：汤色金黄透亮，花香馥郁带蜜香且持久，滋味醇厚、略涩，汤感厚实饱满，茶气足，协调性好，生津回甘迅速且强烈、持久，杯底挂杯香明显。

27

仕登步步高沱茶（100克筒装）

茶品简介

赴考岁岁有，金榜年年揭，仕登步步高沱茶于2015年上市，历年陈放，历久弥香，精雕细琢，工艺完美。

茶品档案

成型类别：布袋
发酵情况：生茶
使用商标：寺登牌
本期年份：2015年
识别条码：6939989628933
产品标准：GB/T 22111
包装规格：100克/个×5个/盒×16盒/件=8千克/件
包装形式：内飞→包纸→纸盒→提袋→纸箱

品质特征

外形：沱形周正、松紧适度，条索紧结，色泽墨绿油润。

内质：汤色橙黄明亮；香气为独特的果蜜陈香；滋味醇厚饱满，茶香入水，苦涩感基本消逝，陈韵明显，回甘持久，耐泡度佳；杯底香气持久。

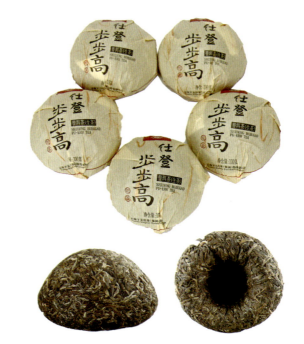

28

中国沱沱茶（365克礼盒装）

茶品简介

每个国人心中，都有自己的中国梦，共同织就气势恢宏的复兴画卷。中国梦，流淌在岁月的长河里，化作下关茶人心灵的寄托——中国沱。中国沱沱茶优选2013年布朗古树、邦东大雪山大芽毫、勐库西半山大树毛茶，在大理高原仓储存2年后，经百年下关沱茶拼配和制作技艺精心制成。

茶品档案

成型类别： 布袋
发酵情况： 生茶
使用商标： 松鹤延年牌
本期年份： 2015年
识别条码： 6939989628780
产品标准： GB/T 22111
包装规格：
365克/个×1个/盒×15盒/作=5.84千克/作
包装形式： 内飞→包纸→纸盒→提袋→纸箱

品质特征

外形： 呈碗臼状，沱形饱满，条索肥壮紧结，白毫显露，色泽油润墨绿。
内质： 香气纯正，汤色金黄明亮，滋味浓醇爽口，回甘好，叶底肥嫩柔亮，叶片舒展弹性好，条索完整。

29

匠心沱茶（100克纸罐装）

茶品简介

匠心沱茶，是下关沱茶推出的精品沱茶之作；匠心，不仅仅是一款产品，更是下关沱茶百年的心血凝聚。

茶品档案

成型类别：布袋
发酵情况：生茶
使用商标：下关牌
本期年份：2016年
识别条码：6939989629688
产品标准：GB/T 22111
包装规格：
100克/个×3个/罐×27罐/件=8.1千克/件
包装形式：内飞→包纸→纸罐→纸箱

品质特征

外形：呈碗臼状，圆整端正，条索匀长紧结，松紧适度，有白毫，色泽鲜亮。
内质：汤色金黄透亮，香气纯正，滋味饱满浓醇，厚度甜度协调适口，回甘持久。

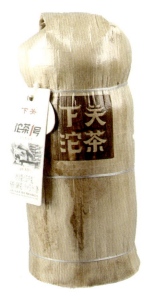

30

沱茶1号〔300克笋叶布袋装〕

茶品简介

沱茶1号，代表起点、代表初始；感念百年沱茶创始之初，感念沱茶深远的文化韵味，感念沱茶悠悠历史底蕴。

沱茶1号，以云南高山大树优质晒青毛茶为原料精制而成，清香四溢，于2016年面世。

茶品档案

成型类别：布袋
发酵情况：生茶
使用商标：下关牌
本期年份：2016年
识别条码：6939989629886
产品标准：GB/T 22111
包装规格：300克/个×5个/条×6条/件=9千克/件
包装形式：内飞→包纸→笋叶→布袋→纸箱

品质特征

外形：碗臼状，紧结端正；色泽绿润，白毫满披。

内质：香气高扬持久，汤色金黄透亮，滋味鲜爽饱满，有层次感，生津强、回甘持久，叶底嫩润匀亮。

31

下关小金沱沱茶（3克铁盒装）

茶品简介

20世纪90年代初，云南省下关茶厂率先研制成功并生产出粒重3克、5克的旅游型小沱茶，分青茶型和普洱型两类，开创了沱茶方便品饮的新时代。

下关小金沱，精选云南大叶种晒青毛茶为原料，采用优质芽叶压制而成。生茶清爽活泼，即开即泡，方便简洁。

茶品档案

成型类别：机压（约3克/粒）
发酵情况：生茶
使用商标：松鹤延年牌
本期年份：2016年
识别条码：6939989630714
产品标准：GB/T 22111
包装规格：
3克/粒×12粒/盒×56盒/件=2.016千克/件
包装形式：包纸→铁盒→纸箱

品质特征

外形：小碗臼状，紧结端正，色泽绿润。
内质：香气高扬持久，汤色金黄透亮，滋味鲜爽，汤感饱满丰富，生津强、回甘持久，叶底嫩匀明亮。

32

甲字沱茶（100克圆盒装）

茶品简介

2017年，下关沱茶入.川渝一百年，"下关沱茶甲川渝"百年盛典在重庆举办；甲字沱茶荣耀上市。甲字沱茶采用云南高原含陈料新压，其主料，来自邦东大雪山的大树、古树陈料；辅料，则是来自双江冰岛东西半山的古树芽料，是一款口感滋味既有特点又不失协调、同时还带有醇厚口感的经典之作。

茶品档案

成型类别：布袋
发酵情况：生茶
使用商标：松鹤延年牌
本期年份：2017年
识别条码：6939989531551
产品标准：GB/T 22111
包装规格：
100克/个×1个/盒×80盒/件=8千克/件
包装形式：内飞→包纸→纸盒→纸箱

品质特征

外形：碗臼状，条索紧结完整、肥壮，松紧适度，色泽绿润鲜亮。
内质：香气蜜香明显高扬持久，汤色金黄透亮，滋味醇厚，回甘生津强烈，叶底嫩匀。

始创于1932
大气明理 知己好茶
XIAGUAN TEA·HA

33

1959金苍洱沱茶（250克礼盒装）

茶品简介

1959年，中华人民共和国成立10周年之际，下关茶厂为向国庆10周年献礼，专门研制出一款沱茶，并以苍山洱海秀丽的自然风光而命名为"苍洱沱茶"，成为下关茶厂最为经典的产品之一。

2017年，用古树之料升级经典，将班章和易武两大优质原料产区的古树茶深度融合，班章为王，易武为后，"刚"与"柔"相结合，定名1959金苍洱沱茶。

茶品档案

成型类别：布袋

发酵情况：生茶

使用商标：松鹤延年牌

本期年份：2017年

识别条码：6939989632503

产品标准：GB/T 22111

包装规格：250克/盒×27盒/件=6.75千克/件

包装形式：内飞→包纸→纸盒→提袋→纸箱

品质特征

外形：碗臼状，紧结端正，松紧适度，色泽绿润显毫。

内质：香气高扬、蜜香持久，汤色金黄透亮，滋味醇厚饱满有层次感，回甘生津强烈，叶底嫩匀明亮。

34

下关复兴沱茶（280克纸罐装）

茶品简介

2018年，是我国改革开放40周年，复兴沱茶，为庆祝改革开放40周年而生，为还原"复兴牌"历史产品而生。

下关复兴沱茶，优选邦东大雪山高海拔古茶区古树茶早春优质晒青毛茶，在温、湿度相对较高的澜沧江边陈放5年，再陈放于大理意原仓1年后与香竹箐古树茶精心拼配，并经百年下关沱茶传统加工技艺精制而成。

茶品档案

成型类别：布袋
发酵情况：生茶
使用商标：松鹤延年牌
本期年份：2018年
识别条码：6939989633470
产品标准：GB/T 22111
包装规格：
280克/个×1个/罐×27罐/件=7.56千克/件
包装形式：内飞→包纸→纸罐→提袋→纸箱

品质特征

外形：碗臼状，紧结端正，松紧适度，色泽绿润，白毫显露。
内质：香气馥郁持久，汤色橙黄明亮，滋味鲜爽，汤感饱满丰富有层次感，回甘生津强烈，叶底嫩匀明亮。

始创于1902
大气明理 知己好茶
XIAGUAN TUOCHA

35

下关风花雪月古树沱茶

（250克礼盒装）

茶品简介

风花雪月古树沱茶，用料选自2014年—2016年采摘自勐库大雪山大叶种乔木古树茶。

茶品档案

成型类别：布袋
发酵情况：生茶
使用商标：松鹤延年牌
本期年份：2018年
识别条码：6939989633166
产品标准：GB/T 22111
包装规格：
250克/个×1个/盒×24盒/件=6千克/件
包装形式：内飞→包纸→纸盒→提袋→纸箱

品质特征

外形：碗臼状，外形紧结端正，松紧适度，色泽油润，条索清晰显毫。
内质：香气高扬持久，汤色橙黄明亮，滋味醇厚饱满，叶底黄绿明亮。

36

下关甲沱沱茶（100克礼盒装）

茶品简介

下关沱茶（甲级）是传统产品，在1981、1985、1990年3次被国家经委、国家质量奖审定委员会评为"国家质量银质奖"；并获"中国茶叶名牌""首届云南省名牌产品"等荣誉。下关甲沱沱茶于2019年开发出全新方形礼盒包装。

茶品档案

成型类别： 布袋

发酵情况： 生茶

使用商标： 松鹤延年牌

本期年份： 2019年

识别条码： 6939989634750（内盒）、6939989634767（外盒）

产品标准： GB/T 22111

包装规格：
100克/盒×12盒/提×4提/件=4.8千克/件

包装形式： 内飞→包纸→纸盒→提盒→纸箱

品质特征

外形： 碗臼状，紧结端正，松紧适度，色泽绿润显毫。

内质： 香气纯浓持久，汤色橙黄明亮，滋味醇厚，叶底嫩匀明亮。

37

关沱1902（250克盒装）

茶品简介

关沱1902，灵感源自沱茶创制定型之年份，原料来自勐库茶区和布朗茶区，东半山+西半山+班章，经下关传统拼配技艺精制而成。将勐库东半山的香醇，西半山的甜爽，班章的霸烈，完美融合。

茶品档案

成型类别：布袋
发酵情况：生茶
使用商标：松鹤延年牌
本期年份：2019年
识别条码：6939989634217
产品标准：GB/T 22111
包装规格：250克/个×1个/盒×24盒/件=6千克/件
包装形式：内飞→包纸→纸盒→提袋→纸箱

品质特征

外形：沱形周正、碗口大气，条索清晰、松紧适度。

内质：香气蜜糖香馥郁、高扬；汤色金黄、透亮；滋味醇厚，口感丰富、饱满、协调，汤感稠滑，回甘生津强烈、持久。

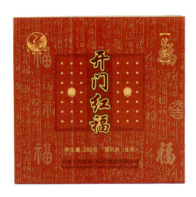

38

开门红福沱茶（280克礼盒装）

茶品简介

鸿运滚滚开门至，喜气洋洋伴福来！开门红福沱茶是2019年在开门红沱茶基础上升级开发而来的，是走亲访友、交际往来的绝佳礼品选择。

茶品档案

成型类别：布袋
发酵情况：生茶
使用商标：松鹤延年牌
本期年份：2019年、2020年
识别条码：6939989634095
产品标准：GB/T 22111
包装规格：
280克/个×1个/盒×18盒/件=5.04千克/件
包装形式：内飞→包纸→纸盒→提袋→纸箱

品质特征

外形：呈碗臼状，沱形端正，松紧适度，色泽绿润显毫。
内质：汤色橙黄明亮，香气纯正，滋味醇厚饱满。

39

生态班章沱茶（280克礼盒装）

茶品简介

生态班章沱茶，以高品质班章古树茶融入"玉玺"概念，创造出这一款品质卓绝的"玉玺茶"，是普洱茶与深邃历史的高度文化融合，茶与艺术珍藏界的冉冉新星，弥足珍贵，传世之品。

生态班章沱茶，甄选班章茶区原始森林中绿色生态茶园优质古树晒青毛茶，经百年下关沱茶传统制作技艺精心制成。

茶品档案

成型类别：布袋
发酵情况：生茶
使用商标：松鹤延年牌
本期年份：2020年
识别条码：6939989635726
产品标准：GB/T 22111
包装规格：
280克/个×1个/盒×18盒/件=5.04千克/件
包装形式：内飞→包纸→纸盒→提袋→纸箱

品质特征

外形：沱形独特优美，松紧适当，条索肥硕显毫，色泽油润匀净。
内质：热闻花香高扬浓郁，古树气息饱满，冷杯花香转蜜兰香，汤色金黄透亮，滋味浓厚强劲，香味互融，回甘强烈，叶底肥柔明亮。

40

富贵根基古树沱茶
（250克笋叶装）

茶品简介

富贵根基古树沱茶，采用20世纪30年代喜洲商帮复春和商号使用的"富贵根基图"牌商标作为产品名称，融汇传统与现代文化，再现辉煌。

富贵根基古树沱茶，专选布朗山、勐库西半山等著名古茶区高海拔茶园内早春古树晒青毛茶，经百年下关沱茶拼配和传统加工技艺精制而成，古树茶气韵明显。

茶品档案

成型类别：布袋
发酵情况：生茶
使用商标：松鹤延年牌
本期年份：2020年
识别条码：6939989635634
产品标准：GB/T 22111
包装规格：250克/个×4个/条×9条/件=9千克/件
包装形式：内飞→包纸→笋叶→提袋→纸箱

品质特征

外形：沱形优雅端正，条索肥硕显毫，色泽油润匀净。

内质：香气高扬，花香浓郁，汤色透亮，滋味浓厚鲜爽，鲜香持久入味，生津强回甘长，层次感丰富，叶底肥嫩匀亮。

41

小微沱茶（99克圆盒装）

茶品简介

20世纪90年代初，云南省下关茶厂率先研制成功并生产出粒重3克、5克的旅游型小沱茶，分青茶型和普洱型两类，开创了沱茶方便品饮的新时代。

2020年，99克圆盒包装版小微沱茶全新上市，开启一份大理独享的伴手礼。

茶品档案

成型类别：机压（约3克/粒）
发酵情况：生茶
使用商标：松鹤延年牌
本期年份：2020年
识别条码：6939989635313
产品标准：GB/T 22111
包装规格：99克/盒×100盒/件=9.9千克/件
包装形式：包纸→纸盒→纸箱

品质特征

外形：呈小碗臼状，松紧适度，沱形端正优美，色泽墨绿油润。
内质：汤色金黄明亮，滋味浓厚回甘，生津强烈持久，叶底细嫩均匀。

42

马背驮茶（500克纸罐装）

茶品简介

马背驮茶精选3—6年高原仓陈化的云南大叶种晒青毛茶为原料，经下关沱茶传统拼配技艺精心拼配，由下关沱茶百年制作技艺精制而成。

茶品档案

成型类别：布袋
发酵情况：生茶
使用商标：马背驮茶牌
本期年份：2020年
识别条码：6939989635306
产品标准：GB/T 22111
包装规格：
100克/个×5个/条×18条/件=9千克/件
包装形式：内飞→包纸→纸罐→提袋→纸箱

品质特征

外形：呈碗臼状，沱形端庄优美，松紧适度，条索紧结，色泽油润匀净，白毫显露。
内质：汤色金黄明亮，花蜜香浓郁持久，滋味醇厚饱满，生津回甘强烈，叶底肥嫩柔软。

始创于1902　大气明理 知己好茶　XIAGUAN TUOCHA

43

南诏锦鲤沱茶（365克礼盒装）

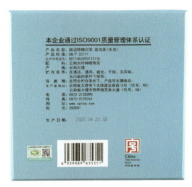

茶品简介

应旅游市场需求，2020年开发出南诏锦鲤沱茶，有青茶型和普洱型，以锦鲤为名的沱茶礼盒产品，寓意吉祥。

茶品档案

成型类别：布袋
发酵情况：生茶
使用商标：松鹤延年牌
本期年份：2020年
识别条码：6939989635351
产品标准：GB/T 22111
包装规格：
365克/个×1个/盒×16盒/件=5.84千克/件
包装形式：内飞→包纸→纸盒→提袋→纸箱

品质特征

外形：呈碗臼状，沱形端庄优美，松而不散，紧而不铁，色泽油润，条索肥壮清晰。
内质：汤色浅杏黄透亮，香气馥郁持久，入口蜜香明显，滋味醇厚饱满，生津回甘强烈，叶底肥嫩柔软。

2011年

2012年—2014年

2015年2月

2015年10月—2020年

44

云南下关普洱沱茶

（100克便装）

茶品简介

普洱型云南沱茶是云南省传统出口茶品之一，20世纪70年代中期由云南省下关茶厂开发成功后独家生产，通过云南茶叶进出口公司经香港出口到以法国为中心的欧洲国家，为集中体现普洱茶保健功能的代表性茶品，被市场广泛称为"销法沱"茶。云南下关普洱沱茶（100克便装）为传统普洱茶常规产品。

茶品档案

成型类别： 布袋

发酵情况： 熟茶

商标演变： 松鹤（图）牌→下关牌

本期年份： 2011年、2012年、2013年、2014年、2015年、2016年、2017年、2018年、2019年、2020年

识别条码： 6939989620463、6939989624705

产品标准： Q/XGT006、GB/T 22111

包装规格：

100克/个×5个/条×40条/件=20千克/件

100克/个×5个/条×24条/件=12千克/件

包装形式： 内飞→包纸→纸袋→纸箱

品质特征

外形： 碗臼状，松紧适度，色泽褐红显毫。

内质： 香气陈香纯正，汤色红浓明亮，滋味醇正，叶底褐红嫩匀，有弹性。

始创于1902
大气明理 知己好茶
XIAGUAN TUOCHA

45

云南沱茶（100克圆盒装）

2011年、2013年　　2014年

茶品简介

普洱型云南沱茶是云南省传统出口茶品之一，20世纪70年代中期由云南省下关茶厂开发成功后独家生产，通过云南茶叶进出口公司经香港出口到以法国为中心的欧洲国家，为集中体现普洱茶保健功能的代表性茶品，被市场广泛称为"销法沱"茶，分为100克和250克两种。

2016年　　2017年、2018年

茶品档案

成型类别：布袋
发酵情况：熟茶
商标演变：松鹤（图）牌→松鹤延年牌
本期年份：2011年、2013年、2014年、2016年、2017年、2018年、2019年、2020年
识别条码：6939989621071、6939989627196
产品标准：Q/XGT006、GB/T 22111
包装规格：
100克/个×1个/盒×140盒/件=14千克/件
100克/个×1个/盒×100盒/件=10千克/件
包装形式：内飞→包纸→纸盒→纸箱

2019年　　2020年

品质特征

外形：碗臼状，松紧适度，色泽褐红显毫。
内质：香气陈香纯正，汤色红浓明亮，滋味醇正，叶底褐红嫩匀，有弹性。

无内飞裸茶　　带内飞裸茶　　裸茶背面

46

下关沱茶（250克方盒装）

2012年—2014年

2015年

2016年、2018年

2019年

茶品简介

普洱型云南沱茶是云南省传统出口茶品之一，20世纪70年代中期由云南省下关茶厂开发成功后独家生产，通过云南茶叶进出口公司经香港出口到以法国为中心的欧洲国家，为集中体现普洱茶保健功能的代表性茶品，被市场广泛称为"销法沱"茶，分为100克和250克两种。

茶品档案

成型类别： 布袋
发酵情况： 熟茶
商标演变： 下关牌→松鹤延年牌
本期年份： 2012年、2013年、2014年、2015年、2016年、2018年、2019年
识别条码： 6939989624713、6939989628773
产品标准： GB/T 22111
包装规格：
250克/个×1个/盒×60盒/件=15千克/件
250克/个×1个/盒×40盒/件=10千克/件
包装形式： 内飞→包纸→纸盒→纸箱

品质特征

外形： 碗臼状，松紧适度，色泽褐红显毫。
内质： 香气陈香纯正，汤色红浓明亮，滋味醇正，叶底褐红嫩匀，有弹性。

无内飞裸茶

带内飞裸茶

裸茶背面

47

下关沱茶（百年经典小普沱）

2011年

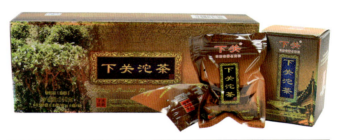

2012年—2020年

茶品简介

20世纪90年代初，云南省下关茶厂率先研制成功并生产出粒重3克、5克的旅游型小沱茶，分青茶型和普洱型两类，开创了沱茶方便品饮的新时代。百年经典小普沱是在常规普洱小沱茶基础上生产的产品。

茶品档案

成型类别： 机压（约3克/粒）

发酵情况： 熟茶

商标演变： 松鹤（图）牌→下关牌

本期年份： 2011年、2012年、2013年、2014年、2015年、2016年、2017年、2018年、2019年、2020年

识别条码： 6939989621644、6939989627790

产品标准： GB/T 22111

包装规格： 30克/袋×2袋/小盒×4小盒/条×36条/件=8.64千克/件

包装形式： 包纸→食品袋→方纸盒→长纸盒→提袋→纸箱

品质特征

外形： 小碗臼状，松紧适度，色褐红。

内质： 香气陈香纯正，汤色红浓明亮，滋味醇和，叶底红褐均匀。

2011年

2012年、2013年

2014年、2015年、2018年、2019年

2019年、2020年

48

下关沱茶（200克袋装小普沱）

茶品简介

20世纪90年代初，云南省下关茶厂率先研制成功并生产出粒重3克、5克的旅游型小沱茶，分青茶型和普洱型两类，开创了沱茶方便品饮的新时代。200克袋装小普沱是在盒装普洱沱茶基础上于20世纪90年代中期开始生产的便捷产品。

茶品档案

成型类别： 机压（约3克/粒）
发酵情况： 熟茶
使用商标： 下关牌
本期年份： 2011年、2012年、2013年、2014年、2015年、2018年、2019年、2020年
识别条码： 6939989623334、6939989627967、6939989634200（金花版）
产品标准： Q/XGT006、GB/T 22111
包装规格： 200克/袋×50袋/件=10千克/件
包装形式： 包纸→食品袋→纸箱

品质特征

外形： 小碗臼状，松紧适度，色褐红。
内质： 香气陈香纯正，汤色红浓明亮，滋味醇和，叶底红褐均匀。

49

下关普洱沱茶（250克便装）

茶品简介

普洱型云南沱茶是云南省传统出口茶品之一，20世纪70年代中期由云南省下关茶厂开发成功后独家生产，通过云南茶叶进出口公司经香港出口到以法国为中心的欧洲国家，为集中体现普洱茶保健功能的代表性茶品，被市场广泛称为"销法沱"茶，分为100克和250克两种。下关普洱沱茶（250克便装）为传统普洱茶常规产品。

茶品档案

成型类别：布袋
发酵情况：熟茶
商标演变：松鹤（图）牌→下关牌
本期年份：2011年、2012年、2013年、2014年、2015年、2016年、2017年、2018年、2019年
识别条码：6939989620470、6939989625031
产品标准：Q/XGT006、GB/T22111
包装规格：
250克/个×5个/条×12条/件=15千克/件
250克/个×5个/条×8条/件=10千克/件
包装形式：内飞→包纸→纸袋→纸箱

品质特征

外形：碗臼状，松紧适度，色泽褐红显毫。
内质：香气陈香纯正，汤色红浓明亮，滋味醇正，叶底褐红嫩匀，有弹性。

2011年

2012—2014年

2015年2月

2015年10月—2019年

无内飞裸茶

带内飞裸茶

裸茶背面

50

沱茶精灵（150克盒装）

茶品简介

20世纪90年代初，云南省下关茶厂率先研制成功并生产出粒重3克、5克的旅游型小沱茶，分青茶型和普洱型，开创了沱茶方便品饮的新时代。沱茶精灵是2013年推出的旅游型小沱茶新品，分青茶型和普洱型，小巧灵动，简约时尚。

茶品档案

成型类别：机压（约3克/粒）
发酵情况：熟茶
使用商标：松鹤延年牌
本期年份：2013年、2014年、2015年
识别条码：6939989626045
产品标准：GB/T 22111
包装规格：150克/盒×60盒/件=9千克/件
包装形式：包纸→铁盒→纸盒→纸箱

品质特征

外形：小碗臼状，松紧适度，色褐红。
内质：香气陈香纯正，汤色红浓明亮，滋味醇和，叶底红褐均匀。

51

金榜销法沱（100克礼盒装）

茶品简介

下关普洱沱茶，常年销往法国，得"销法沱"之名。2015年，因名制茗，在销法沱基础上生产推出金榜销法沱，成为备受欢迎的礼盒装"销法沱"。

金榜销法沱，选用云南大叶种晒青毛茶为原料，经发酵后用传统揉茶工艺制作，并经大理点苍山天然泉水烧制的蒸汽蒸压而成。

茶品档案

成型类别：布袋
发酵情况：熟茶
使用商标：下关牌
本期年份：2015年、2019年
识别条码：6939989628797
产品标准：GB/T 22111
包装规格：100克/个×5个/盒×16盒/件=8千克/件
包装形式：内飞→包纸→纸盒→提袋→纸箱

品质特征

外形：碗臼状，松紧适度，色泽褐红显毫。
内质：香气陈香纯正，汤色红浓明亮，滋味醇正，叶底褐红嫩匀，有弹性。

52

划时代沱茶（365克礼盒装）

茶品简介

2016年，是下关茶厂建厂75周年，为纪念下关茶厂建厂75周年暨下关沱茶创制114年，特别推出划时代沱茶。

划时代沱茶采用以冰岛和昔归为主要代表的勐库茶区、邦东茶区的百年古树春芽嫩叶为原料。将两大产茶区的特点巧妙糅合，刚柔并济，彰显不一般的古树茶韵味。

茶品档案

成型类别：布袋
发酵情况：熟茶
使用商标：松鹤延年牌
本期年份：2016年
识别条码：6939989630813
产品标准：GB/T 22111
包装规格：
365克/个×1个/盒×16盒/件=5.84千克/件
包装形式：内飞→包纸→纸盒→提袋→纸箱

品质特征

外形：碗臼状，外形端正，松紧适度，色泽褐红显毫。

内质：香气陈香纯正，焦糖香明显，汤色红艳明亮，滋味醇正滑爽，叶底褐红嫩匀，有弹性。

53

乐颂沱茶（100克方盒装）

茶品简介

2016年推出的乐颂沱茶，小巧玲珑，陈香甜润，是乐享茶趣、品味生活的优质口粮熟茶。

茶品档案

成型类别：布袋
发酵情况：熟茶
使用商标：松鹤延年牌
本期年份：2016年
识别条码：6939989630530
产品标准：GB/T 22111
包装规格：
100克/个×1个/盒×56盒/件=5.6千克/件
包装形式：内飞→包纸→纸盒→纸箱

品质特征

外形：碗臼状，松紧适度，色泽褐红显毫。
内质：香气陈香纯正，汤色红浓明亮，滋味醇正，叶底褐红嫩匀，有弹性。

54

下关小金沱沱茶（3克铁盒装）

茶品简介

20世纪90年代初，云南省下关茶厂率先研制成功并生产出粒重3克、5克的旅游型小沱茶，分青茶型和普洱型两类，开创了沱茶方便品饮的新时代。

下关小金沱，精选云南大叶种晒青毛茶为原料，采用优质芽叶压制而成。熟茶温暖醇厚，即开即泡，方便简洁。

茶品档案

成型类别：机压（约3克/粒）
发酵情况：熟茶
使用商标：松鹤延年牌
本期年份：2016年、2020年
识别条码：6939989630721
产品标准：GB/T 22111
包装规格：
3克/粒×12粒/盒×56盒/件=2.016千克/件
包装形式：包纸→铁盒→纸箱

品质特征

外形：小碗臼状，松紧适度，色泽褐红显毫。
内质：香气陈香纯正，有果糖香，汤色红艳明亮，滋味醇正滑爽，叶底褐红嫩匀，有弹性。

始创于1902
大气明理 知己好茶
XIAGUAN TUOCHA

55

云南沱茶（100克方盒装）

茶品简介

普洱型云南沱茶是云南省传统出口茶品之一，20世纪70年代中期由云南省下关茶厂开发成功后独家生产，通过云南茶叶进出口公司经香港出口到以法国为中心的欧洲国家，为集中体现普洱茶保健功能的代表性茶品，被市场广泛称为"销法沱"茶。

"销法沱"以100克圆盒为经典包装，2018年，推出100克方盒包装。

茶品档案

成型类别：布袋
发酵情况：熟茶
使用商标：松鹤延年牌
本期年份：2018年
识别条码：6939989633128
产品标准：GB/T 22111
包装规格：100克/个×1个/盒×80盒/件=8千克/件
包装形式：内飞→包纸→纸盒→纸箱

品质特征

外形：呈碗臼状，松紧适度，色泽褐红显毫。
内质：香气陈香纯正，汤色红浓明亮，滋味醇正，叶底褐红嫩匀，有弹性。

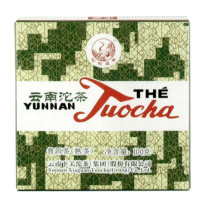

56

沱茶1号〔300克笋叶布袋装〕

茶品简介

下关沱茶于2016年生产沱茶1号（生茶），后于2018年开发生产沱茶1号（熟茶），其毛茶原料严选勐库茶区高品质古树春茶鲜叶，秉承下关沱茶经典发酵工艺发酵并陈化3年以上，再经入选国家级非物质文化遗产的下关沱茶制作技艺精制而成。

茶品档案

成型类别：布袋
发酵情况：熟茶
使用商标：下关牌
本期年份：2018年
识别条码：6939989633074
产品标准：GB/T 22111
包装规格：300克/个×5个/条×6条/件=9千克/件
包装形式：内飞→包纸→笋叶→布袋→纸箱

品质特征

外形：碗臼状，条索肥嫩紧结，色泽红褐，油润显毫。
内质：香气陈香纯正浓郁，汤色红浓透亮，滋味醇滑甘甜，唇齿留香，叶底褐红嫩匀柔软。

57

匠心沱茶（100克纸罐装）

茶品简介

匠心沱茶，是下关沱茶推出的精品沱茶之作；匠心，不仅仅是一款产品，更是下关沱茶百年的心血凝聚。

匠心沱茶（熟茶），精选三年以上高原仓大树春茶，以百年下关沱茶传统技艺匠心制成。

茶品档案

成型类别：布袋
发酵情况：熟茶
使用商标：下关牌
本期年份：2020年
识别条码：6939989635252
产品标准：GB/T 22111
包装规格：
100克/个×3个/罐×27罐/件=8.1千克/件
包装形式：内飞→包纸→纸罐→纸箱

品质特征

外形：碗臼状，外形圆整，松紧适度，条索紧结，色泽红褐。

内质：香气陈香醇正，汤色红浓明亮，滋味浓醇饱满爽口，醇滑甜润，丰富协调，叶底褐红嫩匀，有弹性。

58

小微沱茶（99克圆盒装）

茶品简介

20世纪90年代初，云南省下关茶厂率先研制成功并生产出粒重3克、5克的旅游型小沱茶，分青茶型和普洱型两类，开创了沱茶方便品饮的新时代。

2020年，99克圆盒包装版小微沱茶全新上市，开启一份大理独享的伴手礼。

茶品档案

成型类别：机压（约3克/粒）
发酵情况：熟茶
使用商标：松鹤延年牌
本期年份：2020年
识别条码：6939989535320
产品标准：GB/T 22111
包装规格：99克/盒×100盒/件=9.9千克/件
包装形式：包纸→纸盒→纸箱

品质特征

外形：呈小碗臼状，松紧适度，色泽褐红。
内质：香气陈香纯正，汤色红浓明亮，滋味醇和，叶底红褐均匀。

59

南诏锦鲤沱茶（365克礼盒装）

茶品简介

应旅游市场需求，2020年开发出南诏锦鲤沱茶，有青茶型和普洱型，以锦鲤为名的沱茶礼盒产品，寓意吉祥。

茶品档案

成型类别：布袋
发酵情况：熟茶
使用商标：松鹤延年牌
本期年份：2020年
识别条码：6939989635528
产品标准：GB/T 22111
包装规格：
365克/个×1个/盒×16盒/件=5.84千克/件
包装形式：内飞→包纸→纸盒→提袋→纸箱

品质特征

外形：呈碗臼状，沱形优美，松紧适度，色泽红褐油润、金毫显著。
内质：香气陈香馥郁略带糖香，汤色红艳明亮，层次感丰富，入口甜柔顺滑，汤感厚实饱满，有生津感，叶底红褐柔软、嫩匀润亮，有弹性。

包销品

100克便装

| 2011年 | 2013年、2014年 | 2015年、2017年、2018年 |

100克圆盒装

| 2018年 |

60
下关沱茶503
（100克便装、100克圆盒装）

茶品简介

503沱茶是20世纪50年代初云南省下关茶厂研制生产的沱茶。2008年使用该名称恢复生产了下关沱茶503。

茶品档案

成型类别：布袋
发酵情况：生茶
使用商标：下关牌
本期年份：2011年、2013年、2014年、2015年、2017年、2018年（便装）
2018（盒装）
识别条码：6939989621798（便装）
6939989633463（盒装）
产品标准：GB/T 9833.5、GB/T 22111
包装规格：
100克/个×5个/条×30条/件=15千克/件（便装）
100克/个×1个/盒×80盒/件=8千克/件（盒装）
包装形式：内飞→包纸→纸袋→纸箱（便装）
内飞→包纸→纸盒→纸箱（盒装）

品质特征

外形：碗臼状，紧结端正，松紧适度，色泽绿润显毫。
内质：香气纯浓持久，汤色橙黄明亮，滋味醇厚，叶底嫩匀明亮。

61

苍洱沱茶（100克方盒装）

茶品简介

苍洱沱茶是1959年中华人民共和国成立10周年时，云南省下关茶厂（当时改名为大理茶厂）为向国庆10周年献礼而专门研制生产的特制沱茶，并以大理苍山洱海秀丽的自然风光定名为"苍洱沱茶"。2000年10月起按当时的选料和工艺恢复生产，2003年起开始生产100克苍洱沱茶。

茶品档案

成型类别：布袋
发酵情况：生茶
商标演变：松鹤（图）牌→松鹤延年牌
本期年份：2011年、2012年、2016年
识别条码：6939989620883、6939989630172
产品标准：GB/T 9833.5、GB/T 22111
包装规格：
100克/个×1个/盒×120盒/件=12千克/件
100克/个×1个/盒×100盒/件=10千克/件
包装形式：内飞→包纸→纸盒→纸箱

品质特征

外形：碗臼状，松紧适度，色泽油润，条索清晰显毫。
内质：香气醇厚持久，汤色橙黄明亮，滋味鲜爽回甘，叶底嫩匀明亮。

2011年

2012年

2016年

无内飞裸茶

带内飞裸茶

裸茶背面

100克盒装

2011年

2012年、2013年

2014年

2015年、2016年

250克盒装

2013年、2014年

62

下关金丝沱茶
（100克圆盒装、250克圆盒装）

茶品简介

下关金丝沱茶在下关沱茶（特级）基础上于200▢年开始生产，采用茶叶上加压金丝带的历史传统方法。

茶品档案

成型类别： 布袋

发酵情况： 生茶

商标演变： 松鹤（图）牌→松鹤延年牌（100克）下关牌（250克）

本期年份： 2011年、2012年、2013年、2014年、2015年、2016年（100克）

2013年、2014年（250克）

识别条码： 6939989620449、6939989626748、6939989628438（100克）、6939989625871（250克）

产品标准： GB/T 9833.5、GB/T 22111

包装规格：

100克/个×1个/盒×160盒/件=16千克/件（100克）

250克/个×1个/盒×60盒/件=15千克/件（250克）

包装形式： 内飞→包纸→纸盒→纸箱

品质特征

外形： 碗臼状，紧结端正，松紧适度，色泽绿润，白毫显露。

内质： 香气持久，汤色橙黄明亮，滋味鲜爽，叶底嫩匀明亮。

63

南诏金芽沱（200克笋叶装）

茶品简介

下关沱茶，在1981、1985、1990年3次被国家经委、国家质量奖审定委员会评为"国家质量银质奖"；并获"中国茶叶名牌""首届云南省名牌产品"等荣誉，是下关有持续百年生产历史的茶叶产品。下关南诏金芽沱茶是2004年以来在甲级沱茶基础上升级的新口感沱茶。

茶品档案

成型类别： 布袋
发酵情况： 生茶
使用商标： 松鹤（图）牌、南诏牌
本期年份： 2011年、2013年、2016年、2018年
识别条码： 6939989630257
产品标准： GB/T 9833.5、GB/T 22111
包装规格：
200克/个×10个/条×10条/件=20千克/件
200克/个×10个/条×6条/件=12千克/件
包装形式： 内飞→包纸→笋叶→纸箱

品质特征

外形： 碗臼状，紧结端正，松紧适度，色泽润实。
内质： 香气浓厚持久，汤色橙黄明亮，滋味醇厚，叶底嫩匀明亮。

2011年、2013年

2016年、2018年

64

下关沱茶（川渝、西北、湖南专销）

川渝专销（100克便装）

西北专销（100克便装）

湖南专销（100克便装）

茶品简介

下关沱茶是传统产品，在1981、1985、1990年3次被国家经委、国家质量奖审定委员会评为"国家质量银质奖"；并获"中国茶叶名牌""首届云南省名牌产品"等荣誉。专供川渝、西北、湖南地区的下关沱茶是专门为适应各地区的饮用习惯而开发的茶品。

茶品档案

成型类别： 布袋
发酵情况： 生茶
商标演变： 下关牌→松鹤延年牌（川渝）
下关牌（西北、湖南）
本期年份：
2011年、2012年、2013年、2014年、2015年、2017年、2018年、2019年、2020年（川渝）；
2011年、2012年、2015年、2019年（西北）；
2011年、2012年、2013年、2017年（湖南）
包装规格：
100克/个×5个/条×40条/件=20千克/件一
100克/个×5个/条×30条/件=15千克/件（川渝）
100克/个×5个/条×40条/件=20千克/件（西北、湖南）

（其他信息详见包装）

65

易武正山老树沱茶（特级品）

茶品简介

沱茶为云南省的传统茶品之一，历史上以云南省下关茶厂生产为主，20世纪70年代以后，有青茶型和普洱型两类。易武正山老树沱茶（特级品）选取易武茶区中的老树茶为原料制作而成。

茶品档案

成型类别：布袋
发酵情况：生茶
使用商标：下关牌
本期年份：2011年、2012年
识别条码：6939989623112
产品标准：GB/T 9833.5
包装规格：100克/个×1个/盒×60盒/件=6千克/件
包装形式：内飞→包纸→纸盒→纸箱

品质特征

外形：碗臼状，紧结端正，色泽尚绿润，条索完整。
内质：香气纯正持久，汤色橙黄，滋味醇厚回甘，叶底嫩匀明亮。

2011年

2012年

100克罐装

2012年、2014年

66
红印下关沱茶
（100克罐装、100克盒装）

茶品简介

下关沱茶是下关有持续百年生产历史的茶叶产品，红印下关沱茶取"红印"之名，以纪念下关茶厂20世纪50年代生产初期的经典历史产品，分为罐装和盒装两种形式。

茶品档案

成型类别： 布袋
发酵情况： 生茶
使用商标： 松鹤（图）牌
本期年份： 2012年、2014年（罐装）
2012年（盒装）
识别条码： 6939989625567（罐装）
6939989625574（盒装）
产品标准： GB/T 9833.5
包装规格：
100克/个×5个/罐×2罐/件=10千克/件（罐装）
100克/个×1个/盒×100盒/件=10千克/件（盒装）
包装形式： 内飞→包纸→铁罐→纸箱（罐装）
内飞→包纸→纸盒→纸箱（盒装）

100克盒装

2012年

品质特征

外形： 碗臼状，紧结端正，松紧适度，色泽绿润显毫。
内质： 香气纯浓持久，汤色橙黄明亮，滋味醇厚，叶底嫩匀明亮。

始创于1902
大气明理 知己好茶

67

龙马金沱（250克盒装）

茶品简介

龙马金沱以云南大叶种春茶为原料，经下关百年制作技艺精制而成。此茶出口马来西亚，用料考究，品质优秀，值得收藏。

茶品档案

成型类别：布袋
发酵情况：生茶
使用商标：下关牌
本期年份：2012年
识别条码：6939989625376
产品标准：GB/T 9833.5
包装规格：
250克/个×1个/盒×48盒/件=12千克/件
包装形式：内飞→包纸→纸盒→纸箱

品质特征

外形：碗臼状，外形端正，松紧适度，色泽绿润，白毫满披。
内质：香气高扬，汤色透亮，滋味鲜爽，叶底嫩匀明亮。

125克盒装

2012年、2013年

2015年

68
福禄寿禧沱茶
（125克盒装、200克盒装）

200克盒装

2015年

茶品简介

福、禄、寿、禧"四喜"方茶为云南省的传统茶品之一，为馈赠亲友的高尚礼品。福禄寿禧沱茶是在福禄寿禧方茶的基础上开发研制而来。

茶品档案

成型类别：布袋
发酵情况：生茶
使用商标：南诏牌
本期年份：2012年、2013年、2015年（125克）
2015年（200克）
识别条码：
6939989625345、6939989623742（125克）
6939989628735（200克）
产品标准：GB/T 9833.5、GB/T 22111
包装规格：
125克/盒×4小盒/大盒×30大盒/件=15千克/件—
125克/盒×4小盒/大盒×20大盒/件=10千克/件（125克）
200克/盒×4小盒/大盒×12大盒/件=9.6千克/件（200克）
包装形式：内飞→包纸→小方盒→礼盒→提袋→纸箱

品质特征

外形：碗臼状，紧结端正，松紧适度，色泽绿润显毫。
内质：香气纯浓持久，汤色橙黄明亮，滋味醇享，叶底嫩匀明亮。

69

勐库冰岛母树沱茶

茶品简介

勐库冰岛母树茶采用勐库母树茶之冰岛母树茶，精选海拔1800米以上高山母树乔木晒青茶为原料，经下关沱茶百年制作技艺精制而成。

茶品档案

成型类别：布袋
发酵情况：生茶
商标演变：松鹤（图）牌
本期年份：2012年
识别条码：6939989625437
产品标准：GB/T 9833.5
包装规格：
250克/个×1个/盒×30盒/件=7.5千克/件
包装形式：内飞→包纸→纸盒→纸箱

品质特征

外形：碗臼状，外形端正，松紧适度，色泽绿润，白毫满披。
内质：香气高扬，汤色透亮，滋味鲜爽，叶底嫩匀明亮。

100克便装

2016年、2017年

100克盒装

2017年

117克礼盒装

2019年

70

大理沱茶（便装、盒装、礼盒装）

茶品简介

"大理山水，下关沱茶"，云南沱茶因创制于下关，历史上长期仅在下关生产，又称下关沱茶，大理沱茶是表达下关有持续百年生产历史的地方名片产品。

茶品档案

成型类别：布袋
发酵情况：生茶
商标演变：南诏牌（便装、盒装）
七子牌（礼盒装）
本期年份：2016年、2017年（便装）；
2017年（盒装）；2019年（礼盒装）
识别条码：6939989631148（100克便装）、
6939989631759（100克盒装）、6939989634392
（117克礼盒装）
产品标准：GB/T 9833.5、GB/T 22111
包装规格：
100克/个×5个/条×30条/件=15千克/件（便装）
100克/个×1个/盒×100盒/件=10千克/件（盒装）
117克/个×7个/盒×7盒/件=5.733千克/件（礼盒装）

（其他信息详见产品包装）

71

尚品金丝沱茶

（100克圆盒装、250克圆盒装）

茶品简介

下关金丝沱茶在下关沱茶（特级）基础上于2004年开始生产，采用茶叶上加压金丝带的历史传统方法。尚品金丝沱茶是在金丝沱茶的基础上升级而来。

茶品档案

成型类别：布袋
发酵情况：生茶
使用商标：松鹤延年牌
本期年份：2017、2018（100克）
2017年（250克）
识别条码：6939989631315（100克）、
6939989631322（250克）
产品标准：GB/T 22111
包装规格：
100克/个×1个/盒×80盒/件=8千克/件（100克）
250克/个×1个/盒×36盒/件=9千克/件（250克）
包装形式：内飞→包纸→纸盒→纸箱

品质特征

外形：碗臼状，紧结端正，松紧适度，色泽绿润，白毫显露。
内质：香气醇厚持久，汤色橙黄明亮，滋味鲜爽，叶底嫩匀明亮。

100克圆盒装

2017年

2018年

250克圆盒装

2017年

72

南诏御沱沱茶

2018年（勐库茶区）

2019年（布朗茶区）

2020年（易武茶区）

茶品简介

南诏御沱，从时光里走来的传茶者。南诏御沱包含勐库茶区、布朗茶区、易武茶区三款，其原料在大理高原仓的自然环境下缓慢陈化，香气愈发显露，滋味百转千回。

茶品档案

成型类别： 布袋
发酵情况： 生茶
使用商标： 南诏牌
本期年份： 2018年、2019年、2020年
识别条码： 6939989632831
产品标准： GB/T 22111
包装规格：
100克/个×5个/条×15条/件=7.5千克/件
包装形式： 内飞→包纸→笋壳→布袋→提袋→纸箱

〈其他信息详见产品包装〉

73

记忆沱茶（280克盒装）

茶品简介

2019年，原云南省下关茶厂厂长冯炎培先生80寿诞之际，于初春精选临沧茶区名山优质春茶原料，亲选原料，亲自配比，精心制作一款"记忆沱茶"，以飨广大茶友对下关沱茶的厚爱，更作为老茶人对制茶50年的一份茶情收藏。

茶品档案

成型类别：布袋
发酵情况：生茶
使用商标：松鹤延年牌
本期年份：2019年
识别条码：6939989634491
产品标准：GB/T 22111
包装规格：
280克/个×1个/盒×18盒/件=5.04千克/件
包装形式：内飞→包纸→纸盒→提袋→纸箱

品质特征

外形：碗臼状，沱型周正，松紧适度，色泽青褐油润，白毫显露，条索肥壮，均匀整齐。
内质：香气花果香浓郁、高扬、持久，汤色金黄透亮，滋味醇厚，口感丰富、层次感明显，回甘生津强烈、持久，叶底柔软，富有光泽。

100克盒装

250克盒装

74

云南沱茶（中法建交50周年纪念）

茶品简介

普洱型云南沱茶是云南省传统出口茶品之一，20世纪70年代中期由云南省下关茶厂开发成功后独家生产，通过云南茶叶进出口公司经中国香港出口到以法国为中心的欧洲国家，为集中体现普洱茶保健功能的代表性茶品，被市场广泛称为"销法沱"茶。2014年是中法建交50周年，下关沱茶专门生产制作此款纪念茶。

茶品档案

成型类别：布袋
发酵情况：熟茶
使用商标：松鹤延年牌
本期年份：2014年
识别条码：6939989628407（100克）
6939989628421（250克）
产品标准：GB/T 22111
包装规格：
100克/个×18个/提×4提/件=7.2千克/件（100克）
250克/个×1个/盒×12盒/件=3千克/件（250克）
包装形式：
内飞→包纸→纸盒→提盒→纸箱（100克）
内飞→包纸→纸盒→提袋→纸箱（250克）

品质特征

外形：碗臼状，松紧适度，色泽褐红显毫。
内质：香气陈香纯正，汤色红浓明亮，滋味醇正，叶底褐红嫩匀，有弹性。

75

甘普洱云南沱茶（100克盒装）

2016年（蓝标）

2017年（红标）

2018年（黄标）

茶品简介

普洱型云南沱茶是云南省传统出口茶品之一，20世纪70年代中期由云南省下关茶厂开发成功后独家生产，通过云南茶叶进出口公司经香港出口到以法国为中心的欧洲国家，为集中体现普洱茶保健功能的代表性茶品，被市场广泛称为"销法沱"茶，分为100克和250克两种。

茶品档案

成型类别：布袋
发酵情况：熟茶
使用商标：松鹤延年牌
本期年份：2016年、2017年、2018年、2019年
识别条码：6939989631032、6939989634248
产品标准：GB/T 22111
包装规格：
100克/盒×1个/盒×18盒/提×4提/件=7.2千克/件
（2016年—2018年）；
100克/个×1个/盒×60盒/件=6千克/件（2019年）
包装形式：
内飞→包纸→纸盒→提盒→纸箱（2016年—2018年）；
内飞→包纸→纸盒→木箱→纸箱（2019年）

2019年（棕标）

品质特征

外形：碗臼状，松紧适度，色泽褐红显毫。
内质：香气陈香纯正，汤色红浓明亮，滋味醇正，叶底褐红嫩匀，有弹性。

76

甘普洱云南沱茶（250克盒装）

茶品简介

普洱型云南沱茶是云南省传统出口茶品之一，20世纪70年代中期由云南省下关茶厂开发成功后独家生产，通过云南茶叶进出口公司经香港出口到以法国为中心的欧洲国家，为集中体现普洱茶保健功能的代表性茶品，被市场广泛称为"销法沱"茶，分为100克和250克两种。

茶品档案

成型类别：布袋
发酵情况：熟茶
使用商标：松鹤延年牌
本期年份：2019年
识别条码：6939989635023
产品标准：GB/T 22111
包装规格：
250克/个×1个/盒×18盒/件=4.5千克/件
包装形式：内飞→包纸→礼盒→提袋→纸箱

品质特征

外形：呈碗臼状，弧线优美，干茶条索完整，红褐油润。
内质：入口香气纯正，有焦糖香，陈韵明显，汤色红浓明亮，杯底留香，滋味醇滑温润，甘甜爽口。

77

大理沱茶

（100克圆盒装、250克方盒装）

茶品简介

"大理山水，下关沱茶"，云南沱茶因创制于下关，历史上长期仅在下关生产，又称下关沱茶。大理沱茶是表达下关有持续百年生产历史的地方名片产品。

茶品档案

成型类别： 布袋
发酵情况： 熟茶
商标演变：
南诏牌（2017年）、七子（图）牌（2019年）
本期年份： 2017年、2019年
识别条码： 6939989631766（2017年）；
6939989634460（2019年）
产品标准： GB/T 22111
包装规格：
100克/个×1个/盒×100盒/件=10千克/件（2017年）
250克/个×1个/盒×40盒/件=10千克/件（2019年）
包装形式： 内飞→包纸→纸盒→纸箱

品质特征

外形： 碗臼状，松紧适度，色泽褐红显毫。
内质： 香气陈香纯正，汤色红浓明亮，滋味醇正，叶底褐红嫩匀，有弹性。

100克圆盒装

2017年

250克方盒装

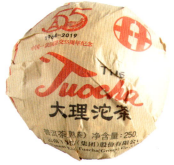

2019年

2011年—2020年沱茶列表产品

列表序号	产品名称（标准简称）	产品图片	属性（生/熟）	成型类别	商标	本期年份	包装规格
1	下关南诏沱茶		生	布袋	松鹤（图）牌	2011 2016	100克/个×1个/盒×125盒/件=12.5千克/件；100克/个×1个/盒×10盒/件=10千克/件
2	下关特级沱茶（FT便装特级）		生	布袋	松鹤（图）牌→下关牌	2011 2012 2013	100克/个×5个/条×二）条/件=20千克/件
3	下关特级沱茶（FT盒装特级）		生	布袋	松鹤（图）牌→下关牌	2011 2012 2013	100克/个×1个/盒×160盒/件=16千克/件
4	下关沱茶（FT便装甲级）		生	布袋	松鹤（图）牌→下关牌	2011 2012 2013	100克/个×5个/条×40条/件=20千克/件
5	下关沱茶（FT盒装甲级）		生	布袋	松鹤（图）牌→下关牌	2011 2012 2013 2014	100克/个×1个/盒×160盒/件=16千克/件
6	白金岁月沱茶		生	布袋	下关牌	2011	100克/个×1个/盒×125盒/件=12.5千克/件

列表序号	产品名称 （标准简称）	产品图片	属性 （生/熟）	成型类别	商标	本期年份	包装规格
7	下关南糯贡沱		生	布袋	松鹤（图）牌	2011	100克/个×1个/盒×120盒/件=12千克/件
8	下关古道沱茶		生	布袋	松鹤（图）牌	2011	100克/个×1个/盒×160盒/件=16千克/件
9	下关沱茶8803		生	布袋	松鹤（图）牌	2011	200克/个×1个/盒×80盒/件=16千克/件
10	云南下关老树生态沱茶		生	布袋	松鹤（图）牌	2011	100克/个×1个/盒×125盒/件=12.5千克/件
11	下关布朗老树沱茶		生	布袋	下关牌	2011	100克/个×1个/盒×120盒/件=12千克/件
12	下关生态老树沱茶（100克）		生	布袋	松鹤（图）牌	2011	100克/个×1个/盒×100盒/件=10千克/件

列表序号	产品名称 （标准简称）	产品图片	属性 （生/熟）	成型 类别	商标	本期 年份	包装规格
13	古树沱茶		生	布袋	松鹤（图）牌	2011	500克/个×1个/盒×24盒/件=12千克/件
14	古树沱茶 （珍藏版）		生	布袋	松鹤（图）牌	2011	500克/个×1个/盒×12盒/件=6千克/件
15	下关生态老树沱茶 （250克）		生	布袋	松鹤（图）牌	2012	250克/个×1个/盒×48盒/件=12千克/件
16	下关沱茶（甲级）		生	布袋	下关牌	2012	100克/个×1个/盒×80盒/件=8千克/件
17	销台六号沱茶		生	布袋	下关牌	2012	100克/个×1个/盒×125盒/件=12.5千克/件
18	紫云号沱茶		生	布袋	下关牌	2012	100克/个×1个/盒×120盒/件=12千克/件

列表序号	产品名称（标准简称）	产品图片	属性（生/熟）	成型类别	商标	本期年份	包装规格
19	和谐盛世下关沱茶（便装）		生	布袋	下关牌→松鹤延年牌	2012 2016 2020	250克/个×5个/条×12条/件=15千克/件
20	和谐盛世下关沱茶（盒装）		生	布袋	下关牌→松鹤延年牌	2012 2016 2019 2020	250克/个×1个/盒×40盒/件=10千克/件
21	下关御赏贡沱		生	布袋	松鹤（图）牌	2012	200克/个×1个/盒×60盒/件=12千克/件
22	下关景迈古树沱茶		生	布袋	下关牌	2012	100克/个×1个/盒×120盒/件=12千克/件
23	苍洱沱茶（100克圆盒）		生	布袋	松鹤延年牌	2013	100克/个×1个/盒×100盒/件=10千克/件
24	云南沱茶（7653A）		生	布袋	松鹤延年牌	2013	100克/个×1个/盒×160盒/件=16千克/件

列表序号	产品名称 （标准简称）	产品图片	属性 （生/熟）	成型类别	商标	本期年份	包装规格
25	云南下关沱茶 （蛇年版）		生	布袋	松鹤延年牌	2013	100克/个×1个/盒×120盒/件=12千克/件
26	韵象沱茶		生	布袋	松鹤延年牌	2013	100克/个×1个/盒×75盒/件=7.5千克/件
27	云南下关老树 生态茶（珍藏）		生	布袋	松鹤（图）牌	2013	3千克/个×1个/盒×2盒/件=6千克/件
28	下关沱茶 （FT7663-13+1）		生	布袋	松鹤（图）牌	2014	100克/个×1个/盒×160盒/件=16千克/件
29	云南下关沱茶·甲 午年特制		生	布袋	松鹤延年牌	2014	100克/个×1个/盒×120盒/件=12千克/件
30	下关蜂腰沱茶		生	布袋	松鹤延年牌	2014	100克/个×1个/盒×80盒/件=8千克/件

列表序号	产品名称 （标准简称）	产品图片	属性 （生/熟）	成型类别	商标	本期年份	包装规格
31	岩韵沱茶		生	布袋	松鹤延年牌	2014	100克/个×1个/盒×75盒/件=7.5千克/件
32	和合·云南沱茶		生	布袋	下关牌	2014	500克/个×1个/盒×8盒/件=4千克/件
33	清风上品沱茶		生	布袋	松鹤延年牌	2014	250克/个×2个/盒×16盒/件=8千克/件
34	南诏珍藏特制沱茶		生	布袋	南诏牌	2015	200克/个×5个/条×16条/件=16千克/件
35	下关龙马沱茶		生	布袋	松鹤延年牌	2015	100克/个×1个/盒×100盒/件=10千克/件
36	云南下关沱茶·乙未年特制		生	布袋	松鹤延年牌	2015	100克/个×1个/盒×120盒/件=12千克/件

列表序号	产品名称（标准简称）	产品图片	属性（生/熟）	成型类别	商标	本期年份	包装规格
37	春夏秋冬下关沱茶		生	布袋	寺登牌	2015	125克/个×4个/盒×12盒/件=6千克/件
38	龙凤呈祥沱茶		生+熟	布袋	下关牌	2015	250克/个×2个/盒×18盒/件=9千克/件
39	南诏珍藏特制沱茶（方盒装）		生	布袋	南诏牌	2016	1千克/个×1个/盒×12盒/件=12千克/件
40	下关龙马沱茶（大红花茶展）		生	布袋	下关牌	2016	100克/个×1个/盒×100盒/件=10千克/件
41	精品大白菜沱茶		生	布袋	松鹤延年牌	2016	200克/个×5个/条×12条/件=12千克/件
42	君子沱茶		生	布袋	松鹤延年牌	2016	125克/个×2个/盒×48盒/件=12千克/件

列表序号	产品名称 （标准简称）	产品图片	属性 （生/熟）	成型类别	商标	本期年份	包装规格
43	下关春芽沱茶		生	布袋	松鹤延年牌	2016	200克/个×1个/盒×60盒/件=12千克/件
44	云南沱茶 （3克纸盒装）		生	机压	松鹤延年牌	2016	36克/盒×5盒/条×45条/件=8.1千克/件
45	敬业号绿大树沱茶		生	布袋	松鹤延年牌	2017	250克/个×4个/条×6条/件=6千克/件
46	云南蚌龙原生茶		生	布袋	松鹤延年牌	2017	100克/个×5个/条×15条/件=7.5千克/件
47	云南沱茶 （FT-7663-17）		生	布袋	松鹤（图）牌	2017	100克/个×1个/盒×160盒/件=16千克/件
48	云南特沱（FT）		生	布袋	松鹤延年牌	2017	100克/个×1个/盒×160盒/件=16千克/件

列表序号	产品名称（标准简称）	产品图片	属性（生/熟）	成型类别	商标	本期年份	包装规格
49	风花雪月沱茶		生	布袋	下关牌	2017	100克/个×5个/条×20条/件=10千克/件
50	下关沱茶（125克圆盒装）		生	布袋	宝焰牌	2018	125克/个×1个/盒×80盒/件=10千克/件
51	小白菜沱茶		生	布袋	松鹤延年牌	2018	180克/个×5个/条×12条/件=10.8千克/件
52	余音布朗沱茶		生	布袋	松鹤延年牌	2018	100克/个×5个/盒×8盒/件=4千克/件
53	金丝沱茶（笋叶装）		生	布袋	松鹤延年牌	2019	125克/个×4个/条×18条/件=9千克/件
54	云南沱茶（销意沱）		生	布袋	松鹤延年牌	2019	100克/个×1个/盒×80盒/件=8千克/件

列表序号	产品名称 （标准简称）	产品图片	属性 （生/熟）	成型类别	商标	本期年份	包装规格
55	风花雪月沱茶 （便装）		生	布袋	松鹤延年牌	2019	100克/个×5个/条×20条/件=10千克/件
56	中华铁拳沱茶		生	布袋	下关沱茶牌	2019	100克/个×1个/盒×80盒/件=8千克/件
57	苍洱知韵沱茶		生	布袋	松鹤延年牌	2019	200克/个×5个/条×15条/件=15千克/件
58	下关甲沱沱茶 （好客云品）		生	布袋	松鹤延年牌	2019	100克/盒×1个/盒×80盒/件=8千克/件
59	云南勐库母树沱茶		生	布袋	松鹤延年牌	2019	200克/个×4个/条×6条/件=4.8千克/件
60	烟印沱茶		生	布袋	南诏牌	2020	100克/个×5个/条×15条/件=7.5千克/件

列表序号	产品名称（标准简称）	产品图片	属性（生/熟）	成型类别	商标	本期年份	包装规格
61	南诏印象沱茶		生	布袋	南诏牌	2020	100克/个×5个/条×15条/件=7.5千克/件
62	春尖沱茶		生	布袋	松鹤延年牌	2020	100克/个×5个/条×20条/件=10千克/件
63	一茶下关沱茶（单盒装）		生	布袋	松鹤延年牌	2020	260克/个×1个/盒×24盒/件=6.24千克/件
64	一茶下关沱茶（笋叶便装）		生	布袋	松鹤延年牌	2020	260克/个×5个/条×9条/件=11.7千克/件
65	云之华沱茶		生	布袋	松鹤延年牌	2020	600克/盒×6盒/件=3.6千克/件
66	云南沱茶（3克纸盒装）		熟	机压	松鹤延年牌	2016	36克/盒×5盒/条×45条/件=8.1千克/件

大气明理 知己好茶

列表序号	产品名称（标准简称）	产品图片	属性（生/熟）	成型类别	商标	本期年份	包装规格
67	精品大白菜沱茶		熟	布袋	松鹤延年牌	2016	200克/个×5个/条×12条/件=12千克/件
68	尚品金丝沱茶		熟	布袋	松鹤延年牌	2018	100克/盒×1个/盒×80盒/件=8千克/件
69	经典销台云南沱茶（圆盒装）		熟	布袋	松鹤延年牌	2018	100克/盒×1个/盒×80盒/件=8千克/件
70	经典销台云南沱茶（便装）		熟	布袋	松鹤延年牌	2018	100克/个×5个/条×20条/件=10千克/件
71	余音布朗沱茶		熟	布袋	松鹤延年牌	2018	100克/个×5个/盒×8盒/件=4千克/件
72	风花雪月沱茶（笋叶装）		熟	布袋	松鹤延年牌	2019	100克/个×5个/条×15条/件=7.5千克/件

列表序号	产品名称 （标准简称）	产品图片	属性 （生/熟）	成型类别	商标	本期年份	包装规格
73	云南沱茶·谧园		熟	布袋	松鹤延年牌	2019	250克/个×1个/盒×40盒/件=10千克/件
74	和谐盛世下关沱茶 （便装）		熟	布袋	松鹤延年牌	2019	125克/个×5个/条×20条/件=12.5千克/件
75	和谐盛世下关沱茶 （圆盒装）		熟	布袋	松鹤延年牌	2019	125克/个×1个/盒×80盒/件=10千克/件
76	苍洱之醇沱茶		熟	布袋	松鹤延年牌	2019	180克/个×5个/条×15条/件=13.5千克/件
77	一茶下关沱茶 （单盒装）		熟	布袋	松鹤延年牌	2020	260克/个×1个/盒×24盒/件=6.24千克/件
78	一茶下关沱茶 （笋叶便装）		熟	布袋	松鹤延年牌	2020	260克/个×5个/条×3条/件=11.7千克/件

始创于1952　大气明理 知己好茶
XIAGUAN TUOCHA

列表序号	产品名称（标准简称）	产品图片	属性（生/熟）	成型类别	商标	本期年份	包装规格
79	云之华沱茶		熟	布袋	松鹤延年牌	2020	600克/盒×6盒/件=3.6千克/件
80	下关沱茶（大理卷烟厂专供）		生	机压	下关牌	2011	500克/筒×20筒/件=10千克/件
81	影味三道沱茶（礼盒装）		生+熟	布袋	松鹤延年牌	2015	200克/个/小盒×3小盒/大盒×6大盒/件=3.6千克/件
82	风花雪月沱茶（农合行版）		生	布袋	下关牌	2016	250克/个×4个/盒×8盒/件=8千克/件
83	60周年州庆沱茶（礼盒装）		生	布袋	松鹤延年牌	2016	600克/个×1个/盒×6盒/件=3.6千克/件
84	标准沱茶（礼盒装）		生	布袋	下关牌	2017	600克/盒×6盒/件=3.6千克/件

列表序号	产品名称 （标准简称）	产品图片	属性 （生/熟）	成型类别	商标	本期年份	包装规格
85	寻梦大理下关沱茶		熟	布袋	下关牌	2015	250克/个×1个/盒×40盒/件＝10千克/件

始创于1902
大气明理 知己好茶
XIAGUAN TUOCHA

下关沱茶

图鉴

2011年—2020年

饼茶篇

统销品

78

下关圆茶7653（泡饼）

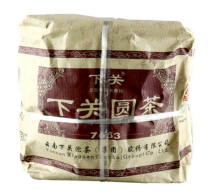
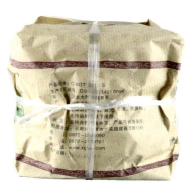

茶品简介

圆茶为云南省传统茶品之一，历史上以出口东南亚国家为主，亦称侨销圆茶。20世纪70年代以后，有青茶型和普洱型两类。唛号7653的下关圆茶开始于20世纪70年代中期生产，为普洱型。2008年开始生产唛号7653的圆茶作为青茶型茶品使用。

茶品档案

成型类别：泡饼（布袋）
发酵情况：生茶
使用商标：下关牌
本期年份：2012年、2013年
识别条码：6939989621859
产品标准：Q/XGT 0010 S
包装规格：
357克/片×7片/提×6提/件=15千克/件
包装形式：内飞→包纸→纸袋→纸箱

品质特征

外形：饼形圆正，松紧适度，色泽乌润，尚显毫。
内质：香气纯正，汤色橙黄，滋味浓厚，叶底黄绿尚嫩匀。

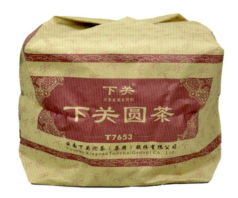

79

下关圆茶T7653（铁饼）

茶品简介

圆茶为云南省传统茶品之一。历史上以出口东南亚国家为主，亦称乔销圆茶。20世纪70年代以后，有青茶型和普洱型两类。唛号7653的下关圆茶开始于20世纪70年代中期生产，为普洱型。2008年开始生产唛号T7653的圆茶作为青茶型铁饼使用。

茶品档案

成型类别：铁饼（铁模）
发酵情况：生茶
使用商标：下关牌
本期年份：2013年
识别条码：6939989524898
产品标准：Q/XGT 0010 S
包装规格：
357克/片×7片/提×6提/件=15千克/件
包装形式：内飞→包纸→纸袋→纸箱

品质特征

外形：饼形圆正，厚薄均匀，色泽乌润，尚显毫。
内质：香气纯正，汤色橙黄，滋味浓厚，叶底黄绿尚嫩匀。

始创于1902 大气明理 知己好茶
XIAGUAN TUOCHA

80

下关七子饼茶8653（泡饼）

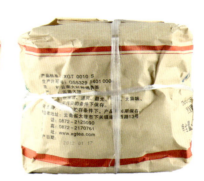

茶品简介

七子饼茶为云南省的传统茶品之一，历史上以出口东南亚国家为主，20世纪70年代以后，有青茶型和普洱型两类。唛号8653的云南下关七子饼茶为青茶型。

茶品档案

成型类别：泡饼（布袋）
发酵情况：生茶
商标演变：松鹤（图）牌、下关牌
本期年份：2012年、2013年
识别条码：6939989624751
产品标准：Q/XGT 0010 S
包装规格：
357克/片×7片/提×6提/件=15千克/件
包装形式：内飞→包纸→纸袋→纸箱

品质特征

外形：饼形圆正，松紧适度，色泽乌润，尚显毫。
内质：香气纯正，汤色橙黄，滋味浓厚，叶底黄绿尚嫩匀。

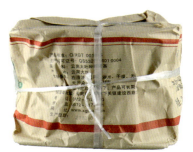

81

下关七子饼茶 T8653（铁饼）

茶品简介

七子饼茶为云南省的传统茶品之一，历史上以出口东南亚国家为主，20世纪70年代以后 有青茶型和普洱型两类。唛号 T8653的云南下关七子饼茶为青茶型铁饼。

茶品档案

成型类别： 铁饼（铁模）
发酵情况： 生茶
商标演变： 松鹤（图）牌、下关牌
本期年份： 2012年、2013年、2014年
识别条码： 6939989624775
产品标准： Q/XGT 0010 S
包装规格：
357克/片×7片/提×6提/件=15千克/件
包装形式： 内飞→包纸→纸袋→纸箱

品质特征

外形： 饼形圆正，厚薄均匀，色泽乌润，尚显毫。
内质： 香气纯正，汤色橙黄，滋味浓厚，叶底黄绿尚嫩匀。

82

饼之韵（建厂70周年纪念饼茶）

茶品简介

2011年，下关沱茶迎来创制109年暨下关茶厂70周年华诞。"岁月七十 品味百年"，为纪念这个重要时刻，特制纪念饼茶——饼之韵，精选云南各大茶山大叶种晒青毛茶，以下关沱茶百年传承的拼配工艺及铁饼制作工艺精制而成。

茶品档案

成型类别：铁饼（铁模）
发酵情况：生茶
使用商标：下关牌
本期年份：2011年
识别条码：6939989624416
产品标准：Q/XGT 0010 S
包装规格：
357克/片×7片/提×4提/件=10千克/件
包装形式：内飞→包纸→纸袋→提盒→纸箱

品质特征

外形：饼形圆正，厚薄均匀，色泽墨绿油润，显毫。
内质：香气清香浓郁，汤色黄亮，滋味醇厚，叶底黄绿尚嫩匀。

83
易武之春老树饼茶

2013年

2015年

茶品简介

易武之春优选海拔在900米—2050米之间易武古树山上乔木老树之明前春芽原料，经百年下关沱茶制作技艺——以点苍山雪泉水烧蒸，辅以下关风自然晾干等经典独特工艺精制而成。

茶品档案

成型类别： 泡饼（布袋）

发酵情况： 生茶

使用商标： 松鹤延年牌

本期年份： 2013年、2015年

识别条码： 6939989626021（2013年）
6939989628827（2015年）

产品标准： Q/XGT 0010 S（2013年）
GB/T 22111（2015年）

包装规格：
357克/片×7片/提×4提/件=10千克/件

包装形式： 内飞→包纸→笋叶→提盒→纸箱

品质特征

外形： 饼形周正，松紧适度，条索清晰肥壮略显毫。

内质： 糖香挂杯可嗅，入汤可饮，汤水细腻、柔滑，茶汤较丰富、饱满，有明显的层次感。

84

上善冰岛古树圆茶

茶品简介

善茶者，上善！说的是茶，却也不是茶，这是一种精神，一种追求，是下关沱茶沉淀百年的内心独白！上善冰岛古树圆茶，精选勐库双江的冰岛古树晒青毛茶为原料，经百年下关沱茶加工技艺经典制作而成，为云南普洱茶之小产区产品，高端品藏之珍茗。

茶品档案

成型类别：泡饼（布袋）
发酵情况：生茶
使用商标：松鹤延年牌
本期年份：2013年、2015年
识别条码：6939989626373（2013年）
6939989629145（2015年）
产品标准：GB/T 22111
包装规格：357克/片×7片/提×4提/件=10千克/件
包装形式：内飞→包纸→笋叶→提盒→纸箱

品质特征

外形：饼形周正，松紧适度，条索清晰肥壮略显毫。
内质：汤色金黄透亮；香气高扬扑鼻，蜜糖香馥郁带花香，汤香浓郁，唇齿留香感强烈、持久；滋味甜醇、饱满，汤质稠滑，口感丰富、协调，冰糖韵十足，回甘生津迅猛、持久；耐冲泡；叶底肥大、叶质饱满、厚实，柔软。

2013年

2015年

提盒装

礼盒装

85

原叶生态七子饼茶

（提盒装、礼盒装）

茶品简介

原叶生态七子饼茶，选用海拔2200米以上云南原始森林古茶园中特大乔木茶树肥大单叶制成的晒青毛茶为原料，利用百年下关的加工技艺压制而成。特大乔木茶树肥大单叶的神奇结合，饼面圆整，叶片厚实肥壮，凸显原始生态的野性美。

茶品档案

成型类别： 泡饼（布袋）
发酵情况： 生茶
使用商标： 松鹤延年牌
本期年份： 2013年、2014年
识别条码： 6939983626106（提盒装）
6939989626090（礼盒装）
产品标准： Q/XGT 0010 S
包装规格：
357克/片×7片/提×4提/件=10千克/件（提盒装）
357克/片×1片/盒×12盒/件=4.28千克/件（礼盒装）
包装形式：
内飞→包纸→纸袋→提盒→纸箱（提盒装）
内飞→包纸→礼盒→提袋→纸箱（礼盒装）

品质特征

外形： 饼形圆正，松紧适度，条索清晰。
内质： 香气蜜糖香浓郁，滋味甜醇，回甘生津强烈。

86

高原陈七子饼茶（泡饼、铁饼）

茶品简介

下关高原陈七子饼茶采用储存7—8年的云南大叶种明前高档晒青春茶，经百年下关沱茶制作技艺——以点苍山雪泉水烧蒸，以下关风自然晾干等经典独特工艺精制而成，具有香高而独特，味醇而大气的品质特征，是一款奉献给国内外茶友独一无二的知己好茶！

茶品档案

成型类别： 泡饼（布袋）、铁饼（铁模）
发酵情况： 生茶
使用商标： 松鹤延年牌
本期年份： 2013年
识别条码： 6939989626076（泡饼）
6939989626083（铁饼）
产品标准： Q/XGT 0010 S
包装规格：
357克/片×7片/提×4提/件=10千克/件
包装形式： 内飞→包纸→纸袋→提盒→纸箱

品质特征

泡饼外形： 饼形圆正，松紧适度，色泽墨绿油润，显毫。
铁饼外形： 饼形圆正，厚薄均匀，色泽墨绿油润，显毫。
内质： 香气蜜糖香浓郁，汤色橙黄明亮，滋味醇厚，叶底黄绿尚嫩匀。

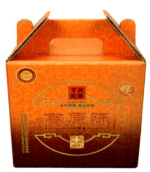

泡饼

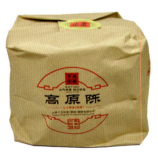

铁饼

87

特级七子饼茶（1千克礼盒装）

茶品简介

下关七子饼茶为云南省的传统茶品之一，历史上以出口东南亚国家为主。20世纪70年代以后有青茶型和普洱型两类。为满足市场需求，2013年推出1千克礼盒装特级七子饼茶，此茶为青茶型，以云南特有的大叶种晒青茶为原料精制而成。

茶品档案

成型类别：泡饼（布袋）
发酵情况：生茶
使用商标：松鹤延年牌
本期年份：2013年、2014年
识别条码：6939989626120
产品标准：Q/XGT 0010 S
包装规格：
1千克/片×1片/盒×6盒/件=6千克/件
包装形式：内飞→包纸→礼盒→提袋→纸箱

品质特征

外形：饼形圆正，松紧适度，色泽墨绿油润，显毫。
内质：香气清香浓郁，汤色黄亮，滋味醇厚，叶底黄绿尚嫩匀。

88

云南下关七子饼茶8603

茶品简介

2005年，云南下关七子饼8603首次开始生产，采用高档原料精制而成，拥有很高的知名度。

2019年，8603饼茶升级原料，精选5—6年高原仓陈化原料精制，老料新压，不断升级的加工技术工艺，打造了即开即饮的优秀口感。

2013年

茶品档案

成型类别：泡饼（布袋）

发酵情况：生茶

使用商标：松鹤延年牌

本期年份：2013年、2019年

识别条码：6939989626328（2013年）

6939989634002（2019年）

产品标准：Q/XGT 0010 S（2013年）

GB/T 22111（2019年）

包装规格：

357克/片×7片/提×6提/件=15千克/件（2013年）

357克/片×7片/筒×4筒/件=10千克/件（2019年）

包装形式：

内飞→包纸→纸袋→纸箱（2013年）

内飞→包纸→笋叶→纸箱（2019年）

2019年

品质特征

外形：饼形圆正，松紧适度，色泽墨绿油润，显毫。

内质：香气清香浓郁，汤色橙黄明亮，滋味醇厚，叶底黄绿尚嫩匀。

89

云南下关七子饼茶 T8603

茶品简介

2005年，云南下关七子饼8603首次开始生产，采用高档原料精制而成，拥有很高的知名度，T8603为铁饼形制。

茶品档案

成型类别： 铁饼（铁漠）
发酵情况： 生茶
使用商标： 松鹤延年牌
本期年份： 2013年
识别条码： 6939989626311
产品标准： Q/XGT 00_0 S
包装规格：
357克/片×7片/提×6提/件=15千克/件
包装形式： 内飞→包纸→纸袋→纸箱

品质特征

外形： 饼形圆正，厚薄均匀，色泽墨绿油润，显毫。
内质： 香气蜜糖香浓郁，汤色橙黄明亮，滋味醇厚，叶底黄绿尚嫩匀。

2013年T8603

90
风花雪月特制饼

2013年

茶品简介

"风花雪月地，银苍玉洱茶"，"风""花""雪""月"是大理的四景，下关沱茶集团公司生产的集自然资源和文化遗产元素为一体的礼盒——风花雪月特制饼，"风""花""雪""月"采用不同的配方，形成各有特点又一脉相承的口感。

茶品档案

成型类别：铁饼（铁模）
发酵情况：生茶
商标演变：松鹤（图）牌→松鹤延年牌
本期年份：2013年、2014年
识别条码：6939989621194（2013年）
6939989627776（2014年）
产品标准：Q/XGT 0010 S（2013年）
GB/T 22111（2014年）
包装规格：
500克/片×4片/盒×6盒/件=12千克/件
包装形式：内飞→包纸→礼盒→提袋→纸箱

2014年

品质特征

外形：饼形坚实圆润，厚薄均匀，芽叶清晰显毫。
内质：汤色黄明亮，香气纯正，口感滋味醇厚，回甘回甜强烈层次感强。

91

大成班章古树饼茶

茶品简介

大成班章，集班章之大成！优选海拔1700米以上云南布朗山班章茶区内树龄300年以上乔木茶树明前高档茶菁，经下关百年配方技艺及百年下关沱茶制作技艺精制而成。

茶品档案

成型类别：泡饼（布袋）
发酵情况：生茶
使用商标：下关牌
本期年份：2014年
识别条码：6939989527387
产品标准：GB/T 22111
包装规格：
357克/片×7片/提×2提/件=5千克/件
包装形式：内飞→包纸→笋叶→提盒→纸箱

品质特征

外形：条索肥壮显毫、色泽墨绿透亮。
内质：香气独特、带花蜜香型、兰香感明显，且杯底韵香，汤色金黄透亮，滋味浓强饱满、霸气十足。且生津迅速、回甘持久，叶底肥厚柔亮。

92

无量山老树圆茶

茶品简介

无量山老树圆茶是下关沱茶2014年精心打造的金印系列产品，精心研制、配方讲究。精选海拔2000米以上无量山生态乔木晒青茶为原料，凝聚高山云雾之灵气。由入选"国家级非物质文化遗产名录"的下关沱茶制作技艺精制而成。

茶品档案

成型类别：泡饼（布袋）

发酵情况：生茶

使用商标：松鹤延年牌

本期年份：2014年

识别条码：6939989628186

产品标准：GB/T 22111

包装规格：

357克/片×5片/提×4提/件=7.14千克/件

包装形式：内飞→包纸→纸袋→提盒→纸箱

品质特征

外形：饼形周正，松紧适中，饼面条索肥长油润，白毫显露。

内质：香气清高持久，带山野气韵，汤色橙黄透亮，汤质饱满，滋味回甘生津，浓厚绵长。

93

甲午·金戈铁马铁饼

茶品简介

2014年农历甲午年，推出甲午·金戈铁马铁饼，是"铁饼家族"系列产品。优选临沧勐库、凤山，普洱景谷，大理无量山等小产区茶菁，经下关独特"风花雪月"区域性高原季风气候6—9年自然陈化，由入选"国家级非物质文化遗产名录"的百年下关沱茶制作技艺精制而成。

茶品档案

成型类别：铁饼（铁模）
发酵情况：生茶
使用商标：松鹤延年牌
本期年份：2014年
识别条码：6939989627622
产品标准：GB/T 22111
包装规格：
357克/片×7片/提×4提/件=10千克/件
包装形式：内飞→包纸→纸袋→提盒→纸箱

品质特征

外形：饼形周正，条索紧结，色泽青褐、油润。
内质：滋味浓醇，糖香融入茶汤，口口乒香，烟香陈韵明显舒适，喉韵舒爽，糖韵久存不散，回甘持久，口腔有橄榄般回味留存感。

94

下关七子饼茶8653（金榜系列）

2014年

2015年

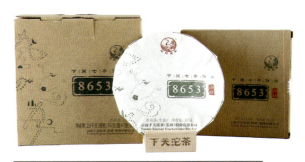

2018年

茶品简介

下关七子饼茶为云南省的传统茶品之一，历史上以出口东南亚国家为主，20世纪70年代以后，有青茶型和普洱型两类。下关七子饼茶8653为青茶型。2014年升级产品原料、加工工艺及包装等，推出金榜系列的下关七子饼茶8653。

茶品档案

成型类别：泡饼（布袋）
发酵情况：生茶
商标演变：下关牌→松鹤延年牌
本期年份：2014年、2015年、2018年
识别条码：6939989627219（2014年）
6939989627813（2015、2018年）
产品标准：GB/T 22111
包装规格：
357克/片×7片/提×4提/件=10千克/件
包装形式：
内飞→包纸→纸袋→提盒→纸箱（2014年、2015年）
内飞→包纸→单盒→提盒→纸箱（2018年）

品质特征

外形：饼形圆正，条索清晰，白毫显露。
内质：香气清香，汤色橙黄明亮，滋味鲜醇回甘，生津饱满，经久耐泡。

2014年

2015年

2016年

2019年

95

下关七子饼茶T8653（金榜系列）

茶品简介

下关七子饼茶为云南省的传统茶品之一，历史上以出口东南亚国家为主，20世纪70年代以后，有青茶型和普洱型两类。下关七子饼茶T8653为青茶型。2014年升级产品原料、加工工艺及包装等，推出金榜系列的下关七子饼茶T8653。

茶品档案

成型类别：铁饼（铁模）
发酵情况：生茶
商标演变：下关牌→松鹤延年牌
本期年份：2014年、2015年、2016年、2019年
识别条码：6939989627233（2014年）
6939989627851（2015年）
6939989630745（2016、2019年）
产品标准：GB/T 22111
包装规格：
357克/片×7片/提×4提/件=10千克/件
包装形式：
内飞→包纸→纸袋→提盒→纸箱（2014年、2015年）
内飞→包纸→单盒→提盒→纸箱（2016年、2019年）

品质特征

外形：饼形圆正，厚薄均匀，条索清晰，白毫显露。
内质：香气清香，汤色橙黄明亮，滋味鲜醇回甘。生津饱满，经久耐泡。

96

下关七子饼茶8653

（改制20周年纪念）

茶品简介

2014年，云南下关茶厂改制20周年，十年磨一剑，廿年制一茶，下关沱茶特在传统代表产品七子饼茶8653包装上书"云南下关茶厂改制廿周年（1994—2014）"，以此纪念下关沱茶20年改制辉煌成果。仅此一批，弥足珍贵。

茶品档案

成型类别： 泡饼（布袋）
发酵情况： 生茶
使用商标： 松鹤延年牌
本期年份： 2014年
识别条码： 6939989628001
产品标准： GB/T 22111
包装规格：
357克/片×7片/提×4提/件=10千克/件
包装形式： 内飞→包纸→纸袋→提盒→纸箱

品质特征

外形： 呈圆饼形，紧结圆整，色泽墨绿，尚显毫。
内质： 香气纯正，汤色橙黄明亮，滋味醇和回甘，叶底尚匀。

97

云南饼茶（125克盒装）

茶品简介

使用"宝焰牌"商标的小饼茶为云南普洱茶传统茶品之一，历史上以边销为主，1951年125克边销饼茶在边茶集散地大理问世，是下关沱茶357克铁饼的雏形。2014年云南饼茶是在传统饼茶的基础上研发的新产品，沿用"宝焰牌"商标。

茶品档案

成型类别：铁饼（铁模）
发酵情况：生茶
使用商标：宝焰牌
本期年份：2014年、2015年
识别条码：6939989628209
产品标准：GB/T 22111
包装规格：
125克/片×5片/盒×16盒/件=10千克/件
包装形式：内飞→包纸→单盒→纸盒→纸箱

品质特征

外形：饼形圆正，色泽乌润，尚显毫。
内质：香气纯正，汤色橙黄，滋味浓厚，叶底黄绿尚嫩匀。

98

下关圆茶7653、
下关圆茶T7653（金印系列）

茶品简介

圆茶为云南省传统茶品之一，历史上以出口东南亚国家为主，亦称侨销圆茶。唛号7653的下关圆茶开始于20世纪70年代中期生产，为普洱型。2008年开始生产唛号7653的圆茶作为青茶型茶品使用。2014年进行了品质提升，包装升级后推出金印系列圆茶7653及圆茶T7653。

茶品档案

成型类别：泡饼（布袋）、铁饼（铁模）
发酵情况：生茶
使用商标：下关牌
本期年份：2014年
识别条码：6939989627127（下关圆茶7653）
6939989627141（下关圆茶T7653）
产品标准：GB/T 22111
包装规格：
357克/片×7片/提×4提/件=10千克/件
包装形式：内飞→包纸→纸袋→提盒→纸箱

品质特征

泡饼外形：饼形圆润，紧结，条索清晰，色泽墨绿显毫。
铁饼外形：饼形圆正，厚薄均匀，色泽墨绿显毫。
内质：香气纯正，汤色橙黄明亮，滋味醇爽回甘，叶底黄绿嫩匀。

下关圆茶7653（泡饼）

下关圆茶T7653（铁饼）

99

下关七子饼茶（礼盒装）

茶品简介

下关七子饼茶为云南省的传统茶品之一，历史上以出口东南亚国家为主，20世纪70年代以后，有青茶型和普洱型两类。下关七子饼茶为青茶型，2014年，为满足市场需求，重新推出礼盒装下关七子饼茶。

茶品档案

成型类别：泡饼（布袋）
发酵情况：生茶
使用商标：松鹤延年牌
本期年份：2014年
识别条码：6939989626489
产品标准：GB/T 22111
包装规格：
357克/片×1片/盒×14盒/件=5千克/件
包装形式：内飞→包纸→礼盒→提袋→纸箱

品质特征

外形：饼形圆正，松紧适度，色泽墨绿油润，显毫。
内质：香气清香浓郁，汤色黄明亮，滋味醇厚，叶底黄绿尚嫩匀。

100

景迈时光古树饼茶

茶品简介

下关沱茶于2015年倾力打造景迈时光古树圆茶，以景迈山的百年古茶树晒青毛茶为原料，是一款在时光中制成的高端普洱藏品。

茶品档案

成型类别：泡饼（布袋）
发酵情况：生茶
使用商标：松鹤延年牌
本期年份：2015年
识别码：6939989629015
产品标准：GB/T 22111
包装规格：
357克/片×7片/提×4提/件=10千克/件
包装形式：内飞→包纸→布袋→提盒→纸箱

品质特征

外形：饼形圆正，松紧适度，色泽墨绿油润，显毫。
内质：香气清香持久带兰香，汤色黄明亮，滋味醇厚，回甘生津强烈、持久。

101

饼之韵饼茶

茶品简介

饼之韵精选澜沧江流域高海拔（1500米以上）各名山大川中云南大叶种明前优质晒青大树毛茶，荟萃各高山原料香色味形之特点和优势，经下关沱茶"百年配方"和百年制作技艺精制而成。该品具有高山大树茶香气高扬、味醇甘爽、口感饱满、层次丰富、韵味悠长等特性，是一款香色味形俱佳的饼之经典。

茶品档案

成型类别：泡饼（布袋）
发酵情况：生茶
使用商标：松鹤延年牌
本期年份：2015年
识别条码：6939989628971
产品标准：GB/T 22111
包装规格：
357克/片×7片/提×4提/件=10千克/件
包装形式：内飞→包纸→纸袋→提盒→纸箱

品质特征

外形：饼形周正，松紧适度，条索肥壮，色泽油绿乌润，白毫显露。
内质：汤色金黄亮，香气馥郁持久，滋味醇厚，口感饱满，层次丰富，韵味悠长。

102
乙未·中华铁饼

常规版（提盒）

茶品简介

2015年，为纪念中国人民抗日战争胜利暨世界反法西斯战争胜利70周年，推出乙未·中华铁饼，是下关沱茶"铁饼家族"系列产品。精选横断山系——哀牢山、无量山山脉中高海拔大山上云南大叶种大树晒青高档毛茶，在大理"高原仓"陈储多年（5-8年）后，以下关百年传统加工技艺精制而成。同年，下关沱茶举办关爱抗战老兵活动，特别推出"飞虎队与云南抗战"纪念版礼盒。

茶品档案

成型类别：铁饼（铁模）
发酵情况：生茶
使用商标：松鹤延年牌
本期年份：2015年
识别条码：6939989629084（提盒）
6939989629077（礼盒）
产品标准：GB/T 22111
包装规格：
357克/片×7片/提×4提/件=10千克/件（提盒）
365克/片×1片/盒（礼盒）
包装形式：内飞→包纸→纸袋→提盒→纸箱（提盒）
内飞→包纸→礼盒→提袋（礼盒）

飞虎队纪念版（礼盒）

品质特征

外形：饼形周正，条索紧结、肥硕，色泽墨绿显毫。
内质：汤色金黄透亮，香气高扬带蜜陈香；滋味浓醇饱满，滑爽回甘，回味经久，叶底肥嫩柔亮。

103

丙申·康藏铁饼

茶品简介

2016年农历丙申年，大纪念康藏茶厂（下关茶厂前身）成立75周年，康藏铁饼应势而生。作为下关沱茶"铁饼家族"系列产品，以康藏之名，铁饼之形，显露关茶人钢铁般的岁月和精神力量。

茶品档案

成型类别：铁饼（铁模）

发酵情况：生茶

使用商标：宝焰牌

本期年份：2016年

识别条码：6939989629664

产品标准：GB/T 22111

包装规格：

357克/片×7片/提×4提/件=10千克/件

包装形式：内飞→包纸→纸袋→提盒→纸箱

品质特征

外形：饼形圆正，条索紧结，肥硕显毫。

内质：汤色金黄透亮，香气高扬带蜜陈香，滋味浓醇饱满，清爽回甘，回味经久，叶底肥嫩明亮。

104

喫茶去饼茶

茶品简介

喫茶去，即吃茶去，看似简单的三个字，却是生活的无上智慧。2016年，下关沱茶推出喫茶去饼茶，选用云南大叶种晒青毛茶精制而成，是一款入门级普洱生茶。

茶品档案

成型类别：泡饼（布袋）
发酵情况：生茶
使用商标：松鹤延年牌
本期年份：2016年
识别条码：6939989630141
产品标准：GB/T 22111
包装规格：
357克/片×7片/提×4提/件=10千克/件
包装形式：内飞→包纸→纸袋→提盒→纸箱

品质特征

外形：饼形周正，松紧适度，面张条索清晰，显毫。
内质：汤色蜜黄明亮，香气浓郁持久，滋味浓醇饱满，回甘生津，叶底黄匀明亮。

105

下关勐库古树圆茶

茶品简介

下关勐库古树圆茶是下关沱茶精心打造的藏品，原料来源于"勐库大叶种茶的故乡"——双江，精选珍贵的乔木大树大叶种晒青毛茶，集下关沱茶传统工艺和现代加工工艺于一体，最终打造出的一款品相上佳、香韵无穷的经典藏品。

茶品档案

成型类别：泡饼（布袋）
发酵情况：生茶
使用商标：松鹤延年牌
本期年份：2016年
识别条码：6939989629756
产品标准：GB/T 22111
包装规格：
357克/片×1片/盒×7盒/提×6提/件=15千克/件
包装形式：内飞→包纸→纸盒→提盒→纸箱

品质特征

外形：饼形周正，条索修长挺拔，色泽墨绿油润，白毫显露。
内质：香气花香馥郁、高扬，滋味甜醇，回甘生津强烈、持久。

106

千家寨老树圆茶

茶品简介

千家寨老树圆茶原料选自哀牢山千家寨古茶山核心区域，千家寨野生古茶树生长于原始森林，岁老根深，生态系统完整丰富。千家寨老树圆茶，芽叶均采摘于千家寨万亩野生古茶树，拥有明显的古树茶特点。

茶品档案

成型类别： 泡饼（布袋）
发酵情况： 生茶
使用商标： 松鹤延年牌
本期年份： 2016年
识别条码： 6939989629633
产品标准： GB/T 22111
包装规格：
357克/片×1片/盒×7盒/提×4提/件=10千克/件
包装形式： 内飞→包纸→纸盒→提盒→纸箱

品质特征

外形： 饼形周正，松紧适中，条索肥硕紧结。
内质： 香气清郁带花香，汤色橙黄透亮，滋味醇爽饱满，回甘明显持久。

107
布朗返濮古树饼茶

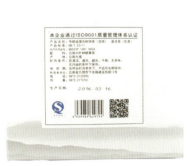

茶品简介

布朗返濮古树饼茶，一芽一叶均采自于布朗山茶产区古树茶，延续布朗劲道霸气、浑厚有力的风格，口感尽显酣畅淋漓。抛却层层外衣，万千心力注入茶叶本身，回归濮人之初，自然之本。

茶品档案

成型类别：泡饼（布袋）
发酵情况：生茶
使用商标：松鹤延年牌
本期年份：2016年
识别条码：6939989629794
产品标准：GB/T 22111
包装规格：
357克/片×7片/提×4提/件=10千克/件
包装形式：内飞→包纸→笋叶→提盒→纸箱

品质特征

外形：饼形圆整饱满、条索肥硕显毫。
内质：香气浓郁独特、杯底蜜香持久，汤色橙黄透亮，滋味浓厚饱满，回甘快生津强，韵丰富味悠长。

108
下关坝歪饼茶

茶品简介

下关坝歪饼茶甄选临沧双江勐库坝歪寨古树茶菁为原料，用下关沱茶入选国家非物质文化遗产名录的百年制茶技艺精心制作而成，实乃茶中珍品，亦是投资收藏的佳选。

茶品档案

成型类别：泡饼（布袋）
发酵情况：生茶
使用商标：松鹤延年牌
本期年份：2016年
识别条码：6939989630486
产品标准：GB/T 22111
包装规格：
357克/片×7片/提×6提/件=15千克/件
包装形式：内飞→包纸→纸袋→提盒→纸箱

品质特征

外形：饼形周正，条索肥壮，色泽墨绿油润，白毫显露。
内质：香气花香馥郁、高扬，滋味甜醇，回甘生津强烈、持久。

109

经典8633饼茶

茶品简介

经典8633饼茶，精选云南省内优质茶产区大叶种晒青毛茶为原料，主料一芽两叶，配方经典。口感柔和，香气十足，苦涩不显，延续经典味道，是一款入门级茶品。

茶品档案

成型类别： 泡饼（在袋）
发酵情况： 生茶
使用商标： 松鹤延年牌
本期年份： 2016年
识别条码： 6939989530189
产品标准： GB/T 22111
包装规格：
150克/片×1片/盒×56盒/件=8.4千克/件
包装形式： 内飞→包纸→纸盒→纸箱

品质特征

外形： 饼形圆正，松紧适中，条索清晰，有毫。
内质： 香气清香，汤色橙黄明亮，滋味浓醇回甘，生津饱满，经久耐泡。

110

大户赛古树圆茶

茶品简介

采摘大户赛百年古树茶鲜叶，以晒青工艺制作
而成一芽两叶的优质晒青毛茶，经年陈化，内
质更加丰富，口感更加醇厚，压制而成200克大
户赛古树圆茶。

茶品档案

成型类别：泡饼（布袋）
发酵情况：生茶
使用商标：松鹤延年牌
本期年份：2016年
识别条码：6939989630349
产品标准：GB/T 22111
包装规格：
200克/片×5片/提×4提/件=4千克/件
包装形式：内飞→包纸→笋叶→提盒→纸箱

品质特征

外形：饼形周正，条索肥壮，色泽墨绿油润，
白毫显露。
内质：香气花香馥郁、高扬，滋味甜醇，回甘
生津强烈、持久。

111
正山昔归古树圆茶

茶品简介

正山昔归古树圆茶，来自临沧邦东忙麓山的纯正原料，由下关沱茶传承百年有余的精湛制茶技艺精制而成，拥有纯正的昔归血统，具有明显而独特的古树茶韵味，实乃不可不品不藏之下关精品。

茶品档案

成型类别：泡饼（布袋）
发酵情况：生茶
使用商标：松鹤延年牌
本期年份：2017年
识别条码：6939989631940
产品标准：GB/T 22111
包装规格：
357克/片×5片/提×2提/件=3.57千克/件
包装形式：内飞→包纸→笋叶→提盒→纸箱

品质特征

外形：饼形周正，松紧适中，条索肥长有毫，色泽黑亮油润。
内质：香气高锐浓郁，杯底兰香转蜜兰香，独特持久；汤色清橙透亮；滋味浓厚饱满、丰富滑爽，入口即香、刚柔并济（茶气强正而又汤感柔顺、水路细腻），苦味化得快，回甘强而持久，喉韵深长，整个过程中，兰香、冰糖香、苦韵、回甘等变化丰富，回味悠久。

大气明理 知己好茶

112

藤韵古树圆茶

茶品简介

下关藤韵古树圆茶，精选云南临沧双江县海拔1900米以上坝糯古茶园中高档明前藤条茶叶，经藤条茶传统独特的加工技艺精制而成的晒青毛茶，并在大理高原仓存储一段时间后，经下关百年加工技艺蒸压而成。

茶品档案

成型类别：泡饼（布袋）
发酵情况：生茶
使用商标：松鹤延年牌
本期年份：2017年
识别条码：6939989631445
产品标准：GB/T 22111
包装规格：
357克/片×1片/盒×7盒/提×4提/件=10千克/件
包装形式：内飞→包纸→纸盒→提盒→纸箱

品质特征

外形：饼形周正，松紧适中，条索清晰光润，色泽墨绿油润，清香劲扬。
内质：茶汤带兰香，杯底留香持久，汤色金黄透亮，滋味浓厚刚强、饱满丰沛、甘甜质厚。

113

丁酉·琅琊铁饼

茶品简介

2017年农历丁酉年，下关沱茶精制丁酉·琅琊铁饼。作为下关沱茶"铁饼家族"系列产品，琅琊铁饼甄选临沧、西双版纳两大优质茶产区早春大树晒青茶为原料，经3—5年陈化，采用铁模工艺压制而成。

茶品档案

成型类别：铁饼（铁模）
发酵情况：生茶
使用商标：松鹤廷年牌
本期年份：2017年
识别条码：6939989531704
产品标准：GB/T 22111
包装规格：
357克/片×7片/提×4提/件=10千克/件
包装形式：内飞→包纸→纸袋→提盒→纸箱

品质特征

外形：饼形圆整，厚薄均匀，条索肥壮显毫，乌黑油润有光泽。
内质：香气高扬，杯底蜜香，滋味甘醇，回甘生津持久留香，叶底肥嫩、柔软。

始创于1902
大气明理 知己好茶
XIAGUAN TUO CHA

114

子珍圆茶（8克纸盒装）

茶品简介

"子珍"两字源自沱茶鼻祖，"永昌祥"商号创始人——严子珍之名。"子珍"亦有小巧、珍贵之意，呼应子珍圆茶轻薄纤巧的形制。子珍圆茶原料来自云南茶区，精选大叶种晒青茶制作而成，有生茶和熟茶。

茶品档案

成型类别：铁饼〔机压〕
发酵情况：生茶
使用商标：松鹤延年牌
本期年份：2017年
识别条码：6939989631780
产品标准：GB/T 22111
包装规格：8克/片×10片/小盒×4小盒/大盒×14大盒/件=4.48千克/件
包装形式：包纸→小纸盒→大纸盒→纸箱

品质特征

外形：小圆饼形，条索紧结。
内质：香气纯正，汤色橙黄明亮，滋味醇厚，有明显回甘。

115
正山老班章古树圆茶

茶品简介

2018年，下关沱茶与拥有老班章古茶园规模最大和最具生产规模的合作社的戈氏三兄妹合作，精心匠制正山老班章古树圆茶。纯正真实的正山老班章之料，打造纯正老班章芽本味道，诠释具有下关特色的"正山老班章"标准茶。

茶品档案

成型类别： 泡饼（布袋）
发酵情况： 生茶
使用商标： 松鹤延年牌
本期年份： 2018年
识别条码： 6939989633371
产品标准： GB/T 22111
包装规格：
357克/片×5片/提×1提/件=1.785千克/件
包装形式： 内飞→包纸→笋叶→提盒→纸箱

品质特征

外形： 饼形圆正，松紧适度，条索完整、肥硕紧长，白毫满披，油润匀净。
内质： 热闻花香馥郁高扬，冷杯兰蜜气韵持久，香气扑鼻而来，沁人心脾；茶汤金黄，明亮度高，晶莹透亮，汤面油润，金波流转，光彩夺目；一入口，就是强烈的苦，瞬间冲击整个二腔，忽而转为浓烈的甘甜。舌底似有活水甘泉，汩汩不断；数杯之后，会感觉身体微微出汗，茶气充盈，热气笼身。

116

下关岩子头古树圆茶

茶品简介

下关岩子头古树圆茶，用料珍奇，茶树生于岩石，显于岩韵，优选岩子头300年以上的稀有古树头春茶为原料，古法石磨压制而成，将"岩子头特质"完美展现，制作出小产区岩子头标杆岩韵古树茶，感受手作魅力，古树之彩。

茶品档案

成型类别：泡饼（布袋）
发酵情况：生茶
使用商标：下关牌
本期年份：2018年
识别条码：6939989632800
产品标准：GB/T 22111
包装规格：
357克/片×5片/提×2提/件=3.57千克/件
包装形式：
内飞→包纸→笋叶→木质提盒→纸箱

品质特征

外形： 饼形周正，外形条索硕长、肥嫩满毫、色泽油润。

内质： 内质花香浓郁、嫩香优雅带果蜜香，汤香持久、高扬、特别，汤色金黄透亮，滋味醇厚饱满、协调、爽滑可口、层次丰富，生津快，回甘持久，既有班章的霸气，又有冰岛的香、韵，特色凸显，叶底饱满、柔嫩明亮。

笋叶装

117
下关蓝印饼茶

茶品简介

2018年下关沱茶印级大作，下关蓝印饼茶，以蓝印之名，向"印级茶"致敬。精选澜沧江两岸的布朗、景迈、冰岛西半山三大知名山头古树原料，原料、仓储、拼配、形制、品控五力齐发，秉承下关沱茶百年优秀拼配技艺，通过现代工艺及理化研究成果精制而成。

茶品档案

成型类别：泡饼（布袋）
发酵情况：生茶
使用商标：松鹤延年牌
本期年份：2018年
识别条码：6939989633180（笋叶装）
6939989633814（礼盒装）
产品标准：GB/T 22111
包装规格：
357克/片×7片/筒×6筒/件=15千克/件（笋叶装）
3.57克/片×1片/盒×2盒/件=7.14千克/件（礼盒装）
包装形式：内飞→包纸→笋叶→竹篮（笋叶装）
内飞→包纸→礼盒→提袋→纸箱（礼盒装）

品质特征

外形：外形圆正，条索肥硕紧结，白毫显著，油润匀净。
内质：香气馥郁，热闻兰香高扬，冷杯冰糖香持久，汤色金黄透亮；入口滋味初时有短暂滑爽之感，即刻霸气十足，数秒后转化为满口浓郁香味，回甘丰富持久，令人十分舒悦。

礼盒装

118
阖欢饼茶

茶品简介

阖欢饼茶，寓意阖家幸福，其乐融融。精选勐库茶区海拔1700米以上优质大树春茶原料，经高原仓八年陈放后，以一口料蒸压成型，并将成品在大理高原仓存储半年以上，形成独特风格。

茶品档案

成型类别： 泡饼（布袋）
发酵情况： 生茶
使用商标： 松鹤延年牌
本期年份： 2018年
识别条码： 6939989632763
产品标准： GB/T 22111
包装规格：
800克/片×1片/盒×8盒/件=6.4千克/件
包装形式： 内飞→包纸→礼盒→提袋→纸箱

品质特征

外形： 饼形大气圆整，条索肥紧清晰，白毫显露匀齐。
内质： 香气清高显陈韵、杯底带蜜香，汤色橙黄明亮，滋味浓醇柔滑，香味饱满协调，茶气足，回甘久，叶底肥嫩黄明亮。

119
戊戌·泰安铁饼

茶品简介

2018年，农历戊戌年，为纪念中国改革开放四十周年，特制戊戌·泰安铁饼，是下关沱茶"铁饼家族"系列产品。优选邦东茶区明前高档晒青大树毛茶，在清洁、干燥的高原令陈储8年后，以百年下关紧压茶加工技艺精制而成。

茶品档案

成型类别：铁饼（铁模）
发酵情况：生茶
使用商标：松鹤延年牌
本期年份：2018年
识别条码：6939989533098
产品标准：GB/T 22111
包装规格：
357克/片×7片/提×4提/件=10千克/件
包装形式：内飞→包纸→纸袋→提盒→纸箱

品质特征

外形：饼形圆正，条索紧结，白毫显著，润泽匀净。
内质：香气陈高带烟气，汤色橙黄明亮，滋味浓醇持久，生津回甘，叶底嫩柔明亮。

120

下关那卡古树饼茶

茶品简介

优质的那卡古树茶原料结合下关沱茶公司百年传承的精制茶加工技艺，形成了独具一格的下关那卡古树圆茶，深山之古茶明珠，匠心精制，弥足珍贵。

茶品档案

成型类别：泡饼（布袋）
发酵情况：生茶
使用商标：松鹤延年牌
本期年份：2018年
识别条码：6939989633623
产品标准：GB/T 22111
包装规格：
200克/片×1片/盒×12盒/件=2.4千克/件
包装形式：内飞→包纸→礼盒→提袋→纸箱

品质特征

外形：饼形周正，松紧适度，条索清晰、肥壮，白毫显露。

内质：花香浓郁、带果蜜香，汤香持久、高扬，汤色金黄透亮，滋味醇厚饱满、协调、爽滑可口、层次丰富，生津、回甘迅猛持久，经久耐泡，茶气强劲、霸道，有"小班章"之称，叶底肥壮、嫩黄明亮。

121

星罗小饼（生茶）

茶品简介

下关沱茶2018年亮相全新商标——微关世界。星罗系列作为微关世界第一个产品系列，分为星罗小饼、星罗龙珠两种形状，多种口味，多种包装。其中星罗小饼分为生茶和熟茶。

茶品档案

成型类别：铁饼（机压）
发酵情况：生茶
使用商标：微关世界牌
本期年份：2018年
识别条码：6939989633265
产品标准：GB/T 22111
包装规格：
8克/片×5片/罐×96罐/件=3.84千克/件
包装形式：
包纸→铁罐→小纸盒→大纸盒→提袋→纸箱

品质特征

外形：饼形圆正，厚薄均匀，条索肥硕清晰，有毫。
内质：香气蜜香浓郁、持久，汤色黄明亮 滋味浓醇回甘，生津饱满，经久耐泡。

122

乙亥·盛世铁饼

茶品简介

乙亥·盛世铁饼选用勐库东西半山古树毛茶为原料，经百年下关拼配和揉压工艺精制而成。采用下关沱茶全新开发的"泡铁饼"形制，并且采用一口料压制，保障了盛世铁饼的品质完美呈现。

茶品档案

成型类别：铁饼（铁模）
发酵情况：生茶
使用商标：松鹤延年牌
本期年份：2019年
识别条码：6939989634026
产品标准：GB/T 22111
包装规格：
357克/片×7片/提×4提/件=10千克/件
包装形式：内飞→包纸→纸袋→提盒→纸箱

品质特征

外形：饼形周正，松紧适度，条索清晰，色泽墨绿油润，白毫显露。
内质：汤色金黄透亮，香气馥郁高扬，滋味浓厚、饱满，回甘生津迅猛，叶底黄绿、嫩匀、柔软。

123
忙麓山老树圆茶

茶品简介

忙麓山老树圆茶，精选临沧澜沧江西岸忙麓山优质晒青毛茶为原料，浓厚持久而又饱满滑爽的独特风格，是邦东古树茶的经典代表。流连忙麓山间，独享邦东之味。

茶品档案

成型类别：泡饼（布袋）
发酵情况：生茶
使用商标：松鹤延年牌
本期年份：2019年
识别条码：6939998964323
产品标准：GB/T 22111
包装规格：
357克/片×7片/提×4提/件=10千克/件
包装形式：内飞→包纸→笋叶→提盒→纸箱

品质特征

外形：饼形圆整，条索肥紧，黑润清晰，白毫显著。
内质：香气浓且带花香，杯底香持久；汤色明亮，黄且清透，汤面油润，无杂质；入口微苦，苦显于舌两侧，苦退之后可甘甜，生津很足，久久的回味让人为之着迷；叶底匀整、柔软。

179 始创于1902 大气明理 知己好茶

124

麻黑公社老树圆茶

茶品简介

麻黑公社老树圆茶，精选易武茶区中最具韵味的麻黑茶山古树茶为原料，茶树树龄均在100—300年之间，以下关泡饼揉制工艺石磨压制而成。一款彰显"易武本色"的典型范本茶，可品可藏。

茶品档案

成型类别：泡饼（布袋）
发酵情况：生茶
使用商标：松鹤延年牌
本期年份：2019年
识别条码：6939989633982
产品标准：GB/T 22111
包装规格：
357克/片×7片/提×4提/件=10千克/件
包装形式：内飞→包纸→笋叶→提盒→纸箱

品质特征

外形：饼形圆正，松紧适度，条索肥壮，清晰匀净，色泽乌润，白毫显露。
内质：汤色金黄透亮，香气浓郁，蜜香持久，滋味醇厚饱满，层次丰富协调，口感顺滑绵长，生津快，回甘久，叶底肥嫩匀柔。

125

复春和号·冰岛老寨古树圆茶

茶品简介

复春和号·冰岛老寨古树圆茶，首款"号级"古树茶，高品质稀缺茶品。

选用冰岛老寨大牛肋巴古树毛茶、小牛肋巴古树毛茶、大马脸古树毛茶三个代表性原料品种精心拼配，经石磨压制而成。

茶品档案

成型类别： 泡饼（布袋）

发酵情况： 生茶

使用商标： 松鹤延年牌

本期年份： 2019年

识别条码： 6939989634422

产品标准： GB/T 22111

包装规格：
357克/片×5片/提×2提/件=3.57千克/件

包装形式： 内飞→包纸→笋叶→提盒→纸箱

品质特征

外形： 饼形周正，松紧适度，条索肥大、清晰，芽头肥壮，色泽青褐油润，显毫。

内质： 汤色金黄透亮，蜜糖香浓郁带花香，唇齿留香，滋味甜醇、饱满，汤质稠滑，口感丰富、协调，冰糖韵十足，回甘生津迅猛、持久，叶底柔软、嫩匀。

始创于1902
大气明理 知己好茶

126
景迈寻香饼茶

茶品简介

景迈寻香饼茶，选用景迈古茶区优质原料，经下关传统制作技艺精制而成。景迈寻香，集香、甜、厚、滑四大优势于一身，呈独特、浓郁、持久之兰花香。

茶品档案

成型类别：泡饼（布袋）
发酵情况：生茶
使用商标：松鹤延年牌
本期年份：2019年
识别条码：6939989634811
产品标准：GB/T 22111
包装规格：
357克/片×7片/提×4提/件=10千克/件
包装形式：内飞→包纸→纸袋→提盒→纸箱

品质特征

外形：饼形周正，松紧适度，条索清晰，色泽墨绿油润，显毫。
内质：汤色橙黄明亮，花香浓郁带糖香，汤香入水，口齿留香，杯底兰香浓郁、持久；滋味醇厚爽滑，口感丰富，协调性好，回甘生津强烈持久。

127

勐库西半山古树饼茶

茶品简介

勐库西半山古树饼茶，精美小饼，每饼200克，优选勐库西半山1700米以上古茶园早春古树晒青毛茶，经百年下关沱茶制作技艺精制而成，具有明显的古树茶品质山韵。

茶品档案

成型类别： 泡饼（布袋）
发酵情况： 生茶
使用商标： 松鹤延年牌
本期年份： 2019年
识别条码： 6939989634231
产品标准： GB/T 22111
包装规格：
200克/片×1片/盒×24盒/件=4.8千克/件
包装形式： 内飞→包纸→礼盒→提袋→纸箱

品质特征

外形： 饼形圆正优美，条索肥紧清晰，白毫明显匀净。
内质： 花香高纯绵长，汤色橙黄明亮，滋味浓厚持久，香甜饱满滑爽，回甘生津迅速，叶底匀整、柔软。

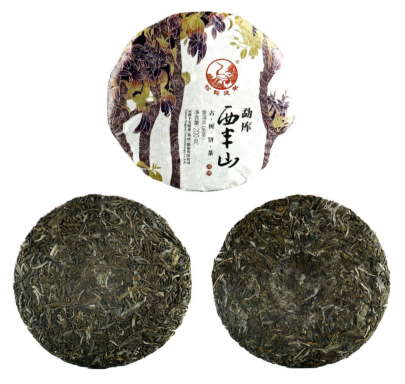

128

巅峰易武古树饼茶

茶品简介

巅峰易武，2020年下关沱茶金鼎系列产品，甄选易武茶区"七村八寨"多个代表性名山头早春毛茶精心拼配，采用石磨工艺压制，体现巅峰易武"汤香水柔"的品质特点，完美展现易武"皇后"之魅力。

茶品档案

成型类别：泡饼（布袋）
发酵情况：生茶
使用商标：松鹤延年牌
本期年份：2020年
识别条码：6939989635221
产品标准：GB/T 22111
包装规格：357克/片×7片/提×2提/件=5千克/件
包装形式：内飞→包纸→笋叶→提盒→纸箱

品质特征

外形：饼形圆整，松紧适度，条索清晰，紧结显毫，色泽油润。
内质：热闻花香浓郁，冷杯花果香带甘甜气息，独特而持久；汤色橙黄沥亮；滋味滑爽甜醇，柔顺绵长，香味互融，口腔留存度好，回味久远，回甘生津；叶底肥嫩柔亮。

129
福瑞贡饼

茶品简介

福瑞贡饼，专选云南普洱茶核心产区名山古茶区原始森林内与古木大树混生伴长的古茶树优质茶菁，经百年下关沱茶拼配及制作技艺精制而成。古树严选，探索自然之味。众星云集，五星珍藏之品。

福瑞贡饼，具有独特而明显的古树茶山野正气和野兰香韵之品质特征。

茶品档案

成型类别： 泡饼（布袋）
发酵情况： 生茶
使用商标： 松鹤延年牌
本期年份： 2020年
识别条码： 6939989635658
产品标准： GB/T 22111
包装规格： 357克/片×7片/提×2提/件=5千克/件
包装形式： 内飞→包纸→纸袋→提盒→纸箱

品质特征

外形： 饼形圆满，条索肥硕，匀净清晰，白毫显著。

内质： 汤色金黄明亮，油润感十足；滋味浓厚，热闻花香高扬，冷杯野兰香带甘甜气息，纯正而绵长；茶气强劲，山韵饱满，生津迅速，回甘持久；叶底肥柔匀亮。

130
懂过老树圆茶

茶品简介

懂过老树圆茶，2020年下关沱茶首款春茶，精选临沧勐库西半山茶区以"香高味浓、沉雄质厚"著称的懂过老树晒青毛茶为原料精制而成。以当地的村名"懂过"命名，造就一杯好茶。

茶品档案

成型类别：泡饼（布袋）
发酵情况：生茶
使用商标：松鹤延年牌
本期年份：2020年
识别条码：6939989635146
产品标准：GB/T 22111
包装规格：357克/片×7片/筒×4筒/件=10千克/件
包装形式：
内飞→包纸→笋叶→竹篮→编织袋→纸箱

品质特征

外形：饼形周正、饱满，松紧适度，条索清晰完整，肥壮紧实，色泽墨绿油润，芽毫显露。
内质：汤色金黄透亮，糖香浓郁高扬，挂杯淡雅花香，入口苦涩味足，回甘迅速强烈且持久，喉韵舒爽。

131

保龙公社老树圆茶

茶品简介

保龙公社老树圆茶，精选保塘和蚌龙的优质春毛茶为原料，经云南下关沱茶（集团）股份公司从业三十年以上资深拼配师组成的"小产区QC小组"精心拼制而成。

保塘和蚌龙，以公社之名，尽显滑竹梁子茶之真味，感受旷野古茶的生态气息。

茶品档案

成型类别： 泡饼（布袋）
发酵情况： 生茶
使用商标： 松鹤延年牌
本期年份： 2020年
识别条码： 6939989635399
产品标准： GB/T 22111
包装规格： 357克/片×7片/提×6提/件=15千克/件
包装形式： 内飞→包纸→笋叶→提盒→纸箱

品质特征

外形： 饼形圆正，松紧适度，条索清晰，色泽墨绿油润，芽头肥壮。

内质： 汤色金黄明亮，浓郁充盈的花蜜香，香韵持久、有持续的香气生发感；茶汤刚入口时有弱弱的苦，即化，柔烈适中，汤质厚实，汤香入水，唇齿留香感持久，杯底挂杯香浓郁；回甘生津强烈、持久，喉韵极好；叶底黄绿、嫩匀、柔软。

2011年

2012年

132

下关特级青饼（泡饼）

茶品简介

下关特级青饼，精选云南大叶种晒青毛茶为原料，经下关百年制作技艺精制而成。下关特级青饼于2003年开始生产，是下关沱茶一款经典的明星产品，有泡饼和铁饼，具有典型的下关风格。

2014年

茶品档案

成型类别：泡饼（布袋）
发酵情况：生茶
商标演变：松鹤（图）牌→松鹤延年牌
本期年份：2011年、2012年、2014年、2017年（包销版）
2020年（统销版）
识别条码：6939989624010、6939989635160
产品标准：Q/XGT 0010 S、GB/T 22111
包装规格：
357克/片×7片/提×6提/件=15千克/件（2011年、2012年）
357克/片×7片/提×4提/件=10千克/件（2014年、2017年、2020年）
包装形式：
内飞→包纸→纸袋→纸箱（2011年、2012年）
内飞→包纸→纸袋→提盒→纸箱（2014年、2017年、2020年）

2017年

品质特征

外形：饼形圆正，松紧适度，条索清晰，色泽墨绿油润。
内质：汤色黄亮，香气清香浓郁、高扬带糖香，滋味甜醇，口感丰富、协调，回甘生津明显。

2020年（常规版）

133
磨烈古树饼茶

茶品简介

磨烈古树饼茶，精选勐库茶区磨烈村古树晒青毛茶为原料精制而成。磨烈古树饼茶，兼并临沧勐库东西半山之优点，是一款浓烈醇厚而不失婉转甜润的普洱生茶，更是少见的新茶即可诠释古树茶无穷魅力的微小区域茶品。

茶品档案

成型类别：泡饼（布袋）
发酵情况：生茶
使用商标：松鹤延年牌
本期年份：2020年
识别条码：6939989635511
产品标准：GB/T 22111
包装规格：
357克/片×5片/提×4提/件=7.14千克/件
包装形式：内飞→包纸→笋叶→提盒→纸箱

品质特征

外形：饼形圆正，条索肥壮完整，白毫显著，色泽油润，闻之清香扑鼻。
内质：磨烈古树饼茶，新茶就拥有浓厚丰富的口感，苦涩协调，烈在前而柔在后，甘之生香，香中带甜，茶气十足。

大气明理 知己好茶

134

班盆老树圆茶

茶品简介

班盆老树圆茶，精选云南布朗山班盆茶区老树晒青毛茶为原料，经下关百年制作技艺精制而成。

茶品档案

成型类别：泡饼（布袋）
发酵情况：生茶
使用商标：松鹤延年牌
本期年份：2020年
识别条码：6939989635207
产品标准：GB/T 22111
包装规格：357克/片×7片/筒×4筒/件=10千克/件
包装形式：内飞→包纸→笋叶→竹篮

品质特征

外形：饼形圆正，松紧适度，条索清晰，色泽墨绿，油润显毫，芽头肥大。
内质：汤色黄亮，香气花蜜香馥郁、高扬，汤香入水，香气口腔留存度好；滋味浓醇、厚实、饱满，汤质稠滑，入口鲜爽；层次丰富，苦感突出，涩感隐现，回甘生津强烈、持久；叶底黄绿肥嫩、柔软。

135
顺宁府茶园饼茶

茶品简介

《顺宁府志》载："顺宁，旧名庆甸，本蒲蛮之后，有悠久的种茶历史。"顺宁府辖境包括今云南省凤庆、昌宁、云县。顺宁府茶园饼茶，精选云南临沧茶区优质晒青毛茶为原料，经下关百年制茶技艺焙制而成。

茶品档案

成型类别：泡饼（布袋）
发酵情况：生茶
使用商标：松鹤延年牌
本期年份：2020年
识别条码：6939989634989
产品标准：GB/T 22111
包装规格：
357克/片×7片/筒×6筒/件=15千克/件
包装形式：内飞→包纸→笋叶→竹篮→纸箱

品质特征

外形：饼形圆整，条索肥紧，黑润清晰，白毫显著。
内质：香气浓且带花香，杯底香持久；汤色明亮，黄且清透，汤面油润，无杂质；入口微苦；苦显于舌两侧，苦退之后回甘强，生津很足，久久的回味让人为之着迷；叶底匀整、柔软。

136

松鹤铁饼

茶品简介

松鹤铁饼，优选在大理高原仓陈储5—7年的普洱茶核心茶区老树毛茶，经下关沱茶百年拼配和制作技艺精制而成。采用传统笋叶竹篮编织袋包装，将经典和现代相统一，继承和创新相融合。

茶品档案

成型类别：铁饼（铁模）
发酵情况：生茶
商标演变：下关沱茶牌
本期年份：2020年
识别条码：6939989635122
产品标准：GB/T 22111
包装规格：
357克/片×7片/筒×4筒/件=10千克/件
包装形式：
内飞→包纸→笋叶→竹篮→编织袋→纸箱

品质特征

外形：饼形圆正，洒面清晰，条索肥硕。
内质：香气浓郁绵长，陈香蜜香明显、具高原仓气韵，滋味醇厚饱满、香味融合爽口，生津快回甘久，叶底肥柔匀净。

137

下关七子饼茶8663（泡饼）

茶品简介

下关七子饼茶为云南省的传统茶品之一，历史上以出口东南亚国家为主，20世纪70年代以后，有青茶型和普洱型两类。唛号8663下关七子饼茶沿用1986年的工艺加工而成，是云南下关沱茶（集团）股份有限公司普洱型饼茶的代表性茶品，与被市场广泛称为"销法沱"的普洱沱茶珠联璧合，长期连续生产。

茶品档案

成型类别：泡饼（布袋）
发酵情况：熟茶
商标演变：松鹤（图）牌、下关牌
本期年份：2012年、2013年
识别条码：6939989324799
产品标准：GB/T 22111
包装规格：
357克/片×7片/提×6提/件=15千克/件
包装形式：内飞→包纸→纸袋→纸箱

品质特征

外形：饼形圆正，松紧适度，色泽红褐油润。
内质：香气陈香浓郁，汤色红褐明亮，滋味醇厚、稠滑。

138

下关七子饼茶T8663（铁饼）

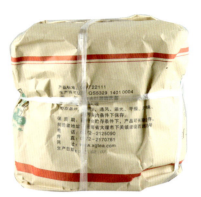

茶品简介

下关七子饼茶为云南省的传统茶品之一，历史上以出口东南亚国家为主，20世纪70年代以后，有青茶型和普洱型两类。唛号T8663下关七子饼茶沿用1986年的工艺加工而成，是云南下关沱茶（集团）股份有限公司普洱型饼茶的代表性茶品，与被市场广泛称为"销法沱"（铁饼）的普洱沱茶珠联璧合，长期连续生产。

茶品档案

成型类别：铁饼（铁模）
发酵情况：熟茶
商标演变：松鹤（图）牌、下关牌
本期年份：2012年、2013年
识别条码：6939989624812
产品标准：GB/T 22111
包装规格：
357克/片×7片/提×6提/件=15千克/件
包装形式：内飞→包纸→纸袋→纸箱

品质特征

外形： 饼形圆正，厚薄均匀，色泽红褐油润。
内质： 香气陈香浓郁，汤色红褐明亮，滋味醇厚、稠滑。

139

下关圆茶7663（泡饼）

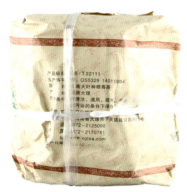

茶品简介

圆茶为云南省的传统茶品之一，历史上以出口东南亚国家为主，亦称侨销圆茶。20世纪70年代以后，有青茶型和普洱型两类。唛号7663的下关圆茶为传统普洱茶，开始于20世纪70年代中期生产。2008年开始再次使用唛号7663生产原料等级高于8663的普洱型饼茶。

茶品档案

成型类别：泡饼（布袋）
发酵情况：熟茶
使用商标：下关牌
本期年份：2012年
识别条码：6939989621842
产品标准：GB/T 22111
包装规格：
357克/片×7片/提×6提/件=15千克/件
包装形式：内飞→包纸→纸袋→纸箱

品质特征

外形： 饼形圆正，松紧适度，色泽红褐油润。
内质： 香气陈香浓郁，汤色红褐明亮，滋味醇厚、稠滑。

140

下关圆茶T7663（铁饼）

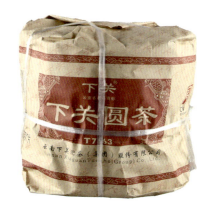

茶品简介

圆茶为云南省的传统茶品之一，历史上以出口东南亚国家为主，亦称侨销圆茶。20世纪70年代以后，有青茶型和普洱型两类。唛号7663的下关圆茶为传统普洱茶，开始于20世纪70年代中期生产。2008年开始再次使用唛号7663生产原料等级高于8663的普洱型饼茶。T7663的下关圆茶为新口感普洱茶。

茶品档案

成型类别：铁饼（铁模）
发酵情况：熟茶
使用商标：下关牌
本期年份：2012年、2013年
识别条码：6939989623563
产品标准：GB/T 22111
包装规格：
357克/片×7片/提×6提/件=15千克/件
包装形式：内飞→包纸→纸袋→纸箱

品质特征

外形：饼形圆正，厚薄均匀，松紧适度，色泽红褐油润。
内质：香气陈香浓郁，汤色红褐明亮，滋味醇厚、稠滑。

141

下关七子饼茶（礼盒装）

茶品简介

下关七子饼茶为云南省的传统茶品之一，历史上以出口东南亚国家为主，20世纪70年代以后，有青茶型和普洱型两类。下关七子饼茶为青茶型，2014年，为满足市场需求，重新推出礼盒装下关七子饼茶熟茶。

茶品档案

成型类别：泡饼（布袋）
发酵情况：熟茶
使用商标：松鹤延年牌
本期年份：2014年
识别条码：6939989625496
产品标准：GB/T 22111
包装规格：
357克/片×1片/盒×14盒/件=5千克/件
包装形式：内飞→包纸→礼盒→提袋→纸箱

品质特征

外形：饼形圆正，松紧适度，色泽红褐油润。
内质：香气陈香浓郁，汤色红褐明亮，滋味醇厚、稠滑。

始创于1902
大气明理 知己好茶

142

下关圆茶7663（金印系列）

茶品简介

下关圆茶为云南省的传统茶品之一，历史上以出口东南亚国家为主，20世纪70年代以后，有青茶型和普洱型两类。唛号7663下关七子饼茶沿用1976年的工艺加工而成，是云南下关沱茶（集团）股份有限公司普洱型饼茶的代表性茶品。2014年进行了品质提升，包装升级后推出金印系列7663圆茶及T7663圆茶。

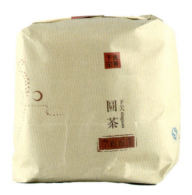
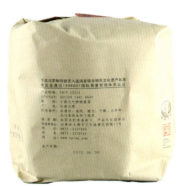

茶品档案

成型类别：泡饼（布袋）
发酵情况：熟茶
商标演变：下关牌→松鹤延年牌
本期年份：2014年、2015年
识别条码：6939989627189（2014年）
6939989627936（2015年）
产品标准：GB/T 22111
包装规格：
357克/片×7片/提×4提/件=10千克/件
包装形式：内飞→包纸→纸袋→提盒→纸箱

品质特征

外形：饼形圆正，松紧适度，色泽红褐油润。
内质：香气陈香浓郁，汤色红褐明亮，滋味醇厚、稠滑。

143

下关圆茶T7663（金印系列）

茶品简介

下关圆茶为云南省的传统茶品之一，历史上以出口东南亚国家为主，20世纪70年代以后，有青茶型和普洱型两类。唛号7663下关七子饼茶沿用1976年的工艺加工而成，是云南下关沱茶（集团）股份有限公司普洱型饼茶的代表性茶品。2014年进行了品质提升，包装升级后推出金印系列7663圆茶及T7663圆茶。

茶品档案

成型类别：铁饼（铁模）
发酵情况：熟茶
使用商标：下关牌
本期年份：2014年
识别条码：6939989627165
产品标准：GB/T 22111
包装规格：
357克/片×7片/提×4提/件=10千克/件
包装形式：内飞→包纸→纸袋→提盒→纸箱

品质特征

外形：饼形圆正，厚薄均匀，松紧适度，色泽红褐油润。
内质：香气陈香浓郁，汤色红褐明亮，滋味醇厚、稠滑。

144

下关七子饼茶8663

（金榜系列）

茶品简介

下关七子饼茶为云南省的传统茶品之一，历史上以出口东南亚国家为主，20世纪70年代以后，有青茶型和普洱型两类。唛号8663下关七子饼茶沿用1986年的工艺加工而成，是云南下关沱茶（集团）股份有限公司普洱型饼茶的代表性茶品，下关七子饼茶8663为普洱型。2014年升级产品原料、加工工艺及包装等，推出金榜系列的下关七子饼茶8663和T8663。

茶品档案

成型类别：泡饼（布袋）
发酵情况：熟茶
商标演变：下关牌→松鹤延年牌
本期年份：2014年、2015年、2018年
识别条码：6939989627257（2014年）
6939989627875（2015、2018年）
产品标准：GB/T 22111
包装规格：
357克/片×7片/提×4提/件=10千克/件
包装形式：内飞→包纸→纸袋→提盒→纸箱

品质特征

外形：饼形圆正，松紧适度，色泽红褐油润。
内质：香气陈香浓郁，汤色红褐明亮，滋味醇厚、稠滑。

2014年

2015年

2018年

145

下关七子饼茶T8663

（金榜系列）

2014年

2017年、2019年

茶品简介

下关七子饼茶为云南省的传统茶品之一，历史上以出口东南亚国家为主，20世纪70年代以后，有青茶型和普洱型两类。唛号8663下关七子饼茶沿用1986年的工艺加工而成，是云匝下关沱茶（集团）股份有限公司普洱型饼茶的代表性茶品，下关七子饼茶8663为普洱型。2014年升级产品原料、加工工艺及包装等，推出金榜系列的下关七子饼茶3663和T8663。

茶品档案

成型类别： 铁饼（铁模）
发酵情况： 熟茶
商标演变： 下关牌→松鹤延年牌
本期年份： 2014年、2017年、2019年
识别条码： 6939989627271（2014年）
6939989627837（2017年、2019年）
产品标准： GB/T 22111
包装规格：
357克/片×7片/提×4提/件=10千克/件
包装形式： 内飞→包纸→纸袋→纸箱

品质特征

外形： 饼形圆正，厚薄均匀，松紧适度，色泽红褐油润。
内质： 香气陈香浓郁，汤色红褐明亮，滋味醇厚、稠滑。

146
甘普洱（泡饼）

2015年

茶品简介

20世纪70—80年代，云南沱茶在欧洲的总代理商Fred Kempler（甘普尔）先生为云南沱茶在法国及欧洲地区的推广和被接受做出了重要贡献。为了纪念甘普尔先生，下关沱茶集团公司在2015年精选原料推出甘普洱熟茶，是一款优质的口粮熟茶。

茶品档案

成型类别： 泡饼（布袋）
发酵情况： 熟茶
使用商标： 松鹤延年牌
本期年份： 2015年、2019年
识别条码： 6939989629121
产品标准： GB/T 22111
包装规格：
357克/片×7片/提×4提/件=10千克/件
包装形式： 内飞→包纸→纸袋→提盒→纸箱

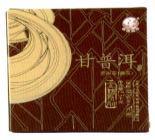

2019年

品质特征

外形： 饼形圆整，条索清晰，金毫显露，色泽乌润油亮。
内质： 汤色红浓明亮，滋味浓醇持久，陈香纯正。

147
金雀古树饼茶

茶品简介

金雀，概念来源于大理本土守护神大鹏金翅鸟。金雀古树饼茶，原料优选自云南茶产区古树鲜嫩芽叶，结合下关沱茶独特发酵工艺及制作技艺精制而成的一款高端古树熟茶。

茶品档案

成型类别：泡饼（布袋）
发酵情况：熟茶
使用商标：松鹤延年牌
本期年份：2016年
识别条码：6939989629831
产品标准：GB/T 22111
包装规格：
357克/片×7片/提×4提/件=10千克/件
包装形式：内飞→包纸→布袋→提盒→纸箱

品质特征

外形：形似玉盘，泡而不松，色泽红褐油润，金毫显露，形色俱佳。
内质：汤色红浓明亮，糖香馥郁，陈香幽醇；入口醇和，口感细腻、柔甜。

148

普洱饼茶

茶品简介

普洱饼茶，精选云南大叶种晒青茶叶为原料，采用下关传统发酵工艺，精心拼配制作而成的普洱型泡饼，是一款贴近生活的健康饮品。

茶品档案

成型类别：泡饼（布袋）
发酵情况：熟茶
使用商标：松鹤延年牌
本期年份：2016年
识别条码：6939989629596
产品标准：GB/T 22111
包装规格：
357克/片×7片/提×4提/件=10千克/件
包装形式：内飞→包纸→纸袋→提盒→纸箱

品质特征

外形：呈圆饼状，色泽红褐油润，略带金毫。
内质：香气上扬，汤色红浓明亮，滋味醇厚爽滑，略带涩感，口感柔和，尾水甘甜。

149

老泡饼茶（铁饼）

茶品简介

老泡饼茶铁饼，精选云南大叶种晒青毛茶为原料，采用下关沱茶轻发酵工艺，结合铁模工艺压制而成。饼形圆整，厚薄均匀，亳毫尽显，滋味霸气刚劲，饮之甜畅淋漓。

茶品档案

成型类别：铁饼（铁模）
发酵情况：熟茶
使用商标：松鹤延年牌
本期年份：2016年
识别条码：6939989630424
产品标准：GB/T 22111
包装规格：
357克/片×7片/提×4提/件=10千克/件
包装形式：内飞→包纸→纸袋→提盒→纸箱

品质特征

外形：饼形圆整，厚薄均匀，条索清晰，金毫显露，色泽乌润油亮。
内质：汤色红浓明亮，滋味浓醇持久，陈香纯正。

150

经典7663饼茶

茶品简介

经典7663饼茶，精选云南省内优质茶产区大叶种晒青毛茶为原料，采用配制于1976年的云南沱茶的经典配方。经典的配方，熟悉的味道。陈香四溢，口感柔和，回甘不断。

茶品档案

成型类别：泡饼（布袋）
发酵情况：熟茶
使用商标：松鹤延年牌
本期年份：2016年
识别条码：6939989630219
产品标准：GB/T 22111
包装规格：
150克/片×1片/盒×56盒/件=8.4千克/件
包装形式：内飞→包纸→纸盒→纸箱

品质特征

外形：饼形圆整，条索清晰，金毫显露。
内质：汤色红褐明亮，陈香浓郁，滋味甜醇。

151

经典甘普洱（铁饼）

茶品简介

2017年经典甘普洱，由下关沱茶经典发酵工艺制作而成，圆饼方格的100克小铁饼，小巧玲珑，轻便可爱，铁饼的形制，也让茶叶能够更好地保存与转化。

茶品档案

成型类别：铁饼（铁模）
发酵情况：熟茶
使用商标：松鹤延年牌
本期年份：2017年
识别条码：6939989631377
产品标准：GB/T 22111
包装规格：
100克/片×1片/盒×56盒/件=5.6千克/件
包装形式：包纸→纸盒→纸箱

品质特征

外形：饼形端正，厚薄均匀，色泽红褐，有毫。
内质：汤色红浓明亮，香气陈香，滋味醇厚、绵滑。

始创于1902
大气 明理 知己好茶

152

老泡饼茶（泡饼）

茶品简介

2017版老泡饼茶，沿用2016年老泡饼茶（铁饼）的经典配方，精选云南大叶种晒青毛茶为原料，传承下关沱茶轻发酵工艺，采用布袋压制工艺，饼形圆整，芽毫尽显，滋味霸气刚劲，饮之酣畅淋漓。

茶品档案

成型类别：泡饼（布袋）
发酵情况：熟茶
使用商标：松鹤延年牌
本期年份：2017年
识别条码：6939989631421
产品标准：GB/T 22111
包装规格：
357克/片×7片/提×4提/件=10千克/件
包装形式：内飞→包纸→纸袋→提盒→纸箱

品质特征

外形：饼形端正，松紧适度，色泽红褐有毫。
内质：汤色红浓明亮，香气陈香，滋味醇厚绵滑。

153
下关景迈古树饼茶

茶品简介

下关景迈古树饼茶，精选2015年景迈山古树茶为原料，下关高原仓仓储、下关百年制作技艺等经典优势制作而成。原料在大理纯正高真仓陈化2年后制作生产，2017年压制完成后又继续在大理干仓陈化1年才推出市场，造就景迈古树饼茶香气高而纯净、独特爽朗、滋味浓厚、茶气十足的特点。

茶品档案

成型类别： 泡饼（布袋）
发酵情况： 熟茶
使用商标： 松鹤延年牌
本期年份： 2017年
识别条码： 6939989631254
产品标准： GB/T 22111
包装规格：
357克/片×7片/提×6提/件=15千克/件
包装形式： 内飞→包纸→纸盒→提盒→纸箱

品质特征

外形： 饼形圆正光滑，金毫明显，色泽褐亮，匀整洁净。
内质： 香气独特优雅，杯底留香足，古树茶山野气韵明显，汤色红浓明亮，滋味醇厚，回甘明显而绵长，叶底褐亮、匀净。

始创于1902
大气 明理 知己好茶
XIAGUAN TUOCHA

154

朱雀古树饼茶

茶品简介

2017年，下关沱茶"金雀"升级，化身"朱雀"，续写高端古树熟茶精品传奇。南诏朱雀古树饼茶，精选古茶树原料，以精益求精的熟茶制作技艺，铸造古树熟茶经典。

茶品档案

成型类别：泡饼（布袋）
发酵情况：熟茶
使用商标：南诏牌
本期年份：2017年
识别条码：6939989631742
产品标准：GB/T 22111
包装规格：
357克/片×7片/提×4提/件=10千克/件
包装形式：内飞→包纸→布袋→提盒→纸箱

品质特征

外形：饼形圆润完整，条索清晰，金毫明显，色泽红褐油亮。
内质：陈香明显，汤色若红宝石，茶汤清透干净，汤面有光晕，水路浓醇爽滑，滑入舌底，顿感滋味饱满；喉头翻动，有枣香与木香。

155
下关梅花饼茶

茶品简介

下关梅花饼茶，优选云南高山大叶种晒青毛茶，以下关沱茶精湛的熟茶发酵技术，配酿浓醇正宗的"陈香熟普"，采用铁膜压制而成。一朵立体梅花图案呈现于饼上，一改传统形制，由357克大圆饼变为100克小型圆饼。

茶品档案

成型类别： 铁饼（铁模）
发酵情况： 熟茶
使用商标： 下关牌
本期年份： 2017年
识别条码： 6939989631629
产品标准： GB/T 22111
包装规格：
100克/片×5片/条×24条/件=12千克/件
包装形式： 包纸→笋叶→纸箱

品质特征

外形： 条索清晰，色泽红褐，丰润油亮。
内质： 汤色红浓透亮呈宝石色，陈香袭人，柔滑糯甜。

156

子珍圆茶（8克纸盒装）

茶品简介

"子珍"两字源自沱茶鼻祖——"永昌祥"商号创始人严子珍之名。"子珍"亦有小巧、珍贵之意，呼应子珍圆茶轻薄纤巧的形制。子珍圆茶原料来自云南茶区，精选大叶种晒青茶制作而成，有生茶和熟茶。

茶品档案

成型类别：铁饼（机压）
发酵情况：熟茶
使用商标：松鹤延年牌
本期年份：2017年
识别条码：6939989631773
产品标准：GB/T 22111
包装规格：8克/片×10片/小盒×4小盒/大盒×14大盒/件=4.48千克/件
包装形式：包纸→小纸盒→大纸盒→纸箱

品质特征

外形：小圆饼形，陈香甘爽。
内质：汤色红浓明亮，滋味醇甘浓稠，叶底红褐、嫩匀。

157

祥瑞玄武古树饼茶

茶品简介

2017年，下关沱茶推出南诏朱雀古树饼茶，再造古树熟茶经典。2018年，下关沱茶再推祥瑞玄武古树饼茶，延续高端古树熟茶系列传奇。祥瑞玄武古树熟茶精选易武茶区古茶树早春芽叶为原料，经下关沱茶精湛的熟茶技艺制成。

茶品档案

成型类别：泡饼（布袋）
发酵情况：熟茶
使用商标：南诏牌
本期年份：2018年
识别条码：6939989633418
产品标准：GB/T 22111
包装规格：
357克/片×7片/提×4提/件=10千克/件
包装形式：内飞→包纸→笋叶→提盒→纸箱

品质特征

外形：饼形圆正，条索紧结，金毫显著，褐润匀净。

内质：香气陈高，冷杯带甜枣气，汤色红浓透亮，滋味醇厚持久，香气饱满爽口，甘滑三冒协调，令人回味无尽。

158

青云万象饼茶

茶品简介

下关沱茶轻发酵铁饼，是下关沱茶中期普洱茶的品质代表之一。

青云万象铁饼师承于轻发酵铁饼，严选邦东茶区古树早春晒青毛茶为原料，经下关沱茶经典轻发酵独创工艺精心制作而成。

茶品档案

成型类别：铁饼（铁模）
发酵情况：熟茶
使用商标：松鹤延年牌
本期年份：2018年
识别条码：6939989633142
产品标准：GB/T 22111
包装规格：
357克/片×7片/提×4提/件=10千克/件
包装形式：内飞→包纸→纸袋→提盒→纸箱

品质特征

外形：圆正匀净，条索紧结完整，金毫多而褐亮。

内质：香气陈蜜舒爽，热闻强劲，冷杯甘韵，汤色红浓明亮，滋味浓醇持久、柔顺滑厚，回甘明显，叶底褐红柔亮。

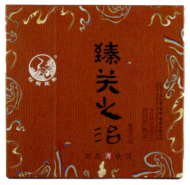 

159
臻关之治（双层薄铁饼）

茶品简介

臻关之治是下关沱茶首款双层轻薄铁饼产品：一盒双饼，颠覆性起薄饼型，一掰一泡，简单轻松，立享美味。

茶品档案

成型类别： 铁饼（铁模）
发酵情况： 熟茶
使用商标： 松鹤延年 牌
本期年份： 2018年
识别条码： 6939989631889
产品标准： GB/T 22111
包装规格：
357克/盒×7盒/提×4提/件=10千克/件
包装形式：
内飞→包纸→纸盒→塑料盒→提盒→纸箱

品质特征

外形： 外形圆正，金毫明显，表里如一，褐亮匀净。
内质： 香气陈久甘酴，汤色红浓明亮，滋味醇厚滑口、回甘持久，叶底褐亮匀整。

始创于1902 大气明理 知三好茶

160
星罗小饼（熟茶）

茶品简介

下关沱茶2018年亮相全新商标——微关世界。星罗系列作为微关世界第一个产品系列，分为星罗小饼、星罗龙珠两种形状，多种口味，多种包装。其中星罗小饼分为生茶和熟茶。

茶品档案

成型类别：铁饼（机压）
发酵情况：熟茶
使用商标：微关世界牌
本期年份：2018年
识别条码：6939989633272
产品标准：GB/T 22111
包装规格：
8克/片×5片/罐×96罐/件=3.84千克/件
包装形式：包纸→铁罐→小纸盒→大纸盒→提袋→纸箱

品质特征

外形：饼形端正，厚薄均匀，色泽红褐有毫。
内质：汤色红浓明亮，香气陈香，滋味醇厚、绵滑。

161

玲珑腕饼茶

茶品简介

玲珑腕饼茶是一款具有独特藕香的产品，选用优质景迈熟茶原料，采用下关沱茶传统饼茶制作技艺精制而成。

茶品档案

成型类别：泡饼（布袋）
发酵情况：熟茶
使用商标：松鹤延年牌
本期年份：2019年
识别条码：6939989635016
产品标准：GB/T 22111
包装规格：
357克/片×7片/提×4提/件=10千克/件
包装形式：内飞→包纸→纸袋→提盒→纸箱

品质特征

外形：饼形周正，松紧适口，条索紧结、清晰匀净，色泽红褐油润，金毫显露。
内质：汤色红浓明亮、玲珑剔透，陈香浓郁，有独特的藕香；入口柔甜，茶汤醇和稠滑带糯香，回甘明显持久；杯底松香、甜香浓郁，挂杯香持久；叶底嫩匀柔软。

包销品

162

下关特级青饼（铁饼）

茶品简介

下关特级青饼，精选云南大叶种晒青毛茶为原料，经下关百年制作技艺精制而成。下关特级青饼于2003年开始生产，是下关沱茶一款经典的明星产品，有泡饼和铁饼，具有典型的下关风格。

茶品档案

成型类别：铁饼（铁模）
发酵情况：生茶
使用商标：松鹤（图）牌
本期年份：2011年、2012年、2014年、2017年
识别条码：6939989624027
产品标准：
Q/XGT 0010 S（2011年、2012年、2014年）
GB/T 22111（2017年）
包装规格：
357克/片×7片/提×6提/件=15千克/件（2011年、2012年）
357克/片×7片/提×4提/件=10千克/件（2014年、2017年）
包装形式：
内飞→包纸→纸袋→纸箱（2011年、2012年）
内飞→包纸→纸袋→提盒→纸箱（2014年、2017年）

品质特征

外形：饼形圆正，条索清晰，色泽墨绿油润，显毫。
内质：香气清香浓郁，汤色橙黄，滋味浓厚，叶底黄绿尚嫩匀。

2011年

2012年

2014年

2017年

163

8853中国云南七子圆茶

（泡饼、铁饼）

2012年（泡饼）

2016年（铁饼）

茶品简介

圆茶为云南省的传统茶品之一，历史上以出口东南亚国家为主，亦称侨销圆茶。20世纪70年代以后，有青茶型和普洱型两类。8853七子圆茶为青茶型，从2001年开发生产，2001年的下关七子圆茶8853因特色突出而成为下关圆茶影响较大的产品之一。

茶品档案

成型类别：泡饼（布袋）、铁饼（铁模）
发酵情况：生茶
商标演变：松鹤（图）牌→松鹤延年牌
本期年份：2012年（泡饼）、2016年（铁饼）
识别条码：6939989622092（2012年）
6939989630509（2016年）
产品标准：Q/XGT 0010 S、GB/T 22111
包装规格：
357克/片×7片/提×6提/件=15千克/件（2012年）
357克/片×7片/提×4提/件=10千克/件（2016年）
包装形式：
内飞→包纸→纸袋→纸箱（2012年）
内飞→包纸→纸袋→提盒→纸箱（2016年）

品质特征

外形：饼形圆正，色泽墨绿油润，显毫。
内质：香气尚清香持久，汤色黄亮，滋味醇厚，回甘生津强烈、持久。

164

云南下关苍洱圆茶

（500克铁饼）

茶品简介

圆茶为云南省的传统茶品之一，历史上以出口东南亚国家为主，亦称侨销圆茶。20世纪70年代以后，有青茶型和普洱型两类。云南下关苍洱圆茶为青茶型，是结合苍洱沱茶和特级沱茶的原料拼配特点开发的产品，2003年开始生产。

茶品档案

成型类别： 铁饼（铁模）
发酵情况： 生茶
使用商标： 松鹤（图）牌
本期年份： 2012年、2014年、2016年
识别条码： 6939989624980（2012、2014年）
6939989624997（2016年）
产品标准： Q/XGT 0010 S、GB/T 22111
包装规格：
500克/片×5片/提×4提/件=10千克/件
包装形式： 内飞→包纸→纸袋→提盒→纸箱

品质特征

外形： 饼形圆正，厚薄均匀，色泽墨绿油润，显毫。
内质： 香气清香浓郁，汤色黄亮，滋味醇厚，叶底黄绿尚嫩匀。

2012年

2014年

2016年

165

南诏圆茶

2011年

2013年

2014年

2016年

2017年

2018年

2019年

茶品简介

圆茶为云南省的传统茶品之一，历史二以出口东南亚国家为主，亦称侨销圆茶。20世纪70年代以后，有青茶型和普洱型两类。南诏圆茶为青茶型，为200€年开始生产的454克圆茶。

茶品档案

成型类别： 铁饼（铁模）

发酵情况： 生茶

使用商标： 南诏牌

本期年份： 2011年、2013年、2014年、2016年、201₹年、2018年、2019年

识别条码： 6939989621606

产品标准： Q/XGT 0010 S、GB/T 22111

包装规格：

454克/片×5片/提×4提/作=9.08千克/件（2C11—2018年）

454克/片×7片/提×2提/件=ō.356千克/件（2019毛）

包装形式：

内飞→包纸→纸袋→纸箱（2011、2C13年）

内飞→包纸→纸袋→提盒→纸箱（2014-2019年）

品质特征

外形： 饼形圆正，厚薄均匀，外形端正，色泽绿润，白毫满披。

内质： 香气鲜爽，汤色绿黄明亮，滋味鲜醇，叶底嫩匀明亮。

166

乔木老树饼（珍藏版）

2011年

茶品简介

乔木老树饼茶为青茶型，根据市场需求使用条索完整的茶叶原料于2009年开发生产。

茶品档案

成型类别： 泡饼（布袋）
发酵情况： 生茶
商标演变： 松鹤（图）牌
本期年份： 2011年、2012年
识别条码： 6939989622696（2011年）
6939989622689（2012年）
产品标准： Q/XGT 0010 S
包装规格：
357克/片×7片/提×4提/件=10千克/件
包装形式：
内飞→包纸→纸袋→提盒→纸箱（2011年）
内飞→包纸→纸袋→纸箱（2012年）

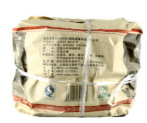

2012年

品质特征

外形： 饼形圆正，松紧适度，色泽墨绿油润，显毫。
内质： 香气蜜糖香浓郁、高扬，汤色橙黄，滋味醇正，叶底嫩匀明亮。

2011年

167
易武正山老树茶（特级品）

茶品简介

易武正山老树饼茶，精选易武茶区高级春茶，经下关沱茶百年技艺精制而成。得天独厚的地理条件、下关沱茶精湛的制茶技艺造就了"易武正山"的独特品质。以汤柔水滑、温润柔雅、蜜香高甜、醇化极快为其显著特点。

茶品档案

成型类别：泡饼（布袋）
发酵情况：生茶
使用商标：下关牌
本期年份：2011年、2012年
识别条码：6939989622061
产品标准：Q/XGT 0010 S
包装规格：
357克/片×7片/提×4提/件=10千克/件
包装形式：内飞→包纸→纸袋→纸箱

品质特征

外形：饼形圆正，松紧适度，条索粗大，色泽乌润。
内质：香气蜜香浓郁、高扬，滋味醇厚、甜柔，汤质稠滑，回甘生津明显。

2012年

大气明理 知己好茶

168

下关金丝饼茶

2011年

2012年

2013年

茶品简介

下关金丝饼茶在金丝沱茶基础上于2010年开发生产，内压金丝。

茶品档案

成型类别：泡饼（布袋）
发酵情况：生茶
使用商标：松鹤（图）牌
本期年份：2011年、2012年、2013年
识别条码：6939989623167
产品标准：Q/XGT 0010 S
包装规格：
357克/片×7片/提×6提/件=15千克/件
包装形式：
内飞→包纸→纸袋→提盒→纸箱（2011年、2012年）
内飞→包纸→笋叶→纸箱（2013年）

品质特征

外形：饼形圆正，松紧适度，色泽墨绿油润，显毫。
内质：香气清香浓郁、持久，汤色橙黄，滋味浓厚，叶底黄绿嫩匀。

169
8113系列产品

巴达高山茶8113特级饼【XY】

云南七子饼茶8113谷花茶【XY】

云南七子饼茶8113早春饼【XY】

云南勐宋高山茶8113饼【XY】

云南七子饼茶8113红带铁饼【XY】

茶品简介

8113系列饼茶，沿用1981年经典配方，经下关百年技艺精制而成，得天独厚的地理条件、下关精湛的制茶技艺造就了8113系列饼茶的独特品质。

（其他信息详见包装）

170

金色印象圆茶

茶品简介

金色印象圆茶，2011年开始生产，经下关沱茶百年技艺精制而成。

茶品档案

成型类别：泡饼（布袋）
发酵情况：生茶
使用商标：松鹤（图）牌
本期年份：2011年、2012年
识别条码：6939989624447
产品标准：GB/T 22111
包装规格：
357克/片×7片/提×4提/件=10千克/件
包装形式：内飞→包纸→纸袋→提盒→纸箱

品质特征

外形：饼形圆正，松紧适度，色泽墨绿油润，显毫。
内质：香气蜜糖香浓郁、高扬，汤色橙黄，滋味醇正，叶底黄绿尚嫩匀。

2011年

2012年

171

云南班章老树茶

茶品简介

云南班章老树饼茶，精选班章茶区春茶，经下关沱茶百年技艺精制而成。得天独厚的地理条件及下关沱茶精湛的匀茶技艺造就了"班章老树"的优良品质。

茶品档案

成型类别：泡饼（布袋）
发酵情况：生茶
使用商标：松鹤（图）牌
本期年份：2011年
识别条码：6939989624614
产品标准：Q/XGT 0010 S
包装规格：
357克/片×7片/提×4提/件=10千克/件
包装形式：内飞→包纸→纸袋→提盒→纸箱

品质特征

外形：饼形圆正，松紧适度，条索肥大，色泽墨绿油润。
内质：香气花蜜香浓郁，汤色黄亮，滋味醇厚、饱满，回甘生津强烈、持久，叶底黄绿尚嫩匀。

172

红印下关饼茶（泡饼）

茶品简介

红印下关饼茶，精选云南传统产区大叶种晒青毛茶为原料，经百年下关沱茶技艺精制而成，饼形端正，口感丰富，滋味浓郁厚实饱满，有泡饼和铁饼之分。

茶品档案

成型类别：泡饼（布袋）
发酵情况：生茶
使用商标：松鹤（图）牌
本期年份：2012年、2013年
识别条码：6939989625604
产品标准：Q/XGT 0010 S
包装规格：
357克/片×7片/提×4提/件=10千克/件
包装形式：内飞→包纸→笋叶→提盒→纸箱

品质特征

外形：饼形圆正，松紧适度，色泽墨绿油润，显毫。
内质：香气清香浓郁，汤色黄亮，滋味醇厚，叶底黄绿尚嫩匀。

2012年、2013年

173

红印下关饼茶（铁饼）

茶品简介

红印下关饼茶，精选云南传统产区大叶种晒青毛茶为原料，经百年下关沱茶技艺精制而成，饼形端正，口感丰富，滋味浓郁厚实饱满，有泡饼和铁饼之分。

茶品档案

成型类别：铁饼（铁模）
发酵情况：生茶
商标演变：松鹤（图）牌→松鹤廷年牌
本期年份：2012年、2013年、2016年
识别条码：
6939989625581（2012年、2013年）
6939989628254（2016年）
产品标准：Q/XGT 0010 S、GB/T 22111
包装规格：
357克/片×7片/提×4提/件=10千克/件
包装形式：内飞→包纸→笋叶→提盒→纸箱

品质特征

外形：饼形圆正，厚薄均匀，色泽墨绿泪润，显毫。
内质：香气清香浓郁，汤色黄亮，滋味醇厚，叶底黄绿尚嫩匀。

2016年

174

下关生态七子饼（特制）

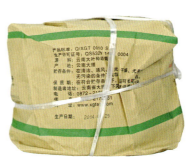

茶品简介

下关生态七子饼茶，精选云南茶山早春古树乔木生态陈年原料特制，由百年下关茶厂传统加工工艺精心压制而成。具有汤色明亮香气纯高，滋味醇厚回甘的特点，实为品饮收藏之佳茗。

茶品档案

成型类别：铁饼（铁模）
发酵情况：生茶
使用商标：下关牌
本期年份：2013年、2014年
识别条码：6939989626366
产品标准：Q/XGT 0010 S
包装规格：
357克/片×7片/提×6提/件=15千克/件
包装形式：内飞→包纸→纸袋→纸箱

品质特征

外形：饼形圆正，条索肥壮、清晰，色泽墨绿油润，显毫。
内质：香气清香浓郁，汤色黄明亮，滋味醇厚，叶底黄绿尚嫩匀。

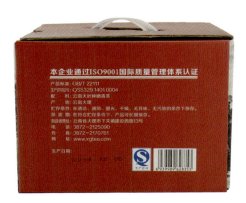

175

珍藏小白菜饼茶

茶品简介

珍藏小白菜饼茶选用云南茶区的古树毛茶为原料，按经典配方拼配而成，拥有上好的品质，是一款值得珍藏的高品质普洱茶。

茶品档案

成型类别：泡饼（布袋）
发酵情况：生茶
使用商标：松鹤延年牌
本期年份：2014年
识别条码：6939989628353
产品标准：GB/T 22111
包装规格：
357克/片×5片/提×4提/件=7.14千克/件
包装形式：内飞→包纸→纸袋→提盒→纸箱

品质特征

外形：饼形圆整，条索肥壮，色泽墨绿油润，显毫。
内质：汤色黄透亮，花果香浓郁，高扬，滋味甜醇、饱满。

176
中国云南七子饼茶

茶品简介

2001年由下关沱茶制作的450克中国云南七子并茶，因"饼"字错版成"并"字而被广大茶友熟知，被消费者俗称为"并王"。2015年，下关沱茶按照2001年"并王"配方，推出新一代357克版本"并王"，选取历经多年自然陈化的布朗山茶菁为原料精制而成。

茶品档案

成型类别：泡饼（布袋）、铁饼（铁模）
发酵情况：生茶
使用商标：松鹤延年牌
本期年份：2015年（泡饼）、2018年（铁饼）
识别条码：6939989628568（2015年）
6939989633210（2018年）
产品标准：GB/T 22111
包装规格：
357克/片×7片/提×12提/件=30千克/件（2015年）
357克/片×7片/提×4提/件=10千克/件（2018年）
包装形式：
内飞→包纸→笋叶→竹篮（2015年）
内飞→包纸→笋叶→提盒→纸箱（2018年）

品质特征

外形：饼形圆整饱满、条索肥硕显毫。
内质：香气浓郁独特、杯底蜜香持久，汤色橙黄透亮、滋味浓厚饱满、回甘快生津强、韵丰富味悠长。

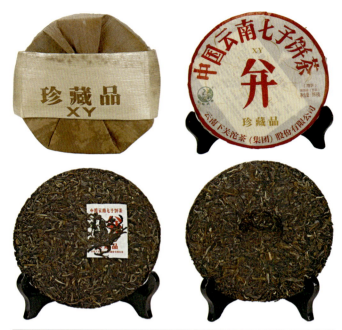

2015年（泡饼）

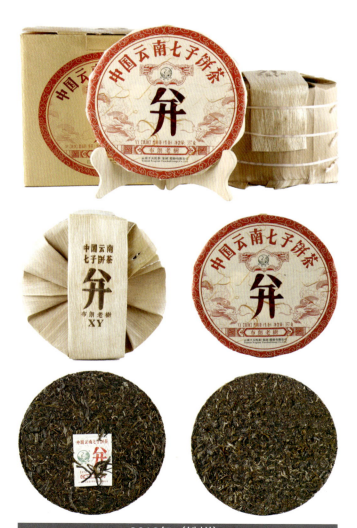

2018年（铁饼）

2011年—2020年饼茶列表产品

列表编号	产品名称（简称）	产品图片	属性（生/熟）	成型类别	使用商标	本期年份	包装规格
1	下关圆茶（红下关）		生	布袋	下关牌	2012	357克/片×7片/提×6提/件=15千克/件
2	下关圆茶（乙级绿印）		生	布袋	下关牌	2012	357克/片×7片/提×6提/件=15千克/件
3	下关圆茶（绿下关）		生	铁模	下关牌	2012	357克/片×7片/提×6提/件=15千克/件
4	下关七子饼茶（绿下关）		生	布袋	下关牌	2012	357克/片×7片/提×6提/件=15千克/件
5	下关圆茶（甲级蓝印）		生	布袋	下关牌	2012	357克/片×7片/提×6提/件=15千克/件
6	云南饼茶		生	铁模	宝焰牌	2011、2016、2018	125克/片×4片/提×40提/件=20千克/件（2011年）125克/片×4片/提×20提/件=10千克/件（2016年、2018年）

列表编号	产品名称（简称）	产品图片	属性（生/熟）	成型类别	使用商标	本期年份	包装规格
7	下关生态老树饼茶		生	布袋	松鹤（图）牌	2011	357克/片×1片/盒×28盒/件=10千克/件
8	云南下关苍洱王		生	铁模	松鹤（图）牌	2012	5千克/片×1片/盒×4盒/件=20千克/件
9	云南下关七子饼茶（FT8603-11）		生	布袋	松鹤（图）牌	2011	357克/片×7片/提×6提/件=15千克/件
10	云南下关七子饼茶（TFT8603-11）		生	铁模	松鹤（图）牌	2011	357克/片×7片/提×6提/件=15千克/件
11	云南下关七子饼茶8613		生	布袋	松鹤（图）牌	2011	357克/片×7片/提×6提/件=15千克/件
12	云南下关七子饼茶T8613		生	铁模	松鹤（图）牌	2011	357克/片×7片/提×6提/件=15千克/件

列表 编号	产品名称 （简称）	产品图片	属性 （生/熟）	成型 类别	使用商标	本期 年份	包装规格
13	云南下关七子饼茶 8633		生	布袋	松鹤（图）牌	2011	357克/片×7片/提×6提/ 件＝15千克/件
14	云南下关七子饼茶 T8633		生	铁模	松鹤（图）牌	2011	357克/片×7片/提×6提/ 件＝15千克/件
15	云南下关四号饼茶 （泡饼）		生	布袋	厂徽牌	2011 2017	400克/片×7片/提×6提/ 件＝16.8千克/件（2011年） 400克/片×7片/提×4提/ 件＝11.2千克/件（2017 年）
16	云南下关四号饼茶 （铁饼）		生	铁模	厂徽牌	2011	400克/片×7片/提×6提/ 件＝16.8千克/件
17	开门红下关饼茶		生	铁模	松鹤（图）牌	2012	1.5千克/片×1片/盒×6 盒/件＝9千克/件
18	云南下关七子饼茶 8803（泡饼）		生	布袋	松鹤（图）牌	2011	357克/片×7片/提×6提/ 件＝15千克/件

列表编号	产品名称（简称）	产品图片	属性（生/熟）	成型类别	使用商标	本期年份	包装规格
19	云南下关七子饼茶 8803（铁饼）		生	铁模	松鹤（图）牌	2011	357克/片×7片/提×6提/件=15千克/件
20	云南下关七子饼茶（FT8653-11）		生	布袋	下关牌	2011	357克/片×7片/提×6提/件=15千克/件
21	云南下关七子饼茶（FTT8653-11）		生	铁模	下关牌	2011	357克/片×7片/提×6提/件=15千克/件
22	云南下关七子饼茶（FT8603-12）		生	布袋	下关牌	2012	357克/片×7片/提×6提/件=15千克/件
23	云南下关七子饼茶（FTT8603-12）		生	铁模	下关牌	2012	357克/片×7片/提×6提/件=15千克/件
24	下关紫云号圆茶（泡饼）		生	布袋	下关牌	2011	357克/片×7片/提×6提/件=15千克/件

列表编号	产品名称（简称）	产品图片	属性（生/熟）	成型类别	使用商标	本期年份	包装规格
25	下关紫云号圆茶（铁饼）		生	铁模	下关牌	2011	357克/片×7片/提×6提/件=15千克/件
26	白金岁月饼茶（泡饼）		生	布袋	下关牌	2011	357克/片×7片/提×6提/件=15千克/件
27	白金岁月饼茶（铁饼）		生	铁模	下关牌	2011	357克/片×7片/提×6提/件=15千克/件
28	丰收岁月饼茶（泡饼）		生	布袋	下关牌	2011	357克/片×7片/提×6提/件=15千克/件
29	丰收岁月饼茶（铁饼）		生	铁模	下关牌	2011	357克/片×7片/提×6提/件=15千克/件
30	顺裕乌金号圆茶（泡饼）		生	布袋	松鹤（图）牌	2011	357克/片×7片/提×6提/件=15千克/件

始创于1902

大气明理 知己好茶

列表编号	产品名称（简称）	产品图片	属性（生/熟）	成型类别	使用商标	本期年份	包装规格
31	顺裕乌金号圆茶（铁饼）		生	铁模	松鹤（图）牌	2011	357克/片×7片/提×6提/件=15千克/件
32	下关青七子饼（泡饼）		生	布袋	下关牌	2011	357克/片×7片/提×6提/件=15千克/件
33	下关青七子饼（铁饼）		生	铁模	下关牌	2011	357克/片×7片/提×6提/件=15千克/件
34	下关云梅春圆茶（500克）		生	铁模	松鹤（图）牌	2011 2014	500克/片×5片/提×4提/件=10千克/件
35	下关云梅春圆茶（125克）		生	铁模	松鹤（图）牌	2011	125克/片×8片/提×9提/件=9千克/件
36	下关销台六号七子饼茶（泡饼）		生	布袋	下关牌	2011	400克/片×7片/提×6提/件=16.8千克/件

列表编号	产品名称（简称）	产品图片	属性（生/熟）	成型类别	使用商标	本期年份	包装规格
37	下关销台六号七子饼茶（铁饼）		生	铁模	下关牌	2011	400克/片×7片/提×6提/件=16.8千克/件
38	云南下关七子饼茶（绿松鹤）		生	布袋	松鹤（图）牌	2011	357克/片×7片/提×6提/件=15千克/件
39	云南下关七子饼茶（红松鹤）		生	铁模	松鹤（图）牌	2011	357克/片×7片/提×6提/件=15千克/件
40	云南下关伍号饼茶		生	布袋	下关牌	2011	357克/片×7片/提×6提/件=15千克/件
41	云南下关一级铁饼		生	铁模	松鹤（图）牌	2011	357克/片×7片/提×6提/件=15千克/件
42	云南下关七子饼茶（金下关-泡饼）		生	布袋	厂徽牌	2011	357克/片×7片/提×6提/件=15千克/件

列表 编号	产品名称 （简称）	产品图片	属性 （生/熟）	成型 类别	使用商标	本期 年份	包装规格
43	云南下关七子饼茶 （金下关-铁饼）		生	铁模	厂徽牌	2011	357克/片×7片/提×6提/ 件=15千克/件
44	云南下关七子饼茶 （银下关-泡饼）		生	布袋	厂徽牌	2011	357克/片×7片/提×6提/ 件=15千克/件
45	云南下关七子饼茶 （银下关-铁饼）		生	铁模	厂徽牌	2011	357克/片×7片/提×6提/ 件=15千克/件
46	大理阳光圆茶 （泡饼）		生	布袋	松鹤（图）牌	2011	357克/片×7片/提×6提/ 件=15千克/件
47	大理阳光圆茶 （铁饼）		生	铁模	松鹤（图）牌	2011	357克/片×7片/提×6提/ 件=15千克/件
48	早春古道七子饼茶 （泡饼）		生	布袋	松鹤（图）牌	2011	357克/片×7片/提×6提/ 件=15千克/件

列表编号	产品名称（简称）	产品图片	属性（生/熟）	成型类别	使用商标	本期年份	包装规格
49	早春古道七子饼茶（铁饼）		生	铁模	松鹤（图）牌	2011	357克/片×7片/提×6提/件=15千克/件
50	大理春韵圆茶（泡饼）		生	布袋	松鹤（图）牌	2011	357克/片×7片/提×4提/件=10千克/件
51	大理春韵圆茶（铁饼）		生	铁模	松鹤（图）牌	2011	357克/片×7片/提×4提/件=10千克/件
52	辉煌高山老树饼茶		生	布袋	松鹤（图）牌	2011	357克/片×7片/提×4提/件=10千克/件
53	黄金韵圆茶		生	布袋	松鹤（图）牌	2011	357克/片×7片/提×4提/件=10千克/件
54	金色传祺饼茶		生	布袋	松鹤（图）牌	2011	357克/片×7片/提×4提/件=10千克/件

列表编号	产品名称（简称）	产品图片	属性（生/熟）	成型类别	使用商标	本期年份	包装规格
55	开门红下关饼茶（礼盒装）		生	铁模	松鹤（图）牌	2011	357克/片×1片/盒×28盒/件=10千克/件
56	开门红下关饼茶（提盒装）		生	铁模	松鹤（图）牌	2011	357克/片×7片/提×4提/件=10千克/件
57	下关布朗老树饼茶		生	铁模	下关牌	2011	357克/片×7片/提×6提/件=15千克/件
58	下关景迈早春饼茶		生	铁模	下关牌	2011	357克/片×7片/提×6提/件=15千克/件
59	云南下关红星铁饼茶（500克）		生	铁模	松鹤（图）牌	2011	500克/片×1片/盒×20盒/件=10千克/件
60	云南下关红星铁饼茶（357克）		生	铁模	下关牌	2011	357克/片×7片/提×6提/件=15千克/件

列表编号	产品名称（简称）	产品图片	属性（生/熟）	成型类别	使用商标	本期年份	包装规格
61	辛亥百年下关饼茶		生	铁模	下关牌	2011	500克/片×1片/盒×8盒/件=4千克/件
62	下关饼茶-2011中国（中山）国际茶文化博览会		生	铁模	下关牌	2011	500克/片×1片/盒×20盒/件=10千克/件
63	下关七子饼茶（蓝印甲级）		生	铁模	松鹤（图）牌	2012	357克/片×7片/提×6提/件=15千克/件
64	云南七子饼茶（红印甲级）		生	布袋	松鹤（图）牌	2012	357克/片×7片/提×6提/件=15千克/件
65	下关云梅王圆茶（125克）		生	铁模	松鹤（图）牌	2012	125克/片×8片/提×9提/件=9千克/件
66	下关云梅王圆茶（500克）		生	铁模	松鹤（图）牌	2012	500克/片×5片/提×4提/件=10千克/件

列表编号	产品名称（简称）	产品图片	属性（生/熟）	成型类别	使用商标	本期年份	包装规格
67	下关宝红圆茶（泡饼）		生	布袋	下关牌	2012	357克/片×7片/提×6提/件=15千克/件
68	下关宝红圆茶（铁饼）		生	铁模	下关牌	2012	357克/片×7片/提×6提/件=15千克/件
69	下关顺裕88圆茶		生	铁模	下关牌	2012	357克/片×7片/提×4提/件=10千克/件
70	云南七子饼茶（FT8623-12）		生	铁模	下关牌	2012	357克/片×7片/提×6提/件=15千克/件
71	下关顺裕号茶皇（青饼）		生	铁模	松鹤（图）牌	2012	357克/片×7片/提×6提/件=15千克/件
			生	铁模	松鹤延年牌	2017	357克/片×7片/提×4提/件=10千克/件

列表 编号	产品名称 （简称）	产品图片	属性 （生/熟）	成型 类别	使用商标	本期 年份	包装规格
72	易武正山老树茶		生	布袋	松鹤（图）牌	2012	357克/片×7片/提×4提/ 件=10千克/件
73	易武饼茶 （天朝贡品）		生	布袋	松鹤（图）牌	2012	357克/片×7片/提×6提/ 件=15千克/件
74	高山小飞铁饼		生	铁模	松鹤（图）牌	2012	357克/片×7片/提×6提/ 件=15千克/件
75	云南七子饼茶7543		生	布袋	松鹤（图）牌	2012	357克/片×7片/提×6提/ 件=15千克/件
			生	铁模	松鹤（图）牌	2013	357克/片×7片/提×6提/ 件=15千克/件
76	古树饼茶 （泡饼）		生	布袋	松鹤（图）牌	2012	357克/片×7片/提×4提/ 件=10千克/件

列表编号	产品名称（简称）	产品图片	属性（生/熟）	成型类别	使用商标	本期年份	包装规格
77	古树饼茶（铁饼）		生	铁模	松鹤（图）牌	2012	357克/片×7片/提×4提/件=10千克/件
78	和谐盛世下关饼茶（礼盒装）		生	布袋	下关牌	2012	357克/片×1片/盒×28盒/件=10千克/件
79	和谐盛世下关饼茶（提盒装）		生	布袋	下关牌→松鹤延年牌	2012 2018 2019 2020	357克/片×7片/提×6提/件=15千克/件
80	下关七子饼茶贡饼		生	布袋	松鹤（图）牌	2012	357克/片×7片/提×4提/件=10千克/件
81	下关龙马金饼		生	布袋	下关牌	2012	357克/片×7片/提×4提/件=10千克/件
82	勐海高山岩韵饼茶		生	布袋	松鹤（图）牌	2012	357克/片×7片/提×6提/件=15千克/件

列表编号	产品名称（简称）	产品图片	属性（生/熟）	成型类别	使用商标	本期年份	包装规格
83	清风上品饼茶		生	布袋	松鹤（图）牌	2012	357克/片×7片/提×4提/件=10千克/件
84	勐海早春乔木圆茶		生	布袋	松鹤（图）牌	2012	357克/片×7片/提×6提/件=15千克/件
85	麻黑圆茶		生	布袋	松鹤（图）牌	2012	357克/片×7片/提×4提/件=10千克/件
86	班章乔木老树茶		生	布袋	松鹤（图）牌	2012	357克/片×7片/提×4提/件=10千克/件
87	云南七子饼茶（FT8653-12）		生	布袋	下关牌	2012	357克/片×7片/提×6提/件=15千克/件
88	云南七子饼茶（FTT8653-12）		生	铁模	下关牌	2012	357克/片×7片/提×6提/件=15千克/件

列表编号	产品名称（简称）	产品图片	属性（生/熟）	成型类别	使用商标	本期年份	包装规格
89	下关苍山银毫饼茶		生	铁模	松鹤（图）牌	2012	400克/片×5片/提×6提/件=12千克/件
90	下关景迈古树圆茶		生	铁模	松鹤（图）牌	2012	400克/片×5片/提×6提/件=12千克/件
91	云南乔木生态饼茶		生	铁模	松鹤（图）牌	2012	357克/片×7片/提×6提/件=15千克/件
92	云南七子饼茶（FT8653-13）		生	布袋	松鹤（图）牌	2013	357克/片×7片/提×6提/件=15千克/件
93	云南七子饼茶（FTT8653-13）		生	铁模	松鹤（图）牌	2013	357克/片×7片/提×6提/件=15千克/件

列表编号	产品名称 （简称）	产品图片	属性 （生/熟）	成型类别	使用商标	本期年份	包装规格
94	乔木老树茶 （紫孔雀）		生	布袋	厂徽牌	2013、2014	357克/片×7片/提×4提/件=10千克/件
			生	铁模	厂徽牌	2014	357克/片×7片/提×4提/件=10千克/件
95	云南生态茶 （红孔雀）		生	布袋	厂徽牌	2013	357克/片×7片/提×4提/件=10千克/件
96	云南原生态高山茶 （紫松鹤）		生	布袋	松鹤（图）牌	2013	357克/片×7片/提×4提/件=10千克/件
97	云南七子饼茶		生	布袋	厂徽牌	2013	357克/片×7片/提×12提/件=30千克/件
98	销台六号		生	布袋	厂徽牌	2013	357克/片×7片/提×12提/件=30千克/件

列表编号	产品名称（简称）	产品图片	属性（生/熟）	成型类别	使用商标	本期年份	包装规格
99	四号饼茶		生	布袋	厂徽牌	2013	357克/片×7片/提×12提/件=30千克/件
100	紫云号		生	布袋	厂徽牌	2013	357克/片×7片/提×12提/件=30千克/件
101	大雪山乔木老树茶		生	铁模	松鹤（图）牌	2013	357克/片×7片/提×4提/件=10千克/件
102	百祥圆茶		生	铁模	松鹤（图）牌	2013	357克/片×7片/提×6提/件=15千克/件
103	真情号FT饼茶		生	铁模	松鹤（图）牌	2013	357克/片×7片/提×4提/件=10千克/件
104	下关茶王青饼		生	布袋	下关牌	2013	357克/片×7片/提×4提/件=10千克/件

列表编号	产品名称（简称）	产品图片	属性（生/熟）	成型类别	使用商标	本期年份	包装规格
105	下关古树饼茶（螃蟹脚-泡饼）		生	布袋	松鹤延年牌	2013	357克/片×7片/提×4提/件=10千克/件
106	下关古树饼茶（螃蟹脚-铁饼）		生	铁模	松鹤延年牌	2013	357克/片×7片/提×4提/件=10千克/件
107	云南下关七子饼茶8613		生	布袋	松鹤延年牌	2013	357克/片×7片/提×6提/件=15千克/件
108	云南下关七子饼茶T8613		生	铁模	松鹤延年牌	2013	357克/片×7片/提×6提/件=15千克/件
109	水蓝印珍藏青饼（泡饼）		生	布袋	松鹤延年牌	2013	357克/片×7片/提×4提/件=10千克/件
110	水蓝印珍藏青饼（铁饼）		生	铁模	松鹤延年牌	2013	357克/片×7片/提×4提/件=10千克/件

列表编号	产品名称（简称）	产品图片	属性（生/熟）	成型类别	使用商标	本期年份	包装规格
111	福禄寿禧饼茶		生	布袋	南诏牌	2013	357克/片×7片/提×12提/件=30千克/件
112	云山之风		生	布袋	松鹤（图）牌	2013	357克/片×7片/提×6提/件=15千克/件
113	清月之雅		生	布袋	松鹤（图）牌	2013	357克/片×7片/提×6提/件=15千克/件
114	布朗珍藏青饼		生	布袋	南诏牌	2013	357克/片×7片/提×4提/件=10千克/件
115	暗香乔木老树饼茶		生	布袋	松鹤延年牌	2013	357克/片×7片/提×4提/件=10千克/件
116	乔木贡饼		生	铁模	松鹤（图）牌	2013	357克/片×7片/提×4提/件=10千克/件

列表编号	产品名称（简称）	产品图片	属性（生/熟）	成型类别	使用商标	本期年份	包装规格
117	松鹤七子饼茶（400克）		生	铁模	松鹤延年牌	2013	400克/片×5片/提×6提/件=12千克/件
118	松鹤七子饼茶（357克）		生	铁模	松鹤延年牌	2013	357克/片×7片/提×8提/件=20千克/件
119	蓝印铁饼		生	铁模	松鹤延年牌	2013、2014	357克/片×7片/提×4提/件=10千克/件
120	云南七子饼茶T8633		生	铁模	松鹤延年牌	2013	357克/片×7片/提×6提/件=15千克/件
121	大典宝焰铁饼		生	铁模	宝焰牌	2013	357克/片×7片/提×4提/件=10千克/件
122	老树圆茶（铁饼）		生	铁模	松鹤延年牌	2013	357克/片×7片/提×4提/件=10千克/件

列表编号	产品名称（简称）	产品图片	属性（生/熟）	成型类别	使用商标	本期年份	包装规格
123	云南下关苍洱圆茶		生	布袋	松鹤（图）牌	2014	125克/片×8片/提×9提/件=9千克/件
124	福饼·明清古韵（泡饼）		生	布袋	松鹤延年牌	2014	357克/片×7片/提×4提/件=10千克/件
125	福饼·明清古韵（铁饼）		生	铁模	松鹤延年牌	2014	357克/片×7片/提×4提/件=10千克/件
126	高山韵味饼茶		生	铁模	松鹤延年牌	2014	357克/片×7片/提×4提/件=10千克/件
127	皇茶壹號生态茶		生	布袋	松鹤延年牌	2014	357克/片×7片/提×6提/件=15千克/件
128	金宝红茶王青饼（泡饼）		生	布袋	南诏牌	2014	357克/片×7片/提×4提/件=10千克/件

列表 编号	产品名称 （简称）	产品图片	属性 （生/熟）	成型 类别	使用商标	本期 年份	包装规格
129	金宝红茶王青饼 （铁饼）		生	铁模	南诏牌	2014	357克/片×7片/提×4提/ 件=10千克/件
130	FT经典8623饼茶		生	铁模	松鹤延年牌	2014	357克/片×7片/提×4提/ 件=10千克/件
131	云南七子饼茶 （FT特制）		生	铁模	厂徽牌	2014	357克/片×7片/提×6提/ 件=15千克/件
132	神韵特制饼茶		生	布袋	松鹤延年牌	2014	357克/片×7片/提×4提/ 件=10千克/件
133	FT7743饼茶		生	铁模	松鹤延年牌	2014	357克/片×7片/提×6提/ 件=15千克/件
134	绿大树饼茶 【茶博会纪念茶– 提盒装】		生	布袋	松鹤延年牌	2014	357克/片×7片/提×4提/ 件=10千克/件

列表编号	产品名称（简称）	产品图片	属性（生/熟）	成型类别	使用商标	本期年份	包装规格
135	绿大树饼茶【茶博会纪念茶–礼盒装】		生	布袋	松鹤延年牌	2014	357克/片×1片/盒×10盒/件=3.57千克/件
136	越陈越香孔雀之乡七子茶		生	布袋	松鹤延年牌	2014	357克/片×7片/提×6提/件=15千克/件
137	雪印饼茶		生	布袋	松鹤延年牌	2014	357克/片×7片/提×6提/件=15千克/件
138	五谷丰登谷花茶		生	布袋	松鹤延年牌	2014	357克/片×7片/提×12提/件=30千克/件
139	高山韵象铁饼		生	铁模	松鹤延年牌	2014	357克/片×7片/提×4提/件=10千克/件
140	乔木贡饼		生	铁模	松鹤（图）牌→松鹤延年牌	2014、2015	357克/片×7片/提×4提/件=10千克/件

列表编号	产品名称（简称）	产品图片	属性（生/熟）	成型类别	使用商标	本期年份	包装规格
141	下关龙马金饼（出口马来西亚）		生	铁模	下关牌	2014	357克/片×7片/提×4提/件=10千克/件
			生	铁模	松鹤延年牌	2015	357克/片×7片/提×4提/件=10千克/件
142	高山乔木韵圆茶		生	布袋	松鹤延年牌	2014	357克/片×7片/提×4提/件=10千克/件
143	五彩孔雀饼茶		生	布袋	松鹤延年牌	2014	357克/片×5片/提×4提/件=7.14千克/件
144	陈韵青饼		生	布袋	松鹤延年牌	2014	357克/片×7片/提×4提/件=10千克/件
145	春秋大叶饼茶		生	布袋	南诏牌	2014	357克/片×7片/提×6提/件=15千克/件

列表编号	产品名称（简称）	产品图片	属性（生/熟）	成型类别	使用商标	本期年份	包装规格
146	福缘青饼		生	布袋	松鹤延年牌	2014	357克/片×7片/提×4提/件=10千克/件
147	苍峰之颂		生	布袋	松鹤延年牌	2014	357克/片×7片/提×6提/件=15千克/件
148	勐海大树圆茶		生	布袋	南诏牌	2014	357克/片×7片/提×6提/件=15千克/件
149	老树圆茶（泡饼）		生	布袋	松鹤延年牌	2014	357克/片×7片/提×4提/件=10千克/件
150	云南经典母树茶（泡饼）		生	布袋	松鹤延年牌	2014	357克/片×7片/提×4提/件=10千克/件
151	云南经典母树茶（铁饼）		生	铁模	松鹤延年牌	2014	357克/片×7片/提×4提/件=10千克/件

列表编号	产品名称 （简称）	产品图片	属性 （生/熟）	成型类别	使用商标	本期年份	包装规格
152	勐海高山岩韵饼茶 （泡饼）		生	布袋	南诏牌	2014	357克/片×7片/提×6提/件=15千克/件
153	勐海高山岩韵饼茶 （铁饼）		生	铁模	南诏牌	2014	357克/片×7片/提×6提/件=15千克/件
154	飞天龙饼 （泡饼）		生	布袋	松鹤延年牌	2014	357克/片×7片/提×4提/件=10千克/件
155	飞天龙饼 （铁饼）		生	铁模	松鹤延年牌	2014	357克/片×7片/提×4提/件=10千克/件
156	云南正山乔木 大树茶		生	布袋	松鹤延年牌	2014	357克/片×7片/提×4提/件=10千克/件
157	云南正山古树茶 （401）		生	布袋	松鹤延年牌	2014	357克/片×7片/提×4提/件=10千克/件

列表编号	产品名称（简称）	产品图片	属性（生/熟）	成型类别	使用商标	本期年份	包装规格
158	金孔雀青饼		生	布袋	南诏牌	2014	357克/片×7片/提×4提/件=10千克/件
159	茶印七子饼		生	布袋	厂徽牌	2014	357克/片×7片/提×4提/件=10千克/件
160	土豪金高山岩茶		生	布袋	松鹤延年牌	2014	357克/片×7片/提×4提/件=10千克/件
161	春山烟雨（典藏铁饼）		生	铁模	松鹤延年牌	2014	357克/片×7片/提×6提/件=15千克/件
162	福禄寿喜铁饼（笋叶竹篮装）		生	铁模	南诏牌	2014	357克/片×7片/提×12提/件=30千克/件
163	福禄寿喜铁饼（笋叶提盒装）		生	铁模	南诏牌	2014	357克/片×7片/提×6提/件=15千克/件

列表 编号	产品名称 （简称）	产品图片	属性 （生/熟）	成型 类别	使用商标	本期 年份	包装规格
164	古道饼茶 （特制）		生	铁模	宝焰牌	2014	357克/片×7片/提×6提/ 件=15千克/件
165	云南原生态高山茶		生	铁模	松鹤（图）牌	2014	357克/片×7片/提×4提/ 件=10千克/件
166	六星茶王		生	铁模	松鹤延年牌	2014	357克/片×7片/提×4提/ 件=10千克/件
167	莲心宝焰铁饼		生	铁模	宝焰牌	2014	357克/片×7片/提×4提/ 件=10千克/件
168	勐海早春乔木圆茶		生	铁模	南诏牌	2014	357克/片×7片/提×6提/ 件=15千克/件
169	小白菜原生态茶 （铁饼）		生	铁模	松鹤延年牌	2014	357克/片×5片/提×4提/ 件=7.14千克/件

始创于1902
大气明理 知己好茶
XIAGUAN TUOCHA

列表编号	产品名称（简称）	产品图片	属性（生/熟）	成型类别	使用商标	本期年份	包装规格
170	绿色生态铁饼		生	铁模	松鹤延年牌	2014	357克/片×5片/提×4提/件=7.14千克/件
171	下关腾飞铁饼		生	铁模	松鹤（图）牌	2014	357克/片×7片/提×4提/件=10千克/件
172	公章铁饼		生	铁模	松鹤延年牌	2014	357克/片×7片/提×4提/件=10千克/件
173	绿大树饼茶（泡饼）		生	布袋	松鹤延年牌	2015 2016	357克/片×7片/提×12提/件=30千克/件（2015年）357克/片×7片/提×6提/件=15千克/件（2016年）
174	绿大树饼茶（铁饼）		生	铁模	松鹤延年牌	2015	357克/片×7片/提×6提/件=15千克/件
175	8113早春铁饼		生	铁模	松鹤延年牌	2015	357克/片×7片/提×4提/件=10千克/件

列表编号	产品名称（简称）	产品图片	属性（生/熟）	成型类别	使用商标	本期年份	包装规格
176	金丝铁饼		生	铁模	松鹤延年牌	2015	357克/片×7片/提×4提/件=10千克/件
	金丝饼茶		生	泡饼	松鹤延年牌	2016	357克/片×7片/提×4提/件=10千克/件
177	云南下关老树生态圆茶（泡饼）		生	布袋	松鹤延年牌	2015	400克/片×7片/提×4提/件=11.2千克/件
178	云南下关老树生态圆茶（铁饼）		生	铁模	松鹤延年牌	2015	400克/片×7片/提×4提/件=11.2千克/件
179	茶王生态贡饼（357克）		生	布袋	松鹤延年牌	2015	357克/片×7片/提×4提/件=10千克/件
180	茶王生态贡饼（400克）		生	布袋	松鹤延年牌	2015	400克/片×5片/提×4提/件=8千克/件

列表 编号	产品名称 （简称）	产品图片	属性 （生/熟）	成型 类别	使用商标	本期 年份	包装规格
181	云南下关七子圆茶		生	布袋	松鹤延年牌	2015	357克/片×7片/提×6提/件=15千克/件
182	六星五彩孔雀饼茶		生	布袋	松鹤延年牌	2015	357克/片×5片/提×4提/件=7.14千克/件
183	五星小白菜饼茶		生	布袋	松鹤延年牌	2015	357克/片×5片/提×4提/件=7.14千克/件
184	雪山之春老树圆茶		生	布袋	松鹤延年牌	2015	357克/片×7片/提×4提/件=10千克/件
185	下关龙马饼茶 （出口新加坡）		生	布袋	松鹤延年牌	2015	357克/片×7片/提×4提/件=10千克/件
186	生态贡茶（特制）		生	铁模	松鹤延年牌	2015	357克/片×7片/提×4提/件=10千克/件

列表编号	产品名称（简称）	产品图片	属性（生/熟）	成型类别	使用商标	本期年份	包装规格
187	一品高山饼茶		生	铁模	松鹤延年牌	2015	357克/片×7片/提×4提/件=10千克/件
188	南诏峰顶七子饼茶		生	铁模	南诏牌	2015	357克/片×7片/提×4提/件=10千克/件
189	涨停板饼茶		生	铁模	松鹤延年牌	2015	357克/片×7片/提×4提/件=10千克/件
190	泰山下关传奇铁饼		生	铁模	松鹤延年牌	2015	357克/片×7片/提×4提/件=10千克/件
191	南诏双禄圆茶		生	铁模	南诏牌	2015	3.3千克/片×1片/盒×3盒/件=9.9千克/件
192	珍藏大白菜饼茶		生	布袋	松鹤延年牌	2015	357克/片×5片/提×4提/件=7.14千克/件

列表编号	产品名称（简称）	产品图片	属性（生/熟）	成型类别	使用商标	本期年份	包装规格
193	高山小飞饼茶		生	布袋	松鹤延年牌	2016	357克/片×7片/提×4提/件=10千克/件
194	红带七子饼茶		生	布袋	松鹤延年牌	2016	357克/片×7片/提×4提/件=10千克/件
195	云南高山古树饼茶（五星珍藏）		生	铁模	南诏牌	2016 2019	357克/片×7片/提×4提/件=10千克/件
196	云南正山漫撒古树茶（特制）		生	布袋	松鹤延年牌	2016 2017 2018	357克/片×7片/提×4提/件=10千克/件
197	云南古树凤饼		生	布袋	南诏牌	2016 2017	357克/片×7片/提×4提/件=10千克/件（2016年）357克/片×7片/提×2小提/大提×2大提/件=10千克/件（2017年）
198	精品大白菜饼茶		生	布袋	松鹤延年牌	2016	357克/片×7片/提×4提/件=10千克/件

列表编号	产品名称（简称）	产品图片	属性（生/熟）	成型类别	使用商标	本期年份	包装规格
199	五星大白菜饼茶		生	布袋	松鹤延年牌	2016	357克/片×7片/提×4提/件=10千克/件
200	金火杯饼茶		生	布袋	松鹤延年牌	2016	357克/片×1片/盒×12盒/件=4.28千克/件
201	橡筋大白菜饼茶		生	布袋	松鹤延年牌	2016	357克/片×7片/筒×6筒/件=15千克/件
202	红芸圆茶		生	布袋	松鹤延年牌	2016	100克/片/小盒×5小盒/大盒×20大盒/件=10千克/件
203	御赏古树贡饼		生	布袋	松鹤（图）牌	2016	357克/片×7片/提×4提/件=10千克/件
204	泓栋古树贡饼		生	布袋	松鹤（图）牌	2016	357克/片×7片/提×4提/件=10千克/件

大气明理 知己好茶

列表编号	产品名称（简称）	产品图片	属性（生/熟）	成型类别	使用商标	本期年份	包装规格
205	云南七子饼茶（FT8623-16）		生	铁模	厂徽牌	2016	357克/片×7片/提×4提/件=10千克/件
206	92铁饼		生	铁模	松鹤延年牌	2016	357克/片×7片/筒×6筒/件=15千克/件
207	云南早春古树饼茶（四星珍藏）		生	铁模	南诏牌	2016	357克/片×7片/提×4提/件=10千克/件
208	顺裕乌金号圆茶		生	铁模	松鹤延年牌	2016	357克/片×7片/提×4提/件=10千克/件
209	云南蚌龙原生茶		生	铁模	松鹤延年牌	2017	357克/片×7片/提×4提/件=10千克/件
210	尚品金丝饼茶		生	铁模	下关沱茶牌	2017	357克/片×7片/提×4提/件=10千克/件

列表编号	产品名称（简称）	产品图片	属性（生/熟）	成型类别	使用商标	本期年份	包装规格
211	云南正山漫撒古树茶（金达摩）		生	布袋	松鹤延年牌	2017	357克/片×7片/提×4提/件=10千克/件
212	孔雀传奇 乔木老树饼茶		生	布袋	松鹤（图）牌	2017	357克/片×7片/提×4提/件=10千克/件
213	三星大白菜饼茶		生	布袋	松鹤延年牌	2017	357克/片×7片/提×2提/件=5千克/件
214	四星大白菜饼茶		生	布袋	松鹤延年牌	2017	357克/片×7片/提×2提/件=5千克/件
215	云南七子饼茶 传承（FT53-17）		生	布袋	厂徽牌	2017	357克/片×7片/筒×6筒/件=15千克/件
216	云南七子饼茶 传承（FTT53-17）		生	铁模	厂徽牌	2017	357克/片×7片/筒×6筒/件=15千克/件

列表编号	产品名称（简称）	产品图片	属性（生/熟）	成型类别	使用商标	本期年份	包装规格
217	东方之珠七子圆茶（提盒装）		生	布袋	松鹤延年牌	2017	357克/片×7片/提×2提/件=5千克/件
218	云南古树贡茶		生	布袋	松鹤延年牌	2017	357克/片×7片/提×4提/件=10千克/件
219	乔木老树饼		生	布袋	松鹤延年牌	2017	400克/片×7片/提×4提/件=11.2千克/件
220	小白菜壹号饼茶		生	布袋	松鹤延年牌	2017	375克/片×7片/提×2提/件=5.25千克/件
221	销台六号七子饼茶（泡饼）		生	布袋	下关牌	2017	357克/片×7片/提×4提/件=10千克/件
222	销台六号七子饼茶（铁饼）		生	铁模	下关牌	2017	357克/片×7片/提×4提/件=10千克/件

列表编号	产品名称（简称）	产品图片	属性（生/熟）	成型类别	使用商标	本期年份	包装规格
223	东方淳下关古树饼茶		生	布袋	松鹤延年牌	2017	357克/片×7片/筒×4筒/仁=10千克/件
224	精品小白菜饼茶		生	布袋	松鹤延年牌	2017	357克/片×7片/提×2提/件=5千克/件
			生	铁模	松鹤延年牌	2018	357克/片×7片/提×2提/仁=5千克/件
225	清泉一片饼茶		生	布袋	松鹤延年牌	2017	357克/片×7片/提×4提/件=10千克/件

列表编号	产品名称（简称）	产品图片	属性（生/熟）	成型类别	使用商标	本期年份	包装规格
226	敬业号绿大树饼茶		生	铁模	下关沱茶牌	2017	357克/片×7片/提×4提/件=10千克/件
			生	布袋	下关沱茶牌	2018	357克/片×7片/提×4提/件=10千克/件
			生	布袋	下关沱茶牌	2019	357克/片×5片/提×4提/件=7.14千克/件
227	珍藏孔雀高山古树饼茶（那卡茶区）		生	铁模	南诏牌	2017	357克/片×7片/提×4提/件=10千克/件
228	典藏孔雀高山古树饼茶（班章茶区）		生	铁模	南诏牌	2017	357克/片×7片/提×4提/件=10千克/件
229	下关古树铁饼		生	铁模	松鹤延年牌	2017	357克/片×7片/提×4提/件=10千克/件

列表编号	产品名称（简称）	产品图片	属性（生/熟）	成型类别	使用商标	本期年份	包装规格
230	FT7743		生	铁模	下关沱茶牌	2017	357克/片×7片/筒×6筒/件=15千克/件
231	东方之珠七子圆茶（礼盒装）		生	铁模	松鹤延年牌	2017	357克/片×1片/盒×10盒/件=3.57千克/件
232	云南高山古树饼茶（六星珍藏）		生	铁模	南诏牌	2017	357克/片×7片/提×4提/件=10千克/件
233	下关茶王青饼		生	铁模	下关牌	2017	357克/片×7片/提×4提/件=10千克/件
234	大雪山饼茶（F□珍藏版）		生	铁模	松鹤（图）牌	2017	357克/片×7片/提×2提/件=5千克/件
235	苍山铁饼老树饼茶		生	铁模	松鹤延年牌	2017	357克/片×7片/提×4提/件=10千克/件

列表编号	产品名称（简称）	产品图片	属性（生/熟）	成型类别	使用商标	本期年份	包装规格
236	漫撒古树茶（金达摩）		生	布袋	松鹤延年牌	2018、2019	357克/片×7片/提×4提/件=10千克/件
237	漫撒古树茶（宝元纪）		生	布袋	松鹤延年牌	2018、2019、2020	357克/片×7片/提×4提/件=10千克/件
238	飞台大运古树圆茶		生	布袋	松鹤（图）牌	2018	357克/片×7片/提×2提/件=5千克/件
239	紫檀·云南古树饼茶		生	布袋	松鹤（图）牌	2018	357克/片×5片/提×4提/件=7.14千克/件
240	齐得福·乔木老树饼茶		生	布袋	松鹤（图）牌	2018	357克/片×5片/提×4提/件=7.14千克/件
241	易武问道云南古树贡茶		生	布袋	松鹤延年牌	2018	357克/片×7片/提×4提/件=10千克/件

列表编号	产品名称（简称）	产品图片	属性（生/熟）	成型类别	使用商标	本期年份	包装规格
242	布朗寻香云南古树贡茶		生	布袋	松鹤延年牌	2018	357克/片×7片/提×4提/件=10千克/件
243	巅峰逐味云南古树贡茶		生	布袋	松鹤延年牌	2018	357克/片×7片/提×4提/件=10千克/件
244	云南高山古树饼茶（七星珍藏）		生	布袋	南诏牌	2018	357克/片×5片/提×4提/件=7.14千克/件
245	中国云南易韵古树圆茶		生	布袋	松鹤延年牌	2018	357克/片×7片/提×2提/件=5千克/件
246	蕴臻古乔七子饼茶		生	布袋	松鹤延年牌	2018	357克/片×7片/提×4提/件=10千克/件
247	蕴臻古乔七子饼茶（三阳定制版）		生	布袋	松鹤延年牌	2018	357克/片×7片/提×4提/件=10千克/件

列表编号	产品名称（简称）	产品图片	属性（生/熟）	成型类别	使用商标	本期年份	包装规格
248	下关饼茶（150克盒装）		生	铁模	下关牌	2018	150克/片/盒×30盒/件=4.5千克/件
249	下关饼茶（100克圆盒装）		生	铁模	下关牌	2018	100克/片/盒×100盒/件=10千克/件
250	下关七星伴月饼茶（900克纸筒盒礼盒装）		生	铁模	下关牌	2018	（100克/片×7片+200克/片×1片）×6盒=5.4千克/件
251	下关饼茶（400克纸筒盒礼盒装）		生	铁模	下关牌	2018	100克/片×4片/盒×6盒/件=2.4千克/件
252	飞台茶皇青饼		生	铁模	松鹤（图）牌	2018	357克/片×7片/提×2提/件=5千克/件
253	9号青饼		生	铁模	宝焰牌	2018	357克/片×7片/提×2提/件=5千克/件

列表编号	产品名称（简称）	产品图片	属性（生/熟）	成型类别	使用商标	本期年份	包装规格
254	臻藏青饼		生	布袋	下关沱茶牌	2019	357克/片×7片/提×4提/件=10千克/件
255	云南勐库母树饼茶		生	布袋	松鹤延年牌	2019、2020	357克/片×7片/提×4提/件=10千克/件
256	云南漫撒古树茶		生	布袋	松鹤延年牌	2019、2020	357克/片×7片/提×4提/件=10千克/件
257	千禧龙印饼茶		生	布袋	松鹤延年牌	2019	357克/片×7片/提×2提/件=5千克/件
258	云南下关七子饼茶8803		生	布袋	松鹤延年牌	2019	357克/片×7片/提×4提/件=10千克/件
259	苍洱知恋饼茶		生	布袋	松鹤延年牌	2019	357克/片×7片/提×4提/件=10千克/件

列表编号	产品名称（简称）	产品图片	属性（生/熟）	成型类别	使用商标	本期年份	包装规格
260	好客云品圆茶		生	布袋	下关沱茶牌	2019	357克/片×1片/盒×8盒/件=2.856千克/件
261	博南忆韵珍藏饼茶（提盒装）		生	布袋	松鹤延年牌	2019	357克/片×7片/提×2提/件=5千克/件
262	博南忆韵珍藏饼茶（礼盒装）		生	布袋	松鹤延年牌	2019	800克/片×1片/盒×5盒/件=4千克/件
263	苍诏瑞贡饼茶		生	铁模	南诏牌	2019	357克/片×7片/提×4提/件=10千克/件
264	财神青饼		生	铁模	松鹤延年牌	2019	357克/片×7片/提×2提/件=5千克/件
265	中华铁饼		生	铁模	下关沱茶牌	2019	8克/片×10片/小盒×4小盒/大盒×14大盒/件=4.48千克/件

列表编号	产品名称（简称）	产品图片	属性（生/熟）	成型类别	使用商标	本期年份	包装规格
266	达理铁饼		生	铁模	下关沱茶牌	2019	8克/片×10片/小盒×4小盒/大盒×14大盒/件=4.48千克/件
267	诗酒趁年华饼茶		生	铁模	松鹤延年牌	2020	238克/片×7片/提×6提/件=10千克/件
268	贺开古茶		生	布袋	松鹤延年牌	2020	357克/片×7片/提×2提/件=5千克/件
269	下关小户赛古树圆茶		生	布袋	松鹤延年牌	2020	357克/片×5片/提×2提/件=3.57千克/件
270	六星大白菜饼茶		生	布袋	松鹤延年牌	2020	357克/片×7片/提×2提/件=5千克/件
271	烟语饼茶		生	布袋	松鹤延年牌	2020	357克/片×7片/提×4提/件=10千克/件

列表编号	产品名称（简称）	产品图片	属性（生/熟）	成型类别	使用商标	本期年份	包装规格
272	易武铜菁河古树饼茶		生	布袋	松鹤延年牌	2020	357克/片×7片/提×4提/件=10千克/件
273	千山一味饼茶		生	布袋	松鹤延年牌	2020	357克/片×7片/提×4提/件=10千克/件
274	一茶下关饼茶		生	布袋	松鹤延年牌	2020	357克/片×5片/提×6提/件=15千克/件
275	和谐盛世下关饼茶（礼盒装）		熟	布袋	下关牌	2012	357克/片×1片/盒×28盒/件=10千克/件
276	飞台号饼茶2013		熟	布袋	松鹤（图）牌	2013	357克/片×7片/提×6提/件=15千克/件

列表编号	产品名称（简称）	产品图片	属性（生/熟）	成型类别	使用商标	本期年份	包装规格
277	和谐盛世下关饼茶（提盒装）		熟	布袋	下关牌	2012	357克/片×7片/提×6提/件=15千克/件
			熟	布袋	松鹤延年牌	2016	357克/饼×7饼/提×6提/件=15千克/件
			熟	布袋	松鹤延年牌	2019 2020	357克/饼×7饼/提×6提/件=15千克/件
278	珍藏大白菜饼茶		熟	布袋	松鹤延年牌	2015	357克/片×7片/提×4提/件=10千克/件
279	云南下关七子圆茶		熟	布袋	松鹤延年牌	2015	357克/片×7片/提×6提/件=15千克/件
280	招财进宝饼茶		熟	布袋	松鹤延年牌	2015	357克/片×7片/提×4提/件=10千克/件

列表编号	产品名称（简称）	产品图片	属性（生/熟）	成型类别	使用商标	本期年份	包装规格
281	下关龙马饼茶 vintage2015		熟	布袋	松鹤延年牌	2016	357克/片×7片/提×4提/件=10千克/件
282	下关龙马饼茶 vintage2016		熟	布袋	松鹤延年牌	2016	357克/片×7片/提×4提/件=10千克/件
283	下关龙马圆茶		熟	布袋	松鹤延年牌	2016	357克/片×7片/提×4提/件=10千克/件
284	红芸圆茶		熟	布袋	松鹤延年牌	2016	100克/片×1片/盒×5小盒/大盒×24大盒/件=12千克/件
285	高山小飞饼茶		熟	布袋	松鹤延年牌	2016	357克/片×7片/提×4提/件=10千克/件
286	宫廷普洱饼茶		熟	布袋	下关沱茶牌	2016	125克/片×8片/提×6提/件=6千克/件

列表编号	产品名称（简称）	产品图片	属性（生/熟）	成型类别	使用商标	本期年份	包装规格
287	云南古树凤饼		熟	布袋	南诏牌	2017	357克/片×7片/提×2小提/大提×2六提/件=10千克/件
288	尚品金丝饼茶		熟	铁模	下关沱茶牌	2017	357克/片×7片/提×4提/件=10千克/件
289	乔木老树饼		熟	布袋	松鹤延年牌	2017	357克/片×7片/提×4提/件=10千克/件
290	下关七子饼茶（FT7573）		熟	布袋	下关牌	2017	357克/片×7片/提×4提/件=10千克/件
291	东方之珠七子圆茶（提盒装）		熟	布袋	松鹤延年牌	2017	357克/片×7片/提×2提/件=5千克/件
292	东方之珠七子圆茶（礼盒装）		熟	铁模	松鹤延年牌	2017	357克/片×1片/盒×10盒/件=3.57千克/件

列表编号	产品名称（简称）	产品图片	属性（生/熟）	成型类别	使用商标	本期年份	包装规格
293	苍洱团茶（500克）		熟	铁模	松鹤延年牌	2017	500克/片×5片/提×4提/件=10千克/件
294	孔雀岩韵乔木老树饼茶		熟	布袋	松鹤（图）牌	2018	357克/片×5片/提×4提/件=7.14千克/件
295	苍洱之约饼茶		熟	布袋	松鹤延年牌	2019	357克/片×7片/提×4提/件=10千克/件
296	一茶下关饼茶		熟	布袋	松鹤延年牌	2020	357克/片/盒×5盒/提×6提/件=15千克/件
297	洱海宾馆下关饼茶		生	布袋	松鹤延年牌	2020	200克/片/盒×40盒/件=8千克/件

下关沱茶

图鉴

2011年—2020年

紧茶篇

统销品

177

云南紧茶（250克便装）

茶品简介

宝焰牌云南紧茶为云南省最古老的传统茶品之一，也称为"牛心茶""心脏紧茶""蘑菇沱"等。历史上以边销为主，是云南省下关茶厂和云南下关沱茶（集团）股份有限公司的特色茶品。20世纪80年代中期恢复生产以后，有青茶型和普洱型两类，云南紧茶（青茶型）为历史最为悠久的常规产品。

茶品档案

成型类别：布袋
发酵情况：生茶
使用商标：宝焰牌
本期年份：2019年
识别条码：6939989634330
产品标准：GB/T 22111
包装规格：
250克/个×3个/条×14条/件=10.5千克/件
包装形式：包纸→纸袋→纸箱

品质特征

外形：呈蘑菇状，紧实端正，色泽青褐。
内质：汤色橙黄明亮，香气纯正，滋味浓厚，尚生津回甘。

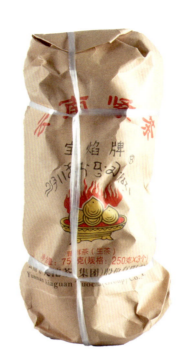

2011年

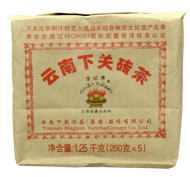

2012年—2014年

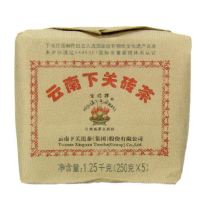

2015年

2017年—2020年

178

云南下关砖茶（250克无分格）

茶品简介

云南下关砖茶为下关的传统产品，由云南省下关茶厂率先在紧茶基础上研制定型，历史上也长期被称为"紧茶"，为边销茶的代表产品，多次获得"中国茶叶名牌""云南省名牌产品""云南省著名商标"等荣誉，是云南省唯一的国家边销茶定点生产企业的专供茶叶产品，所使用的"宝焰牌"商标延续至今已有百年历史。

茶品档案

成型类别：铁模
发酵情况：生茶
使用商标：宝焰牌
本期年份：2011年、2012年、2013年、2014年、2015年、2017年、2018年、2019年、2020年
识别条码：6939989620036
产品标准：GB/T 9833.6
包装规格：
250克/片×5片/包×24包/件=30千克/件
包装形式：纸袋→纸箱

品质特征

外形：呈砖块形，厚薄均匀，"下关"二字清晰可见。
内质：汤色橙黄，香气纯正；滋味醇和回甘。

179

云南下关砖茶（有分格）

茶品简介

云南下关砖茶为下关的传统产品，由云南省下关茶厂率先在紧茶基础上研制定型，历史上也长期被称为"紧茶"，为边销茶的代表产品。2017年、2018年的云南下关砖茶产品形态在传统砖茶的"砖块形"的基础上转变为8格"巧克力方块"，不仅外形更加精致美观，饮用也更方便。

茶品档案

成型类别：铁模
发酵情况：生茶
使用商标：宝焰牌
本期年份：2017年、2018年
识别条码：6939989632350（2017年）
6939989620036（2018年）
产品标准：GB/T 9833.6
包装规格：
200克/片×5片/包×16包/件=16千克/件（2017年）
250克/片×5片/包×12包/件=15千克/件（2018年）
包装形式：内飞→纸袋→纸箱（2017年）
纸袋→纸箱（2018年）

品质特征

外形：呈砖块形，棱角分明、厚薄均匀，砖面有8分格。
内质：汤色橙黄，香气纯正，滋味醇和回甘。

 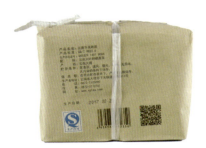

2017年200克（8格）

2018年250克（8格）

2011年

2012年—2013年

180

福禄寿禧茶（四喜方茶－生茶）

茶品简介

福、禄、寿、禧"四喜"方茶为云南省的传统产品之一，为馈赠亲友的高尚礼品，云南省下关茶厂在20世纪90年代初开始生产，有青茶型和普洱型两类。此款青四喜方茶为青茶型，原为玻璃纸手工粘贴外封，2010年开始使用收缩膜外封。

茶品档案

成型类别： 铁模
发酵情况： 生茶
使用商标： 南诏牌
本期年份： 2011年、2012年、2013年
识别条码： 6939989620203
产品标准： Q/XGT 0010 S、GB/T 22111
包装规格：
250克/片×4片/盒×20盒/件=20千克/件
包装形式： 纸盒→提袋→纸箱

品质特征

外形： 呈方块形，紧实端正，色泽墨绿油润。
内质： 香气浓郁，汤色金黄明亮，滋味浓厚回甘。

181

下关紧茶（六面佛）

茶品简介

2005年，云南下关沱茶（集团）股份有限公司的"宝焰牌"商标被云南省工商局认定为"云南省著名商标"；"六面佛礼盒紧茶"入选西藏自治区成立40周年大庆唯一指定礼品茶，开启了下关沱茶的六角盒系列产品。此款产品因六边形包装外盒六面都印有佛像，俗称"六面佛"。

茶品档案

成型类别：布袋
发酵情况：生茶
使用商标：宝焰牌
本期年份：2011年
识别条码：6939989620432
产品标准：GB/T 9833.6
包装规格：250克/盒×16盒/件=4千克/件
包装形式：内飞→包纸→礼盒→提袋→纸箱

品质特征

外形：呈蘑菇状，端正紧结，条索清晰，绿润显毫。
内质：香气馥郁高扬，汤色橙黄透亮，滋味醇厚回甘。

2011年

182
康藏记忆下关紧茶

茶品简介

宝焰牌云南紧茶为云南省最古老的传统茶品之一，也称为"牛心茶""心脏紧茶""蘑菇沱"等。历史上以边销为主，是云南省下关茶厂和云南下关沱茶（集团）股份有限公司的特色茶品。2012年，正值下关茶厂建厂71周年，特别制作康藏记忆下关紧茶，是对下关茶厂走过70多年辉煌历程的回忆与纪念。

茶品档案

成型类别：布袋
发酵情况：生茶
使用商标：宝焰牌
本期年份：2012年
识别条码：6939989625321
产品标准：GB/T 9833.6
包装规格：250克/盒×18盒/件=4.5千克/件
包装形式：内飞→包纸→礼盒→提袋→纸箱

品质特征

外形：呈蘑菇状，端正紧结，条索清晰，墨绿油润显毫。
内质：香气馥郁高扬，汤色橙黄透亮，滋味醇厚回甘，生津强烈。

2012年

始创于1902
大气明理 知己好茶

183
雪域印象下关紧茶

茶品简介

雪域印象，是对茶马古道的致敬，更是藏汉合欢的延续。从云南各大茶山中精挑细选出来的原料，用纯手工揉制成型，经过长期的自然摊晾，造就了这款纯洁至上的雪域印象下关紧茶。

茶品档案

成型类别：布袋
发酵情况：生茶
使用商标：宝焰牌
本期年份：2012年
识别条码：6939989625611
产品标准：GB/T 9833.6
包装规格：250克/盒×18盒/件=4.5千克/件
包装形式：内飞→包纸→礼盒→提袋→纸箱

品质特征

外形：呈蘑菇状，端正紧结，条索清晰，墨绿油润显毫。
内质：花蜜浓郁高扬，汤色橙黄透亮，滋味醇厚回甘，生津强烈。

184

宝焰紧茶（250克盒装）

茶品简介

宝焰紧茶为云南省最古老的传统产品之一，因特殊的形状又叫"蘑菇茶""牛心茶"或"心脏茶"，历史上以边销为主。20世纪80年代中期恢复生产以后，有青茶型和普洱型两类。由于下关紧茶与藏族同胞和两世班禅之间的世代茶缘，下关紧茶也被称为"班禅紧茶""班禅沱"。

茶品档案

成型类别：布袋
发酵情况：生茶
使用商标：宝焰牌
本期年份：2014年、2015年
识别条码：06939989626717
产品标准：GB/T 22111
包装规格：250克/盒×36盒/件=9千克/件
包装形式：内飞→包纸→纸盒→提袋→纸箱

品质特征

外形：呈蘑菇状，紧实端正，色泽墨绿油润，白毫显露。
内质：汤色金黄透亮，香气浓郁高扬，滋味醇厚爽滑，生津回甘迅速、强烈。

185

宝焰砖茶（250克盒装）

茶品简介

2014年宝焰砖茶在传统砖茶的基础上，用料升级，包装升级，精选云南四大茶区原料压制而成，采用单片单盒装的包装形式。

茶品档案

成型类别：铁模
发酵情况：生茶
使用商标：宝焰牌
本期年份：2014年、2015年
识别条码：6939989628070
产品标准：GB/T 22111
包装规格：250克/盒×40盒/件=10千克/件
包装形式：内飞→包纸→纸盒→纸箱

品质特征

外形：呈砖块形，紧实端正，色泽墨绿油润。
内质：香气浓郁高扬，汤色金黄明亮，滋味浓厚回甘。

186

福禄寿禧方茶（内有分盒）

茶品简介

福、禄、寿、禧"四喜"方茶为云南省的传统产品之一，为馈赠亲友的高尚礼品，云南省下关茶厂在20世纪90年代初于始生产，有青茶型和普洱型两类。此款四喜方茶为青茶型，原为玻璃纸手工粘贴外封，2010年开始使用收缩膜外封，2014年首次使用内分盒装。

茶品档案

成型类别： 铁模
发酵情况： 生茶
使用商标： 南诏牌
本期年份： 2014年、2015年
识别条码： 6939989620203
产品标准： GB/T 22111
包装规格：
250克/片×4片/盒×10盒/件=10千克/件
包装形式： 方盒→礼盒→提袋→纸箱

品质特征

外形： 呈方块形，紧实端正，色泽墨绿油润有光泽。
内质： 花蜜香馥郁高扬，汤色金黄明亮，滋味浓厚饱满，生津回甘迅速，强烈。

187

青心紧茶（250克笋叶装）

茶品简介

青心二字为"静虑"二字之简略字，采"静"字之"青"，采"虑"字之"心"合而称青心。青心紧茶采用下关"宝焰牌"商标，金鼎中的熊熊烈火燃烧正旺，象征吉祥如意。

茶品档案

成型类别：布袋
发酵情况：生茶
使用商标：宝焰牌
本期年份：2015年
识别条码：6939989628766
产品标准：GB/T 22111
包装规格：
250g/个×7个/条×6条/件=10.5千克/件
包装形式：内飞→包纸→笋叶→纸箱

品质特征

外形：呈蘑菇状，紧实端正，色泽墨绿油润，白毫显露。
内质：汤色金黄透亮，花蜜香浓郁高扬、持久，滋味浓厚饱满，生津回甘迅速、强烈，层次感丰富。

188

品格（生茶）

茶品简介

品格，方方正正，寓意人格正直。下关沱茶首次推出迷你砖茶产品，灵动小巧的形状与不凡的品质下蕴含一颗追求至臻完美的玲珑心，表达不一样的人生态度，一种简约时尚的生活方式。

茶品档案

成型类别：铁模
发酵情况：生茶
使用商标：松鹤延年牌
本期年份：2015年、2016年、2019年
识别条码：6939989629213
产品标准：GB/T 22111
包装规格：
60克/片×10片/盒×12盒/件=7.2千克/件
包装形式：
包纸→小方盒→外包装盒→热封膜→提袋→纸箱

品质特征

外形：呈方格形，棱角端正，条索紧结显毫，乌绿油润，有淡淡清香。
内质：入口纯厚鲜爽，苦味不显，舌底微微收紧，转而化为甘甜，生津持续，汤色金黄透亮，清澈无杂质，光泽动人，茶气在唇齿间久久不散。

189

云南方茶（125克盒装）

茶品简介

云南方茶为云南省的传统产品之一，是小饼茶的配套产品，历史上以边销为主。2015年的云南方茶在传统方茶的基础上，原料升级，包装升级，采用单片、单盒装的包装形式。

茶品档案

成型类别：铁模
发酵情况：生茶
使用商标：宝焰牌
本期年份：2015年
识别条码：6939989628397
产品标准：GB/T 22111
包装规格：
125克/片×5片/盒×16盒/件=10千克/件
包装形式：内飞→包纸→单盒→纸盒→纸箱

品质特征

外形：棱角清晰，条索紧结，色泽墨绿油润。
内质：汤色黄明亮，幽幽的青茶香气，舌面有微微的苦涩，甘缓缓而来，鲜爽度特别好，苦味在舌底喉部短暂停留，瞬间转为甘甜。

190
世代茶缘紧茶

茶品简介

2016年，是第十世班禅视察下关茶厂30周年，也是"班禅沱"恢复生产30周年。下关沱茶延续经典心脏形紧茶的形制，采用经典六角盒包装，精选冰岛、景迈芒大山头特色大叶种晒青毛茶陈化多年的老料拼制而成。

茶品档案

成型类别：布袋
发酵情况：生茶
使用商标：宝焰牌
本期年份：2016年
识别条码：6939989630462
产品标准：GB/T 22111
包装规格：280克/个/盒×18盒/件=5.04千克/件
包装形式：内飞→内包纸→包纸→金刚结→礼盒→手提袋→纸箱→保护箱

品质特征

外形：形似蘑菇，造型优美，条索肥壮，色泽墨绿油润、显毫。
内质：香气纯正高扬，汤色橙黄透亮，清澈无杂质，滋味浓醇，山野气韵之后甜柔之惑绵绵而来，冰糖香与兰香交叉融合，回甘猛烈持久，舌底涌泉，甘甜无比，胜似吃过橄榄后的第一口清泉。

始创于1902
大气明理 知己好茶
XIAGUAN TUOCHA

191
丙申无量紧茶

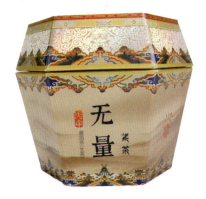

茶品简介

丙申无量紧茶延续传统牛心茶形制，经典六角盒包装，优选云南大理无量山海拔2000米以上生态乔木晒青茶为原料精心配制而成。

茶品档案

成型类别：布袋
发酵情况：生茶
使用商标：宝焰牌
本期年份：2016年
识别条码：6939989629954
产品标准：GB/T 22111
包装规格：280克/盒×18盒/件=5.04千克/件
包装形式：内飞→包纸→礼盒→提袋→纸箱

品质特征

外形：呈蘑菇状，条索肥硕，色泽墨绿油润、白毫显露。
内质：汤色金黄透亮，花香、糖香馥郁高扬且持久，茶香入水，滋味浓厚饱满，层次感丰富，生津回甘迅猛。

192

加梭热砖茶（200克便装）

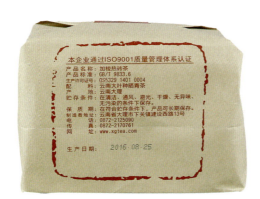

茶品简介

在藏族群众聚居区有一句民谚："加察热！加霞热！加梭热！"翻译成汉语就是："茶是血！茶是肉！茶是生命！"足见茶叶对藏族群众的重要程度，一句话道出了茶与藏族群众不可分割的关系。2016年，公司结合藏族群众饮用酥油茶的习惯，将"加梭热"的产品形态从传统砖茶的"砖块形"转变为"巧克力块"，获得藏族群众的青睐。

茶品档案

成型类别： 铁模
发酵情况： 生茶
使用商标： 宝焰牌
本期年份： 2016年
识别条码： 6939989629348
产品标准： GB/T 9833.6
包装规格：
200克/片×5片/袋×16袋/件=16千克/件
包装形式： 内飞→纸袋→纸箱

品质特征

外形： 呈砖块形，内分8格，紧实端正，色泽墨绿尚润。
内质： 香气纯正，汤色金黄尚亮，滋味浓厚饱满，尚生津、回甘。

始创于1902
大气明理 知己好茶
XIAGUAN TUOCHA

193

世代茶缘砖茶（200克便装）

茶品简介

世代茶缘砖茶在传统砖茶的基础上改变了形制和规格，从传统砖茶的"砖块形"转变为"巧克力块"，从传统的250克改变成200克。

茶品档案

成型类别：铁模
发酵情况：生茶
使用商标：宝焰牌
本期年份：2016年
识别条码：6939989630622
产品标准：GB/T 9833.6
包装规格：
200克/片×5片/袋×16袋/件=16千克/件
包装形式：内飞→包纸→纸袋→纸箱

品质特征

外形：呈砖块形，内分8格，紧实端正，色泽墨绿尚润。
内质：香气纯正，汤色金黄尚亮，滋味浓厚饱满、尚生津、回甘。

194

宝焰月光宝盒砖茶（生+熟）

茶品简介

下关月光宝盒砖茶精选3年的仓储陈料，加之下关沱茶百年制作技艺，让宝焰月光宝盒砖茶颇具历史的厚重感和极富艺术气息。3年前的嫩料芽尖，3年后的漫长转化，褪去了粗制的外壳焕发出迷人的气息。

茶品档案

成型类别：铁模
发酵情况：生茶＋熟茶
使用商标：宝焰牌
本期年份：2016年
识别条码：6939989629695
产品标准：GB/T 22111
包装规格：270克/盒×28盒/件=7.56千克/件
包装形式：纸盒→礼盒→保护袋→夕纸箱

品质特征

【生茶】
外形：呈长方砖形，条索紧结均匀，色泽墨绿。
内质：香气清香浓郁，滋味醇厚回甘。

【熟茶】
外形：呈长方砖形，条索紧结，色泽油润褐红，显金毫。
内质：香气陈香浓郁，滋味醇和甘甜。

195
下关福砖砖茶

茶品简介

下关沱茶集团在经典方形紧茶的形制基础上开发研制出800克砖茶，命名为福砖，精选哀牢山大树春茶料，在勐库茶区陈化3—4年后精制而成。

茶品档案

成型类别：铁模
发酵情况：生茶
使用商标：宝焰牌
本期年份：2017年
识别条码：6939989632770
产品标准：GB/T 22111
包装规格：800克/片×1片/盒×10盒/件=8千克/件
包装形式：内飞→包纸→礼盒→提袋→纸箱

品质特征

外形：茶砖边缘清晰，棱角秀美，条索紧结匀整，色泽墨绿。
内质：汤色金黄透亮，香气清香，滋味醇厚回甘，叶底匀整。

196

罗布门巴礼佛茶紧茶

（250克礼盒装）

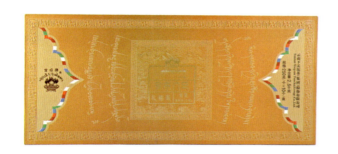

茶品简介

2018年2月3日，第十世班禅额尔德尼·确吉坚赞大师80周年诞辰。下关沱茶感念班禅情缘，特制罗布门巴礼盒，再现深情经典之作。

茶品档案

成型类别：布袋
发酵情况：生茶
使用商标：宝焰牌
本期年份：2018年
识别条码：6939989632886
产品标准：GB/T 22111
包装规格：250克/个×10个/盒×3盒/件=7.5千克/件
包装形式：内飞→包纸→礼盒→提袋→纸箱

品质特征

外形：干茶古树茶气韵独特而明显，洒面条索肥厚、白毫明显、匀净油润。
内质：花香浓郁、杯底高香、冷杯带冰糖香，汤色金黄透亮，滋味浓滑爽口、层次丰富协调、生津快，回甘久，叶底肥柔明亮。

始创于1902
大气明理 知己好茶

197

日照金山紧茶（生茶）

茶品简介

下关沱茶集团延续心脏形紧茶的形制，配之经典六角盒包装，推出日照金山紧茶。优选布朗茶区早春古树毛茶为原料，以百年下关沱茶制作技艺和下关紧茶独到技艺匠心精制。

茶品档案

成型类别：布袋
发酵情况：生茶
使用商标：宝焰牌
本期年份：2019年
识别条码：6939989634729
产品标准：GB/T 22111
包装规格：280克/盒×18盒/件=5.04千克/件
包装形式：内飞→包纸→礼盒→提袋→纸箱

品质特征

外形：形似蘑菇，造型优美，条索肥壮，色泽墨绿油润、显毫。
内质：香气浓郁高扬，香型丰富有清香、花香、蜜糖香，滋味醇厚饱满，变化丰富，层次感突出，第一层次甜醇滑口；第二层次醇厚饱满、味含香甜、亦显苦感；第三层次醇滑略带涩感，回甘生津强烈持久。

198

中国心紧茶（6.9千克）

茶品简介

中国心紧茶，为国家强盛而制，为民族团结而生。6.9千克重量级紧茶，6代表事事顺意，9寓意长长久久，皆为传统吉数。沉甸甸的分量，是对祖国述不完的热爱，道不尽的祝福。

茶品档案

成型类别：布袋
发酵情况：生茶
使用商标：宝焰牌
本期年份：2019年
识别条码：6939989634309
产品标准：GB/T 22111
包装规格：6.9千克/盒×1盒/件=6.9千克/件
包装形式：包纸→底座→纸箱

品质特征

外形： 中国心紧茶形美质优，条索肥硕壮长，显毫完整，松紧适度，墨绿油润。
内质： 汤色橙黄明亮，香气纯正，滋味醇厚回甘，叶底黄绿、匀整。汤色橙黄明亮，滋味醇厚回甘。

199

下关紧茶（5克礼盒装）

茶品简介

2020年，下关紧茶历久弥新，首创打造5克迷你紧茶，旨在延续蘑菇茶的经典外形及对工艺传承的坚守，诠释对饮茶的不断追求和极致的简约享受，俗称"小蘑菇（小MOGU）"。

茶品档案

成型类别：铁模
发酵情况：生茶
使用商标：松鹤延年牌
本期年份：2020年
识别条码：6939989634910
产品标准：GB/T 22111
包装规格：
5克/颗×32颗/盒×10盒/件=1.6千克/件
包装形式：锡纸→小方盒→礼盒→提袋→纸箱

品质特征

外形：形似蘑菇，造型精致，条索清晰，松紧适度，色泽油润。
内质：入口即甜，胜饮山泉，汤质浓稠，层次感明显，汤感醇滑细腻，强烈回甘、生津、唇齿留香。

2012年

2013年、2015年

2018年、2019年、2020年

200

普洱砖茶（250克盒装）

茶品简介

普洱砖茶为传统产品，由云南省下关茶厂率先在紧茶基础上研制定型，历史上也长期被称为"紧茶"，为边销茶的代表产品，多次获得"中国茶叶名牌""云南省名牌产品""云南省著名商标"等荣誉。以人工渥堆发酵的原料压制为砖块形的普洱砖茶是边销茶系列代表性产品。

茶品档案

成型类别：铁模
发酵情况：熟茶
使用商标：宝焰牌
本期年份：2012年、2013年、2015年、2018年、2019年、2020年
识别条码：6939989625468
产品标准：GB/T 22111
包装规格：250克/盒×60盒/件=15千克/件
包装形式：内飞→包纸→纸盒→纸箱

品质特征

外形：呈砖块形，紧实端正，色泽红褐油润。
内质：汤色红浓明亮，陈香馥郁，滋味醇厚滑爽。

201

宝焰紧茶（250克盒装）

茶品简介

宝焰紧茶为云南省最古老的传统产品之一，因特殊的形状又叫"蘑菇茶""牛心茶"或"心脏茶"，历史上以边销为主。20世纪80年代中期恢复生产以后，有青茶型和普洱型两类。由于下关紧茶与藏族同胞和两世班禅之间的世代茶缘，下关紧茶也被称为"班禅紧茶""班禅沱"。

茶品档案

成型类别：布袋
发酵情况：熟茶
使用商标：宝焰牌
本期年份：2014年、2015年
识别条码：6939989626724
产品标准：GB/T 22111
包装规格：250克/盒×36盒/件=9千克/件
包装形式：内飞→包纸→纸盒→提袋→纸箱

品质特征

外形：呈蘑菇状，紧实端正，色泽红褐，油润，金毫显露。
内质：汤色红艳明亮，陈香馥郁高扬，滋味醇厚顺滑。

202

福禄寿禧茶〔四喜方茶-熟茶〕

茶品简介

福、禄、寿、禧"四喜"方茶为云南省的传统产品之一，为馈赠亲友的高尚礼品，云南省下关茶厂在20世纪90年代初开始生产，有青茶型和普洱型两类，此款产品为普洱型。

茶品档案

成型类别：铁模
发酵情况：熟茶
使用商标：南诏牌
本期年份：2014年
识别条码：6939989620203
产品标准：GB/T 22111
包装规格：
250克/片×4片/盒×10盒/件=10千克/件
包装形式：纸盒→提袋→纸箱

品质特征

外形：呈方块形，紧实端正，色泽红褐油润有光泽。
内质：陈香馥郁高汤，汤色红艳明亮，滋味醇厚饱满、顺滑。

203

品格（熟茶）

茶品简介

品格，方方正正，寓意人格正直。下关沱茶首次推出迷你砖茶产品，灵动小巧的形状与不凡的品质下蕴含一颗追求至臻完美的玲珑心，表达不一样的人生态度，一种简约时尚的生活方式。

茶品档案

成型类别：铁模
发酵情况：熟茶
使用商标：松鹤延年牌
本期年份：2015年、2016年、2018年
识别条码：6939989629220
产品标准：GB/T 22111
包装规格：
60克/片×10片/盒×12盒/件=7.2千克/件
包装形式：包纸→小方盒→外包装盒→热封膜→提袋→纸箱

品质特征

外形：呈方格形，棱角端正，条索修长紧结。
内质：红褐油亮，入口香糯，焦糖香、红枣香溢满口腔，如丝绸般柔滑醇厚，甘甜缓缓从喉部上涌，回味无穷，汤色红浓，亮光四射。

204

日照金山紧茶（熟茶）

茶品简介

日照金山紧茶（熟茶），优选班章茶区古树茶早春高端晒青毛茶为原料，严格按照下关经典发酵技艺加工后，在大理高原仓陈化1年，再以百年下关紧茶传统制作技艺精制而成。

茶品档案

成型类别：布袋
发酵情况：熟茶
使用商标：宝焰牌
本期年份：2018年
识别条码：6939989632787
产品标准：GB/T 22111
包装规格：230克/盒×18盒/件=4.14千克/件
包装形式：内飞→包纸→礼盒→提袋→纸箱

品质特征

外形：形似蘑菇，端正匀净，表里如一，金毫显著，紧结褐亮。
内质：陈香浓郁独特，热闻浓带甘气、冷杯蜜香舒爽，汤色红浓艳亮，滋味醇厚持久，滑爽柔顺丰富，回甘久远，叶底褐红柔亮。

205

枣香古树砖茶

茶品简介

枣香古树砖茶，引早春之新绿，聚古树之嫩芽。红汤汩汩如秋水，枣香习习若醇蜜。选用云南大叶种古树晒青茶，以百年下关沱茶技艺制作而成。

茶品档案

成型类别：铁模
发酵情况：熟茶
使用商标：松鹤延年牌
本期年份：2018年
识别条码：6939989633494
产品标准：GB/T 22111
包装规格：300克/片×5片/提×6提/件=9千克/件
包装形式：内飞→包纸→笋叶→提盒→纸箱

品质特征

外形：棱角分明，边缘整齐，条索清晰，色泽褐红润，有毫。
内质：汤色红浓泛金光，明亮透彻，入口枣香荡漾，与陈香协调相融；汤感黏稠，香滑如糯，醇厚无比，有古树之韵味。

包销品

206
乌金贝隆紧茶

茶品简介

2015年，第十一世班禅坐床20周年之际，下关沱茶为延续"世代茶缘，藏汉合欢"的情缘，精心选料，老料高做，首创下关300克心脏型紧茶。

茶品档案

成型类别：布袋
发酵情况：生茶
使用商标：宝焰牌
本期年份：2015年
识别条码：6939989632886
产品标准：GB/T 22111
包装规格：
300克/个×1个/盒×12盒/件=3.6千克/件
包装形式：内飞→包纸→礼盒→提袋→纸箱

品质特征

外形：外形呈蘑菇状，紧实端正，色泽墨绿尚润。
内质：汤色金黄明亮，花蜜香馥郁持久，滋味浓厚饱满，生津回甘迅速、强烈，层次感丰富。

207

同心茶紧茶（520克盒装）

茶品简介

牛心形紧茶为下关的传统产品，也是边销茶的代表产品之一，2017年的同心茶紧茶采用礼盒包装形式，内装一生一熟两个紧茶。

茶品档案

成型类别：布袋
发酵情况：生茶+熟茶
使用商标：宝焰牌
本期年份：2017年
识别条码：非卖品无条码
产品标准：GB/T 22111
包装规格：
260克/个×2个/盒×6盒/件=3.12千克/件
包装形式：内飞→包纸→礼盒→提袋→纸箱

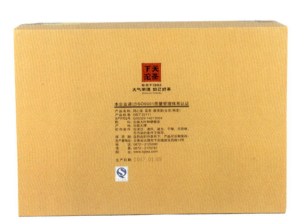

品质特征

【生茶】
外形：呈蘑菇状，端正紧结，条索清晰，墨绿显毫。
内质：香气清纯馥郁，汤色橙黄明亮，滋味醇爽回甘。

【熟茶】
外形：呈蘑菇状，紧结端正，金毫显露，色泽红褐油润。
内质：滋味醇厚，香气浓厚持久，汤色红浓明亮。

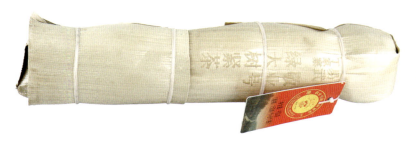

208

敬业号绿大树紧茶（笋叶装）

茶品简介

1999年首款"绿大树"饼茶面市后，因品质出色，拥有广泛的知名度。为延续1999年"绿大树"的荣耀，提升消费者的认知度，在保持"绿大树"原有品质的基础上，于2017年开始对原"绿大树"设计进行整体升级，期间将使用"敬业号绿大树"作为产品标识。2017年敬业号绿大树紧茶精选易武丁家寨的优质生态毛茶精制而成。

茶品档案

成型类别：布袋
发酵情况：生茶
使用商标：宝焰牌
本期年份：2017年
识别条码：6939989631681
产品标准：GB/T 22111
包装规格：
150克/个×6个/条×8条/件=7.2千克/件
包装形式：内飞→包纸→笋叶→纸箱

品质特征

外形：呈蘑菇状，端正紧结，条索清晰，墨绿油润显毫。
内质：香气馥郁高扬，汤色橙黄透亮，滋味醇厚回甘，生津强烈。

209

尚品金丝紧茶（生茶）

茶品简介

2017年尚品金丝紧茶优选勐库大雪山优质毛茶原料精制而成。蘑菇形状，一生一熟，茶叶上压有内飞和金丝，并沿用传统笋叶包装形式包装。

茶品档案

成型类别：布袋
发酵情况：生茶
使用商标：宝焰牌
本期年份：2017年
识别条码：6939989631513
产品标准：GB/T 22111
包装规格：
250克/个×5个/条×6条/件=7.5千克/件
包装形式：内飞→金丝→包纸→笋叶→纸箱

品质特征

外形：呈蘑菇状，端正紧结，条索清晰，墨绿油润显毫。
内质：香气馥郁，汤色橙黄明亮，滋味醇爽回甘。

210
尚品金丝紧茶（熟茶）

茶品简介

2017年尚品金丝紧茶优选勐库大雪山优质毛茶原料精制而成。蘑菇形状，一生一熟，茶叶上压有内飞和金丝，并沿用传统笋叶包装形式包装。

茶品档案

成型类别：布袋
发酵情况：熟茶
使用商标：宝焰牌
本期年份：2017年
识别条码：6939989631490
产品标准：GB/T 22111
包装规格：
250克/个×5个/条×6条/件=7.5千克/件
包装形式：内飞→包纸→笋叶→纸箱

品质特征

外形：呈蘑菇状，紧结端正，金毫显露，色泽红褐油润。
内质：香气浓厚持久，汤色红浓明亮，滋味醇厚。

始创于1902
大气明理 知己好茶
XIAGUAN FT CO., LTD

211

尚品金丝方茶（100克盒装）

茶品简介

尚品金丝方茶精选勐库大雪山茶区优质毛茶原料精制而成。采用双层包装形式，内为传统绵纸包装，外盒为硬纸盒包装，砖形规整，外形小巧精致。

茶品档案

成型类别：铁模
发酵情况：生茶
使用商标：下关沱茶牌
本期年份：2017年
识别条码：6939989631520
产品标准：GB/T 22111
包装规格：100克/盒×80盒/件=8千克/件
包装形式：金丝→包纸→纸盒→纸箱

品质特征

外形：呈方片形，端正紧结，条索清晰，墨绿油润显毫。
内质：香气馥郁高扬，汤色橙黄透亮，滋味醇厚回甘，生津强烈。

212
智慧之眼云南紧茶

茶品简介

2020年，中国-尼泊尔建交65周年之际，精心设计生产了这一款高品质纪念紧茶——智慧之眼。智慧之眼云南紧茶甄选云南古六大茶山乔木大叶种晒青茶为原料，以传统工艺压制成蘑菇形，茶面之上烙压有一个大写字母"N"，为尼泊尔国家英文名Nepal的第一个字母，代表独一无二的茶缘纪念。

茶品档案

成型类别：布袋
发酵情况：生茶
使用商标：宝焰牌
本期年份：2020年
识别条码：6939989635429
产品标准：GB/T 22111
包装规格：
280克/盒×6盒/小件×2小件/大件=3.36千克/件
包装形式：内飞→包纸→礼盒→提袋→纸箱

品质特征

外形：呈蘑菇状，紧结端正，色泽墨绿油润。条索肥嫩，白毫护卫全身。
内质：香气高扬、滋味甘醇、清甜，茶韵馥郁。

始创于1902
大气明理 知己好茶

2011年—2020年紧茶列表产品

列表编号	产品名称（简称）	产品图片	属性（生/熟）	成型类别	使用商标	本期年份	包装规格
1	云南方茶		生	铁模	松鹤（图）牌	2011	125克/片×1片/盒×232盒/件=29千克/件
2	宝焰紧茶（FT7683-11）		生	布袋	宝焰牌	2011	250克/个×1个/盒×48盒/件=12千克/件
3	宝焰紧茶（FT特制）		生	布袋	宝焰牌	2012	250克/个×7个/条×12条/件=21千克/件
4	经典宝焰紧茶		生	布袋	宝焰牌	2012	250克/个×1个/盒×24盒/件=6千克/件
5	金丝砖茶		生	铁模	松鹤（图）牌	2011	125克/片×4片/盒×20盒/件=10千克/件
6	苍洱方茶		生	铁模	松鹤（图）牌	2011	125克/片×4片/盒×20盒/件=10千克/件

列表编号	产品名称（简称）	产品图片	属性（生/熟）	成型类别	使用商标	本期年份	包装规格
7	金色印象方砖		生	铁模	松鹤（图）牌	2012	250克/片×4片/盒×12盒/件=12千克/件
8	红印下关砖茶		生	铁模	松鹤（图）牌	2012	1千克/片×1片/盒×10盒/件=10千克/件
9	陈韵方茶		生	铁模	松鹤（图）牌	2013	100克/片×1片/盒×96盒/件=9.6千克/件
10	绿大树砖茶		生	铁模	松鹤延年牌	2015	250克/片×4片/包×16包/件=16千克/件
11	南诏珍藏特制砖茶		生	铁模	南诏牌	2015	1千克/片×1片/盒×10盒/件=10千克/件
12	一期一会宝焰紧茶		生	布袋	宝焰牌	2015	250克/个×4个/条×10条/件=10千克/件

始创于1902 大气明理 知己好茶

列表 编号	产品名称（简称）	产品图片	属性 （生/熟）	成型 类别	使用商标	本期 年份	包装规格
13	云南紧茶 （XY-便装）		生	布袋	宝焰牌	2016	250克/个×3个/条×14条 /件=10.5千克/件
14	云南紧茶 （XY-笋叶装）		生	布袋	宝焰牌	2016	250克/个×7个/条×6条/ 件=10.5千克/件
15	金印沱紧茶		生	布袋	宝焰牌	2016	300克/个×5个/条×6条/ 件=9千克/件
16	福神汉茶砖茶		生	铁模	宝焰牌	2016	200克/片×5片/袋×16袋 /件=16千克/件
17	云南绿色生态方茶		生	铁模	宝焰牌	2016	125克/片×4片/袋×20袋 /件=10千克/件
18	珍藏大白菜砖茶		生	铁模	松鹤延年牌	2016	250克/盒×40盒/件=10 千克/件

列表编号	产品名称（简称）	产品图片	属性（生/熟）	成型类别	使用商标	本期年份	包装规格
19	宝焰紧茶（特制版FT）		生	布袋	宝焰牌	2017	250克/个×7个/条×9条/件=15.75千克/件
20	宝焰砖茶（庆祝迪庆成立六十周年）		生	铁模	宝焰牌	2017	200克/盒×40盒/件=8千克/件
21	长城茶砖		生	铁模	下关沱茶牌	2017	1千克/盒×9盒/件=9千克/件
22	东方淳下关古树砖茶		生	铁模	松鹤延年牌	2017	250克/片×4片/筒×12筒/件=12千克/件
23	8853砖茶		生	铁模	松鹤延年牌	2018	250克/片×4片/袋×12袋/件=12千克/件
24	高山古树砖茶		生	铁模	南诏牌	2018	250克/盒×4盒/提×8提/件=8千克/件

列表编号	产品名称（简称）	产品图片	属性（生/熟）	成型类别	使用商标	本期年份	包装规格
25	远征军砖茶		生	铁模	下关沱茶牌	2019	60克/片×10片/盒×12盒/件=7.2千克/件
26	品格砖茶（大理大学）		生	铁模	下关沱茶牌	2019	60克/片×10片/盒×12盒/件=7.2千克/件
27	四星大白菜砖茶		生	铁模	松鹤延年牌	2020	250克/盒×40盒/件=10千克/件
28	宝焰紧茶		熟	布袋	宝焰牌	2012	250克/个×3个/条×28条/件=21千克/件
29	普洱砖茶（陈年老茶头）		熟	铁模	松鹤延年牌	2016	1千克/片×9片/件=9千克/件
30	金印沱紧茶		熟	布袋	宝焰牌	2016	300克/个×5个/条×6条/件=9千克/件

列表编号	产品名称（简称）	产品图片	属性（生/熟）	成型类别	使用商标	本期年份	包装规格
31	珍藏大白菜砖茶		熟	铁模	松鹤延年牌	2016	250克/盒×40盒/件=10千克/件
32	和谐盛世砖茶		熟	铁模	松鹤延年牌	2018	250克/盒×40盒/件=10千克/件
33	大理紧茶（天龙八部纪念茶）		生+熟	布袋	宝焰牌	2018	400克/盒×6盒/件=2.4千克/件

始创于1902
大气明理 知己好茶
XIAGUAN TUOCHA

其他类篇

统销品

213
马背驮茶

茶品简介

第一批马背驮茶在2005年生产，将茶叶装进竹篮，恢复成以前用马驮运时的样子，让茶友能亲身感受过去的赶马人是通过什么方式把云南的茶叶运到外面的世界。2014年的马背驮茶，沿用2005年第一批马背驮茶的独特形式。

茶品档案

成型类别：散茶
发酵情况：生茶
使用商标：马背驮茶牌
本期年份：2014年
包装规格：25千克/筐×2筐/驮=50千克/驮
包装形式：笋叶→竹篮→麻绳→木架

品质特征

外形：条索清晰，色泽油润。
内质：入口即甜，胜饮山泉，汤质浓稠，层次感明显，汤感醇滑细腻，强烈回甘、生津，唇齿留香。

214

下关归臻（生茶）

2016年

2018年

茶品简介

"臻"，有达到美好、达到完美的含义。归臻，一愿回归本真本善，二愿达到完美。就像做茶，不矫揉造作，用双手保留大自然的味道，不刻意为之，却也是最好。下关归臻，凝昔归芽叶精华，古法精制，使用传统手艺手法揉制，完整保留茶叶内质，茶香四溢。

茶品档案

成型类别：专用模具
发酵情况：生茶
使用商标：松鹤延年牌
本期年份：2016年、2018年
识别条码：6939989629947（2016年）
6939989633845（2018年）
产品标准：G3/T 22111
包装规格：
8克/个×12个/盒×28盒/件=2.688千克/件
包装形式：锡纸→内盒→外盒→提袋→纸箱

品质特征

外形：呈圆珠状，小巧圆整，条索肥硕匀整，色泽墨绿油润，芽头肥壮清晰。
内质：汤色金黄油亮，香气花香高扬，略带糖香，滋味醇厚，汤香入水，回甘持久，叶底黄绿匀嫩。

始创于1902
大气明理 知己好茶

215

下关节节高竹筒茶

茶品简介

2017年下关节节高竹筒茶，采用产自西双版纳傣族自治州勐海县内的甜竹和香竹为承载，甄选勐库茶区高山生态古树春茶芽叶为原料制作而成竹筒茶，滋味浓醇纯正，内含物质丰富。

茶品档案

成型类别：竹筒
发酵情况：生茶
使用商标：下关沱茶牌
本期年份：2017年
识别条码：6939989632084
产品标准：GB/T 22111
包装规格：
500克/筒×1筒/盒×6盒/件=3千克/件
包装形式：竹筒→礼盒→提袋→纸箱

品质特征

外形：竹筒光滑，开口平整，茶叶呈圆柱形，条索紧结完整，油润显毫，表面附有白色竹膜。
内质：汤色橙黄明亮，竹青香显著夹蜜糖香，杯底蜜糖香显著，滋味醇厚回甘，有甜竹味。

216

团圆团茶

茶品简介

2018年下关"团圆团茶"普洱生茶，优选云南省临沧市双江县勐库大雪山优质早春大树原料，以百年下关经典传统手工技艺精心揉制而成。

茶品档案

成型类别：布袋
发酵情况：生茶
使用商标：松鹤延年牌
本期年份：2018年
识别条码：6939989632893
产品标准：GB/T 22111
包装规格：
500克/个×1个/提×12提/件=6千克/件
包装形式：内飞→包纸→布袋→提盒→纸箱

品质特征

外形：呈圆团状，条索紧结，白毫明显，油润匀净。

内质：汤色橙黄透亮，糖香高扬，杯底带花香，茶汤入口带蜜香，醇厚持久，回甘明显，生津快，叶底肥嫩均匀。

217

如意金瓜（700克礼盒装）

茶品简介

金瓜贡茶也称团茶，是普洱茶独有的一种特殊紧压茶形式，因其形似南瓜，茶芽长年陈放后色泽金黄，得名金瓜。如意金瓜，感念中华人民共和国成立70周年而制，每个金瓜身重700克，瓜面被均匀地分成七份，每一份都是百分百的心意，代表着下关沱茶对祖国70周年生辰的祝福。

茶品档案

成型类别： 布袋
发酵情况： 生茶
使用商标： 松鹤延年牌
本期年份： 2019年
识别条码： 6939989634484
产品标准： GB/T 22111
包装规格：
700克/个×1个/盒×12盒/件=8.4千克/件
包装形式： 内飞→包纸→丝带→礼盒→纸箱

品质特征

外形： 瓜形优美、饱满，松紧适度，条索肥壮，色泽墨绿、油润、显毫。
内质： 汤色金黄透亮，香气蜜糖香馥郁，花香显，高扬扑鼻，香入水，唇齿留香感突出，滋味甜醇饱满，口感协调，回甘生津强烈持久。

爱心款

圆盒款

218

和合茶喜（龙珠）

茶品简介

从每粒3克小微沱，到每粒8克龙珠，原来，11粒生茶，11粒熟茶，代表一生一世一双人，一心一意一辈子。现在，6粒生茶，6粒熟茶，代表六六顺心，六六顺意，留在你心。

茶品档案

成型类别：专用模具
发酵情况：生茶+熟茶
使用商标：松鹤延年牌
本期年份：2019年
识别条码：6939989633951（爱心款）
6939989633944（圆盒款）
产品标准：GB/T 22111
包装规格：96克/盒×32盒/件=3.072千克/件
包装形式：锡纸→礼盒→提袋→纸箱

品质特征

【生茶】
外形：圆珠状，色泽墨绿。
内质：汤色黄亮，香气清香悠扬，滋味醇厚，回甘生津，叶底黄绿匀嫩。

【熟茶】
外形：圆珠状，色泽红褐。
内质：汤色红浓明亮，陈香浓纯，滋味醇和柔顺，叶底褐红匀亮。

219

喜结良缘团茶（260克礼盒装）

茶品简介

喜结良缘团茶以优质大叶种晒青毛茶为原料，
用百年下关经典传统手工技艺精心揉制而成，
是婚嫁喜庆之时的最佳礼品。

茶品档案

成型类别：布袋
发酵情况：生茶
使用商标：松鹤延年牌
本期年份：2019年
识别条码：6939989634101
产品标准：GB/T 22111
包装规格：
260克/个×1个/盒×24盒/件=6.24千克/件
包装形式：内飞→包纸→礼盒→提袋→纸箱

品质特征

外形：呈圆团状，色泽墨绿。
内质：汤色黄亮，香气清香悠扬略带烟香，滋
味醇厚，回甘生津，叶底黄绿匀嫩。

220

金鳞龙珠（96克礼盒装）

茶品简介

金鳞，源自昔归茶区，凝昔归芽叶精华，以传统工艺精制而成。生熟双飞，气势如虹，12颗龙珠生茶，回甘无穷；12颗龙珠熟茶，醇享陈香。龙珠之形珠圆玉润，圆润光滑，颗颗饱满，内含丰富。

茶品档案

成型类别：专用模具
发酵情况：生茶+熟茶
使用商标：松鹤延年牌
本期年份：2019年
识别条码：6939989634347
产品标准：GB/T 22111
包装规格：8克/个×12个/小盒×2小盒/大盒×16盒/件=3.072千克/件
包装形式：锡纸→铁盒→礼盒→提袋→纸箱

品质特征

【生茶】
外形：呈圆团状，色泽墨绿。
内质：汤色黄亮，香气清香悠扬略带烟香，滋味醇厚，回甘生津，叶底黄绿匀嫩。

【熟茶】
外形：呈圆团状，色泽红褐。
内质：汤色红浓明亮，陈香浓纯，滋味醇和柔顺，叶底褐红匀亮。

221

花好月圆（1.1千克礼盒装）

茶品简介

花好月圆，七颗明珠，一轮红月，红霞闪烁，星月交辉，沱茶为生，橙黄明亮，饼茶为熟，红光熠熠。下关沱茶，中秋礼盒，中式古韵，雅致设计，为你呈现"花好月圆"的心意。

茶品档案

成型类别：布袋
发酵情况：生茶+熟茶
使用商标：松鹤延年牌
本期年份：2019年
识别条码：6939989634477
产品标准：GB/T 22111
包装规格：
100克/个×7个+400克/片×1片=1.1千克/盒×5盒/件=5.5千克/件
件包装形式：内飞→包纸→礼盒→提袋→纸箱

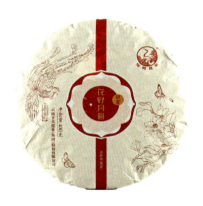

品质特征

【生茶】
外形：沱形周正，松紧适中，色泽墨绿油润。
内质：汤色金黄透亮，香气纯正，滋味醇和回甘。
【熟茶】
外形：饼形周正，松紧适中，色泽棕褐油润。
内质：汤色红浓明亮，香气陈香浓郁，滋味醇厚。

222

福瑞贡茶（生茶）

茶品简介

福瑞贡茶，以经典传承"金瓜茶"之形，采用云南大叶种晒青毛茶为原料，经过精湛的百年下关沱茶传统技艺加工而成。金瓜贡茶天降福瑞，观其形制甚似南瓜，属普洱茶独有的一种特殊紧压茶形式。

茶品档案

成型类别：布袋
发酵情况：生茶
使用商标：松鹤延年牌
本期年份：2020年
识别条码：6939989635405
产品标准：GB/T 22111
包装规格：900克/盒×16盒/件=14.4千克/件
包装形式：内飞→包纸→礼盒→提袋→纸箱

品质特征

外形：瓜形模纹清晰，造型优美，色泽乌润。
内质：陈香甘浓，杯底蜜香持久，汤色橙黄晶透，滋味醇厚爽滑，味里含香，层次丰富，饱满协调，回甘明显，生津强烈，叶底匀嫩明亮。

223

女儿团茶（500克盒装）

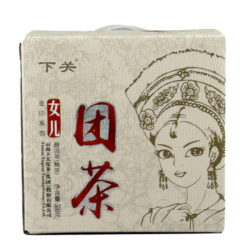

茶品简介

女儿团茶甄选云南临沧等茗茶产区优质大叶种晒青毛茶结合传统技艺，配选有方，原料经过层层甄选压制而成。

茶品档案

成型类别：布袋
发酵情况：熟茶
使用商标：下关牌
本期年份：2016年
识别条码：6939989629862
产品标准：GB/T 22111
包装规格：
500克/个×1个/盒×12盒/件=6千克/件
包装形式：内飞→包纸→布袋→提盒→纸箱

品质特征

外形：呈圆团状，圆整端正，条索清晰，金毫显露。
内质：汤色红浓明亮，香气陈香略带糖香，滋味醇和顺滑，略显甜香，叶底红褐匀净。

224

归臻（熟茶）

茶品简介

"臻"，有达到美好、达到完美的含义。归臻，一愿回归本真本善，二愿达到完美。就像做茶，不矫揉造作，厞双手保留大自然的味道，不刻意为之，却也是最好。下关归臻，凝昔归芽叶精华，古法精制，使用传统手艺手法揉制，完整保留茶叶内质，茶香四溢。

茶品档案

成型类别：专用模具
发酵情况：熟茶
使用商标：松鹤延年牌
本期年份：2016年
识别条码：6939989630967
产品标准：GB/T 22111
包装规格：
8克/个×12个/盒×28盒/件=2.688千克/件
包装形式：锡纸→内盒→外盒→提袋→纸箱

品质特征

外形：圆珠状，小巧圆整；条索紧结匀整，色泽红褐较润，金毫显露。
内质：汤色红浓透亮，香气陈香舒怡，略带糖香，滋味浓醇，略显甜香，叶底红褐匀嫩。

225

下关普洱茶【一级】

（100克盒装）

茶品简介

2016年，下关沱茶（集团）股份有限公司重新恢复100克纸盒装普洱熟茶（一级）的生产包装，以全新形象走向市场。新版外盒包装色彩鲜艳亮丽，以正红和棕褐色拼接而成，正面沿用兰花图案，内包装为锡箔纸袋。

茶品档案

成型类别：散茶
发酵情况：熟茶
使用商标：下关牌
本期年份：2016年
识别条码：6939989630660
产品标准：GB/T 22111
包装规格：100克/盒×84盒/件=8.4千克/件
包装形式：食品袋→纸盒→纸箱

品质特征

外形：条索紧结，色泽红褐较润，金毫显露。
内质：香气陈香显著，汤色红浓透亮，滋味醇厚，口感顺滑绵长，叶底红褐匀净。

226

高原陈普洱散茶【一级】

（400克盒装）

茶品简介

高原陈普洱散茶置于下关沱茶厂区所在地大理发酵陈化，运用大理苍山顶融化的天然雪水化为蒸汽，高温蒸气杀菌后再干燥的特制工艺，利于茶叶香气的合成，形成了纯净醇滑陈香的独特风格。高原陈普洱散茶陈香弥漫，色泽褐红，滋味醇柔润滑，具有独特的陈香味。

茶品档案

成型类别： 散茶
发酵情况： 熟茶
使用商标： 松鹤延年牌
本期年份： 2018年
识别条码： 69399896328_7
产品标准： GB/T 22111
包装规格：
10克/袋×40袋/盒×9盒/件=3.6千克/件
包装形式： 食品袋→纸盒→纸箱

品质特征

外形： 条索紧细、匀整，色泽褐红油润。
内质： 陈香弥漫，滋味醇柔润滑，具有独特的陈香味，叶底匀整。

始创于1902
大气明理 知己好茶

227
吉庆金瓜（500克礼盒装）

茶品简介

金瓜茶，历史悠久，也可称之团茶、贡茶，是普洱茶独有的一种特殊紧压茶形式。吉庆金瓜，选用班盆茶区优质古树毛茶原料，采用下关沱茶独特发酵工艺及金瓜茶制作技艺精制而成。

茶品档案

成型类别：布袋
发酵情况：熟茶
使用商标：松鹤延年牌
本期年份：2019年
识别条码：6939989634996
产品标准：GB/T 22111
包装规格：
500克/个×1个/盒×18盒/件=9千克/件
包装形式：内飞→包纸→礼盒→提袋→纸箱

品质特征

外形：呈南瓜形，松紧适度，条索肥壮，金毫披露。
内质：汤色明亮呈红酒色，香气陈香浓郁、高扬带糖香，香入茶汤，有明显唇齿留香感，杯底焦糖香浓郁、持久，滋味醇滑、爽口，汤质浓稠，口感丰富、协调，层次突出，叶底肥厚，嫩匀柔软。

228

福瑞贡茶（熟茶）

茶品简介

福瑞贡茶，经下关沱茶传承百年技艺与历史文化相融制作而成，结合下关沱茶独特风格的碗状金瓜沱茶。金瓜贡茶天降福瑞，观其形制甚似南瓜，属普洱茶独有的一种特殊紧压茶形式。

茶品档案

成型类别：布袋
发酵情况：熟茶
使用商标：松鹤延年牌
本期年份：2020年
识别条码：6939989635412
产品标准：GB/T 22111
包装规格：
600克/个×1个/盒×16盒/件=9.6千克/件
包装形式：内飞→包纸→礼盒→提袋→纸箱

品质特征

外形： 外形瓜圆优美匀整，条索紧结多毫，色泽红褐油润。
内质： 陈香浓郁独特，杯底带焦糖香，汤色红浓明亮，入口醇厚甜爽，茶水丝滑柔顺，叶底褐润柔亮。

始创于1902
大气明理 知己好茶

229

景谷月光白茶（200克盒装）

茶品简介

景谷月光白茶，优选景谷特种大白茶一芽一叶精制而成，满披白毫，条索银白，似月光普照。茶汤清亮，清香袭人，滋味醇和。

茶品档案

成型类别：布袋
发酵情况：白茶
使用商标：松鹤延年牌
本期年份：2015年
识别条码：6939989629459
产品标准：Q/XGT 0010 S
包装规格：
200克/片×1片/盒×28盒/件=5.6千克/件
包装形式：内飞→包纸→纸盒→提袋→纸箱

品质特征

外形：饼形周正，松紧适中，满披白毫，条索银白，似月光普照。
内质：茶汤清亮，清香袭人，滋味醇和。

2016年300克袋装

2016年150克袋装

230

下关柑普·天马小青柑普洱熟茶（调味茶）系列

茶品简介

下关柑普，均采用新会一线核心产区，天马产区柑果为原料，搭配下关沱茶高品质熟茶，茶味与柑味融合得恰到好处，口感协调，香气饱满，轻品入口，齿颊留香。

2016年90克盒装

2017年100克罐装

2017年250克罐装

（其他信息洋见包装）

231

下关柑普·大红柑普洱熟茶
（500克罐装）

茶品简介

下关柑普大红柑，是将大红柑果肉掏空，果皮摊晾之后装入下关沱茶熟散茶进行低温干燥。柑果的甜香与普洱熟茶的醇厚滋味相互缠绕，变换协调，融合出温暖而撞击人心的味道。

茶品档案

成型类别：散茶
发酵情况：熟茶
使用商标：松鹤延年牌
本期年份：2016年
识别条码：6939989630998
产品标准：Q/XGT 0012 S
包装规格：500克/罐×6罐/件=3千克/件
包装形式：包纸→纸袋→铁罐→纸箱

品质特征

外形：形状端正匀称，具有大红柑及普洱熟茶的香气。
内质：汤色红浓明亮，滋味醇和甘爽，回味持久明显。

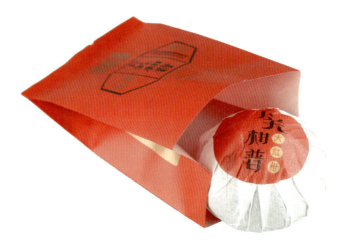

星罗龙珠（生茶）

星罗龙珠（熟茶）

232

微关世界　星罗龙珠系列

星罗龙珠（红茶）

星罗龙珠（白茶）

系列简介

下关沱茶微关世界的星罗系列产品名字来源于"星罗棋布"，包含星罗龙珠系列、星罗圆饼系列两种形状，多种口味，多样选择，多重包装。

星罗龙珠（玫瑰普洱熟茶）

星罗龙珠（陈皮普洱熟茶）

（其他信息详见包装）

始 创于1902

233

下关红红茶（300克、100克）

茶品简介

下关红红茶，原料优选自凤庆县优质红茶，一芽一叶采摘，保证茶叶鲜爽度；外包装采用大理的文化元素、松鹤、明月跃然纸上，闲云野鹤间，似乎行走在绯红叶片的香气里，每一刻都在绽放红茶的慢生活。

茶品档案

成型类别：散茶
发酵情况：红茶
使用商标：松鹤延年牌
本期年份：2016年、2017年、2018年、2020年
识别条码：6939989630271（2016年—2018年300克）
6939989635245（2020年300克）
6939989635238（2020年100克）
产品标准：GB/T 13738.2
包装规格：
300克/袋×28袋/件=8.4千克/件（2016年—2018年300克）
300克/盒×24盒/件=7.2千克/件（2020年300克）
100克/盒×75盒/箱=7.5千克/箱（2020年100克）
包装形式：纸袋→纸箱（2016年—2018年）
食品袋→纸盒→纸箱（2020年）

2016年—2018年300克袋装

2020年300克盒装

品质特征

外形：条索紧结，色泽红棕油润，金毫显露，匀整洁净。
内质：汤色红艳明亮，金光浮动，香气糖香高扬持久，滋味醇厚鲜爽，蜜糖香浓郁，叶底红匀明亮。

2020年100克盒装

234

精春尖茶（光阴的故事）

茶品简介

2016年精春尖茶，采摘于2003年—2004年的春尖晒青毛茶，历经12年的陈化，精选精制。

茶品档案

成型类别：散茶
发酵情况：绿茶
使用商标：松鹤延年牌
本期年份：2016年
识别条码：6939989635412
产品标准：Q/XGT 0013 S
包装规格：60克/罐×56罐/件=3.36千克/件
包装形式：食品袋→铁罐→纸箱

品质特征

外形：条索紧结，色泽绿黄，油润显毫，匀整洁净。
内质：香气清香纯正，汤色黄绿明亮，滋味浓尚醇，叶底黄绿匀嫩。

始创于1902
大气明理 知己好茶
XIAGUAN TUOCHA

235

春尖茶（100克盒装）

茶品简介

2016年，下关沱茶（集团）股份有限公司重新恢复春尖茶的生产包装，春尖茶以全新形象走向市场。新版外盒包装色彩大气亮丽，以浅绿和墨绿拼接而成，保留旧版上经典竹叶图案，内包装为锡箔纸袋。

茶品档案

成型类别：散茶
发酵情况：绿茶
使用商标：南诏牌
本期年份：2016年
识别条码：6939989629671
产品标准：Q/XGT 0013 S
包装规格：100克/盒×84盒/件=8.4千克/件
包装形式：食品袋→纸盒→纸箱

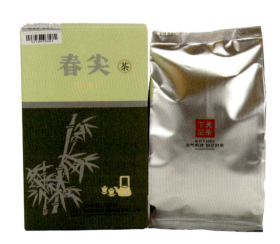

品质特征

外形：条索紧结，色泽绿黄，油润显毫，匀整洁净。
内质：香气清香纯正，汤色黄绿明亮，滋味浓尚醇，叶底匀净较嫩。

236

苍山秀芽　绿茶

（100克铁罐纸盒装）

茶品简介

苍山秀芽原料来自大理苍山海拔2300米以上高山生态茶园。由于海拔高、纬度高、自然生态环境优异，苍山雪水滋润灌溉，苍山高山生态茶园的茶叶中氨基酸含量比一般名优绿茶高，茶多酚与氨基酸比例协调，使苍山绿茶品质独特，香高馥郁呈板栗香，口感饱满鲜爽持久，回甘独特，成为云南绿茶之经典。

茶品档案

成型类别：散茶
发酵情况：绿茶
使用商标：松鹤延年牌
本期年份：2017年
识别条码：6939989632109
产品标准：GB/T 14456.2
包装规格：100克/罐×24罐/件=2.4千克/件
包装形式：食品袋→铁罐→纸盒→纸箱

品质特征

外形：条索肥嫩紧实有锋苗、匀整，色泽青绿润，白毫显露。
内质：香气嫩香浓郁，滋味浓厚鲜爽，汤色黄绿明亮，叶底嫩匀黄绿明亮。

237

品格（陈皮普洱熟茶）

茶品简介

陈皮品格，经典普洱熟茶配上新会陈皮，陈皮切细丝，均匀融入普洱熟茶，压制为迷你小砖茶，呈小方格状。品格陈皮普洱熟茶，精致小巧的造型，高档硬质纸盒包装，方便携带。

茶品档案

成型类别：铁模
发酵情况：调味茶
使用商标：松鹤延年牌
本期年份：2017年、2020年
识别条码：6939989631575
产品标准：Q/XGT 0012 S
包装规格：
60克/片/小盒×10小盒/大盒×12大盒/件=7.2千克/件
包装形式：
包纸→小方盒→外包装盒→提袋→纸箱

品质特征

外形：呈方格状，棱角分明，条索紧结。
内质：汤色红亮，入口柔滑，焦糖香、陈皮香萦绕，回味悠长。

238
佩紫饼茶

茶品简介

下关佩紫饼茶，精选勐海生态产区大叶种紫娟晒青茶精制而成。茶叶品质上乘，茶性稳定。紫娟，是一种珍贵稀有的茶树品种，属山茶科山茶属茶种中的普洱茶变种，其嫩梢的芽、叶、茎均为紫色，花萼、花梗呈浅紫色，果皮微紫，故取一独特之名——紫娟。

茶品档案

成型类别： 布袋
发酵情况： 紫鹃茶
使用商标： 松鹤延年牌
本期年份： 2017年
识别条码： 6939989632534
产品标准： Q/XGT 0016 S
包装规格：
360克/片×1片/盒×24盒/件=8.64千克/件
包装形式： 内飞→包纸→礼盒→提袋→纸箱

品质特征

外形： 饼形圆整，弧度优雅，条索娟秀纤长，显毫完整，色泽暗紫光润，幽香暗藏。
内质： 茶汤紫光盈盈，透亮灵动，香味独特，有鲜叶混合淡淡花香的清新，入口微苦，后转为柔和的甜香，滋味醇美，水路细腻，纯净甘活，喉韵明显，茶气温和。

始创于1902 大气明理 知己好茶

239

高山云雾老树红红茶系列

茶品简介

高山云雾老树红红茶，源自1600米海拔原生态秘境茶园，经传统滇红工夫茶加工工艺形成红毛茶，并在下关严格精选分装和压制。

散茶（200克罐装）

泡饼（200克单盒装）

（其他信息详见包装）

240

珍瑰　玫瑰普洱熟茶

（200克礼盒装）

茶品简介

珍瑰普洱熟茶采用玫瑰散面工艺，玫瑰的芳香遇上普洱茶的醇厚，花香和陈香交融协调。包装采用单饼、单盒礼盒包装的设计方式，在配色、选材、设计等方面简约时尚，清新新颖。

茶品档案

成型类别：布袋
发酵情况：调味茶
使用商标：下关沱茶牌
本期年份：2017年
识别条码：6939989632237
产品标准：Q/XGT 0015S
包装规格：
200克/片×1片/盒×24盒/件=4.8千克/件
包装形式：内飞→包纸→礼盒→提袋→纸箱

品质特征

外形：呈圆饼形，圆整匀润，色泽红褐娇嫩。
内质：汤色红浓透亮，香气陈香和花香交融，滋味浓醇。

241

下关归臻（白茶）

茶品简介

归臻龙珠白茶精选云南大叶种古树白茶，使用传统手艺手法揉制，完整保留茶叶内质，茶香四溢。

茶品档案

成型类别：专用模具
发酵情况：白茶
使用商标：松鹤延年牌
本期年份：2018年
识别条码：6939989633227
产品标准：Q/XGT 0010S
包装规格：
8克/个×12个/盒×28盒/件=2.668千克/件
包装形式：锡纸→内盒→外盒→提袋→纸箱

品质特征

外形：呈圆珠状，小巧圆整，条索肥壮清晰，色泽银白油润，白毫显露。
内质：汤色金黄油亮，香气纯爽带嫩香，滋味清甜，回甘舒适，叶底黄绿匀嫩。

柠檬红茶（青柠）

242

柠檬红茶（青柠、黄柠）

茶品简介

2018年柠檬红茶，采用单个独立包装的形式，有青柠和黄柠两种口味，优选新鲜柠檬和特级红茶精制而成，柠檬清爽，红茶甜润，水果与茶结合，给你不一样的味蕾冲击。

柠檬红茶（黄柠）

（其他信息详见包装）

243

下关白茶（320克盒装）

茶品简介

下关白茶，优选一芽一叶大白茶精制而成，满披白毫，条索银白，似月光普照，茶汤清亮，清香袭人，滋味醇和。包装形式采用单片单盒包装，包装风格清新时尚。

茶品档案

成型类别：布袋
发酵情况：白茶
使用商标：松鹤延年牌
本期年份：2018年
识别条码：6939389633807
产品标准：Q/XGT 0010 S
包装规格：
320克/片×1片/盒×5盒/提×4提/件=6.4千克/件
包装形式：
内飞→包纸→纸盒→提盒→提袋→纸箱

品质特征

外形：饼形周正，松紧适度，芽头肥壮，色泽银绿，白毫满披。
内质：茶汤清亮，清香袭人，滋味醇和，叶底肥嫩、柔软。

白茶

244
下关龙珠系列

红茶

茶品简介

2019年特别推出下关金花龙珠系列，五种跳动的颜色，五款经典的口味（生茶、熟茶、红茶、白茶、陈皮普洱熟茶），别出心裁地将大理五朵金花的形象绘制于产品外盒之上，一颦一笑尽在其中。

生茶

熟茶

陈皮普洱熟茶

（其他信息详见包装）

245

下关茉莉花茶

（特级、甲级、乙级）

茶品简介

下关茶厂（下关沱茶前身）制作花茶的历史悠久，早在1958年，下关茶厂就开始试制茉莉花茶，1959年，生产出为国庆10周年献礼的焙制香茶（茉莉花茶）。2019年，下关茉莉花茶全新上市，分特级、甲级、乙级三个等级，每个等级分别有50克、100克、200克三种包装形式。三种等级，三种包装，满足不同需要。

特级

甲级

乙级

（其他信息详见包装）

246

月华古树白茶（320克礼盒装）

茶品简介

月华古树白茶精选云南大叶种景谷古树大白茶为原料，具有独特而明显的香甜风格和山野气韵，干茶叶面乌黑，叶背银白，如月色皎柔华美，相看唯月华。

茶品档案

成型类别：石袋
发酵情况：白茶
使用商标：松鹤延年牌
本期年份：2020年
识别条码：6939989635733
产品标准：Q/XGT 0010 S
包装规格：
320克/饼×1讲/盒×20盒/件=6.4千克/件
包装形式：内飞→包纸→礼盒→提袋→纸箱

品质特征

外形：饼形圆正，松紧适度，色泽银白，芽头肥硕，白毫满披。
内质：汤色橙黄明亮，香气毫香浓郁带花香，香气持久，入口香气四溢，滋味甜醇，汤质饱满、协调，回甘生津明显。

大气明理 知己好茶

247

小蜜（红茶）、小茉（茉莉花茶）

茶品简介

小蜜（红茶）：包装采用淡淡浅粉外包装，搭配花纹元素，清新不失甜蜜，温柔且治愈。精选滇红原料分装，每一片金芽里都蕴藏着甜蜜茶香。

小茉（茉莉花茶）：包装采用清澈透亮的浅蓝，自带清凉滤镜，是夏日午后悠然自在的美。内部独立包装，茶香与茉莉花香交融，沁人心脾。

小蜜（红茶）

小茉（茉莉花茶）

（其他信息详见包装）

包销品

248
飞天龙柱

茶品简介

飞天龙柱，精选陈年云南高山老树茶精制而成，茶质粗壮肥嫩，茶味醇厚，品之芳香四溢，甘醇润滑，生津回韵，沁人心脾，造型独特，实为品饮珍藏之佳茗。

茶品档案

成型类别：专用模具
发酵情况：生茶
使用商标：松鹤延年牌
本期年份：2014年
识别条码：6939989627547
产品标准：GB/T 22111
包装规格：
2.6千克/个×1个/盒×4盒/件=10.4千克/件
包装形式：内飞→包纸→提盒→纸箱

品质特征

外形：柱状，外观圆整厚实，色泽油润。
内质：香气蜜香显著，汤色橙黄透亮，滋味醇厚饱满，回甘生津持久，层次感丰富。

历年生肖茶

249
生肖茶系列

茶品简介

下关沱茶（集团）股份有限公司是普洱茶界首家开始研制生产生肖系列产品的企业。从2007年起，制作出第一款与农历年份生肖相对应的生肖茶——金猪富贵。其后，生肖系列产品成为下关沱茶每年必出的代表性产品之一。2018年生肖茶——灵犬收官成为第一轮生肖茶的收官之作。2020年，开启第二轮生肖茶系列产品。

（其他信息详见包装）

第一轮生肖茶（2007年—2018年）

2007年金猪富贵

2008年鼠兆丰年

2009年丑牛迎新

2010年福虎凌云

2011年玉兔捧寿

2012年龙腾盛世

2013年银蛇献瑞

2014年宝马啸天

2015年头羊贺岁

2016年睿猴谱春

2017年雄鸡鼎立

2018年灵犬收官

第二轮生肖茶（2020年—2021年）

2020年农历鼠年——好市当头

500克提盒装

2.2千克礼盒装

2021年农历牛年——力鼎千山

2011年—2020年其他类茶列表产品

图鉴页码	产品名称（简称）	产品图片	属性（生/熟）	成型类别	使用商标	本期年份	包装规格
1	金瓜贡茶（100克）		生	布袋	下关牌	2011、2013	100克/个×1个/盒×150盒/件=15千克/件
2	金瓜贡茶（250克）		生	布袋	下关牌	2011	250克/个×1个/盒×64盒/件=16千克/件
3	金瓜贡茶（1千克）		生	布袋	下关牌	2011、2014	1千克/个×1个/盒×12盒/件=12千克/件
4	金瓜贡茶（5千克）		生	布袋	下关牌	2011	5千克/个×1个/盒×1盒/件=5千克/件
5	金瓜贡茶（10千克）		生	布袋	下关牌	2011	10千克/个×1个/件=10千克/件
6	云南古树龙团		生	布袋	南诏	2015、2016	500克/个×1个/盒×12盒/件=6千克/件

图鉴页码	产品名称（简称）	产品图片	属性（生/熟）	成型类别	使用商标	本期年份	包装规格
7	下关普洱茶（757克）		生	布袋铁模	下关沱茶牌	2017	757克/盒×5盒/件=3.785千克/件
8	下关普洱茶（410克）		生	布袋铁模	下关沱茶牌	2017	410克/盒×8盒/件=3.28千克/件
9	三肖聚首团茶		生	布袋	下关沱茶牌	2018	60克/个×12个/盒×8盒/件=5.76千克/件
10	和谐盛世金瓜茶		生	布袋	松鹤延年牌	2019（含普通版和老字号版）、2020	500克/个×1个/盒×8盒/件=4千克/件
11	苍洱知春金瓜		生	布袋	松鹤延年牌	2019	660克/个×1个/盒×8盒/件=5.28千克/件
12	下关龙马（特级）宫廷普洱茶		熟	散茶	松鹤延年牌	2015	250克/袋×1袋/盒×32盒/件=8千克/件

大气明理 知己好茶

图鉴页码	产品名称（简称）	产品图片	属性（生/熟）	成型类别	使用商标	本期年份	包装规格
13	下关龙马（一级）宫廷普洱茶		熟	散茶	松鹤延年牌	2015	100克/袋×1袋/盒×48盒/件=4.8千克/件
14	金印茶包		熟	散茶	松鹤延年牌	2016 2017	3克/袋×15袋/盒×56盒/件=2.52千克/件
15	熟普洱（袋泡茶）		熟	散茶	TEASPEC牌	2017	3克/袋×15袋/盒×56盒/件=2.52千克/件
16	和谐盛世金瓜茶		熟	布袋	松鹤延年牌	2018 2019（普通版和老字号版）2020	500克/盒×1个/盒×8盒/件=4千克/件
17	苍洱之贡金瓜		熟	布袋	松鹤延年牌	2019	660克/个×1个/盒×8盒/件=5.28千克/件
18	寻味古树普洱散茶		熟	散茶	松鹤延年牌	2020	100克/小盒×2小盒/大盒×10盒/件=2千克/件

图鉴页码	产品名称（简称）	产品图片	属性（生/熟）	成型类别	使用商标	本期年份	包装规格
19	下关龙马（一级）春尖茶		晒青绿茶	散茶	松鹤延年牌	2015	250克/袋×1袋/盒×32盒/件=8千克/件
20	金印茶包		晒青绿茶	散茶	松鹤延年牌	2016 2017	3克/袋×15袋/盒×56盒/件=2.52千克/件
21	下关龙马（一级）春尖茶		晒青绿茶	散茶	松鹤延年牌	2016	100克/袋×1袋/盒×48盒/件=4.8千克/件
22	下关古树红茶		红茶	散茶	下关沱茶牌	2017	250克/袋×1袋/盒×24盒/件=6千克/件
23	生普汇（袋泡茶）		晒青绿茶	散茶	TEASPEC牌	2017	3克/袋×15袋/盒×56盒/件=5.52千克/件
24	新会天马小青柑		调味茶	散茶	松鹤延年牌	2018	150克/袋×28袋/件=4.2千克/件

图鉴 页码	产品名称（简称）	产品图片	属性 （生/熟）	成型 类别	使用商标	本期 年份	包装规格
25	春尖茶		晒青绿茶	散茶	南诏牌	2019	100克/袋×1袋/盒×84盒/件=8.4千克/件

下关沱茶

图鉴

2011年—2020年

附 录

实施卓越绩效　铸就品质沱茶

——云南下关沱茶（集团）股份有限公司褚九云总经理访谈录

下关厂区大门

中国是茶的故乡，也是最大的茶叶生产国和消费国，但中国茶业至今没有世界级企业。随着国际经济全球化、一体化的加速推进，国际贸易合作与竞争的关系不断深化，中国茶业必须尽快提质增效、转型升级，才能成为茶叶强企，才能不断占领国内外市场。在当今经济全球化的进程中，企业也在此过程中不断摸索前行，深刻地意识到质量是企业稳固发展的命脉，是取信顾客、立足市场的根本保证，而高质量的管理和优秀的管理制度才是保证产品质量的坚实基础。

云南下关沱茶（集团）股份有限公司作为云南省生产量和出口量名列前茅的国家级龙头企业，深知只有始终做到质量第一，优于国内外质量标准，成为企业质量标杆，才能更好地占领和扩大市场，做大做强传统行业，实现可持续发展。企业多年来的发展史便是质量管理的发展史。对质量管理的不断加强、管理水平的不断提高，有力地促进了企业的快速发展。

下关沱茶是云南省两个百年历史品牌之一（另一个为云南白药），它于1902年始创于中国茶马古道中心——大理（下关），在国内外茶业界知名度颇高。公司前身为创制于1941年的康藏茶厂，20世纪50年代中期改为国营"云南省下关茶厂"。20世纪80—90年代，企业发展突飞猛进，但作为一个典型的制茶企业，其营销理念、技术应用、质量管理方法等都比较滞后，导致产品质量合格率不高且波动大，急需探索一种既符合制茶企业实际又科学有效的质量管理模式，实现企业可持续发展。

企业如何深化全面质量管理（TQM）方法，使之与企业实际结合，探讨出一种使各工序质量水平更稳定的质量管理先进模式，实现规范化、制度化、科学化、标准化、严格化、效率化、长期化。为突破发展瓶颈，公司于1988年成为云南省制茶企业首批推行全面质量管理试点企业，初步建立了较为全面、系统、科学的现代质量管理方式，并于1989年顺利通过省级验收，同年荣获云南省质量管理奖、轻工部质量管理奖，1990年被考核认定为国家二级企业。

在全力推进TQM基础上，1993年7月公司在全国茶叶行业率先推行"工序质量标准化考评制度"——以考评办法、考核指标、结果处理三方面相结合，力图实现公司质量管理规范化、制度化、标准化、严格化、长期化。公司专门制定了《公司工序质量考评办法》，明确全过程、各环节、各工序、各项目质量考核标准、考核细则，各项规程及奖惩办法，不断持续改进，并在大量考评结果的基础上，进行了一系列技术和管理重大创新。同时结合公司通过的ISO9001质量管理体系和国家诚信管理体系认证，不断完善管理方法和管理模式。2016年以来，公司通过导入卓越绩效管理模式，再次丰富、完善质量考评体系。

在企业发展过程中，我们可以清晰地看到其推动高质量发展的具体路径。

1995年起，制度不断完善、不断推进、不断创新。

1995年起，抽检（样品）量扩大1倍，考评对象扩大到各关键工序控制点，并加大了奖罚力度。

1998年起，考评对象扩大到公司原料、采购包装物、车间半成品、成品等各工序、各环节。

下关沱茶（甲级）连续三次荣获"国家质量银质奖"

　　2001年起，抽检量再次扩大50%，与国家质量技术监督部门执法抽检办法接轨，并把该制度列入车间生产合同中。根据月度年度考评结果，不仅对车间、部门实行经济处罚，而且与行政绩效挂钩。针对个别产品质量考评结果提升慢等情况，公司及时调整单机产量（定额），以确保产品质量稳定提升，做到质量第一。

　　2006年7月起，抽检量又扩大到50个/组/天，考评结果统计分析方法与国家质量技术监督部门接轨。加大停机考核力度，加强机组人员培训和淘汰机制。

　　自2012年车间全面进行计件管理以来，公司对车间班组、班组对机组考评实现了每天一次，机组人员当天工资收入与当天质量合格率挂钩，更加强化了员工的质量意识。

　　2013年起，公司开始强化对原料采购和原料质量验收的考评力度，制定了《毛茶原料质量验收规程》《毛茶原料供应商选择和考核方案》《毛茶原料质量考核及供应商管理办法》等。

　　2014年起，加强对关键工序质量考评力度，为提高关键工序控制点一次性合格率，质量部增加了2倍的抽检频次和奖惩力度，公司实行了"劳动竞赛"，对"劳动竞赛"中完成质量考核指标的工人的奖励年增加60多万元。

　　2017年，在拣剔等工序开展"零恶性杂质"专项行动，公司年增加投入200多万元。拣剔工序增加了3倍的抽检次数，扩大了抽检覆盖面。包装及压制工序增加了20个检验工岗位，强化了其杂质检验的职能。下调了拣剔劳动定额等措施。

　　2018年，强化了对原料进厂质量验收的考评力度，制定了云南省最严格的原料质量标准和验收制度，当年拒收云南省各地原料数量占原料总采购量的26%！

　　一直以来，下关沱茶在生产规模、产品质量、技术水平方面始终在中国茶行业名列前茅，为持续改进产品质量，公司及时制定和实施三年发展规划。《公司2017年—2019年市场质量技术提升规划》提出了三年质量技术提升具体目标和创新措施，旨在打造普洱茶行业质量技术标杆！只有不断完善方法，持续创新，及时导入学习先进模式，强化质量技术管理，才能实现规划目标。

公司关于产品质量部分获奖证书

　　近年来，公司先后开展了"工序质量标准化考评""食品卫生""绿色食品""沱茶净含量""沱茶外形质量""筛制半制品质量"等11个QC小组，其中10个小组荣获"云南省优秀QC小组"称号。有4个生产班组荣获"云南省优秀班组"称号。通过系列活动极大地促进了全体员工的积极性、主动性、创造性，工序产品质量也得到明显提升。

　　"国家茶叶技术研发分中心"每年组织下达10个以上课题任务。如沱茶、七子饼茶净含量合格率，多年来考评结果合格率都只在96%左右，属于"系统问题"，经过反复研究后，计量设备进行提升改造，公司主导产品（紧压茶）净含量合格率均达99%以上，实现了历史性突破！依托技术创新活动的开展，设备及技术大幅提升，达到行业领先水平。公司先后投入1500多万元改造提升、研制生产了一批清洁化、自动化制茶设备，极大地促进了工序产品质量的稳定提升，提高了生产效率，保障了安全生产，并获得了多项专利。

经过多年来的持续改进与创新，下关沱茶逐步走出了一条质量效益型发展之路，至今已形成"公司至车间（部门）、车间至班组、班组至个人"层层考评的立体化、多层次企业质量考评体系。该考评体系已成为企业质量管理和产品质量技术水平不断跃上新台阶的重要管理工具。

全面质量管理体系的实践充分证明全面质量管理对推动企业发展的有效性，使得企业各项工作走上了科学化、制度化和规范化的道路，并收到了明显成效。根据大量的各工序质量考评结果，公司制定了《三年市场营销规划》《三年技术进步规划》等，针对性地出台了一系列技术创新和管理创新举措，产品质量和市场建设取得了重大进展，得到了业界充分认可。公司的技术质量水平、质量管理水平在普洱茶行业名列前茅，为打造普洱茶第一品牌，不断改进产品质量奠定了坚实基础。产品质量不断提升，各个过程对半制品及半成品的考核合格率均呈现稳步上升趋势，从而保证了成品出厂合格率达到100%。

根据大量考评结果，公司对各工序质量技术存在的问题从人、机、料、法、环节等各方面进行系统"因果"分析，针对性筛选确定各种攻关课题，使相关工序产品质量明显提升。如：小沱茶加工机及其辅助设备的研发和生产线的建成有效拓宽了公司高品质快销产品的销售渠道，培植了新的利润增长点。心脏形紧压茶、柱茶的戎形模具、饼茶包装辅助设备、喷码给进装置等实用新型专利的应用则有效提高了公司产品的标准化程度和工作效率，使产品质量得到提升，经营成本得到降低。特别是逐步投产的银桥新厂区，以标准化、自动化、智能化为建设宗旨的现代化工厂更是凝结了几代下关茶人的智慧结晶。

第四届云南省政府质量奖现场核查汇报会

公司自主研发设计的拼堆机

茶叶压制的自动计量设备

除尘设备

风选设备

筛分设备

沱茶压制生产线

大量翔实的考评数据，使得来厂进行管理或产品各项认证审核的国内外专家、客户赞不绝口。企业也成为农业农村部国家茶叶加工专业委员会首批茶叶加工技术研发分中心。受益于长期坚持标准化的质量管理，公司成为国家茶叶标准化委员会主要成员，参与起草《沱茶》《紧茶》等国家标准，先后起草、完善10多个企业标准，提升了企业的行业话语权。

通过科学管理方法的应用，夯实了基础管理，公司顺利通过了各种国内外管理体系和产品认证。在云南茶业界，下关沱茶是第一批通过TQM、中国绿色食品、国家地理标志保护产品和云南名牌产品等一系列认证的企业。百年品牌效应在长期的历练中得到了较大提升，下关沱茶品牌和下关沱茶系列产品逐渐在市场和消费者中形成了内化的认识，对公司的生产经营起到了良好的推动作用。

实施全面质量管理，这是现代企业经营管理普遍适用的方法论。纵观整个发展历程，我们看到，下关沱茶深知必须探索制定一种符合企业自身实际和运用先进理论方法相结合的具有自身特点的质量管理模式或方法，才能实现企业的腾

飞。下关沱茶在20世纪80年代末推行深化全面质量管理和运用其先进的新老七种统计工具的基础上，1993年起充分结合"劳动密集型、传统工艺多、人为因素多"等企业特点，探讨并实施了"公司工序质量标准化考评"制度，成效明显，经验宝贵，又促进了企业质量管理走向规范化、标准化、严格化。时至今日，这套成熟的质量管理模式还在随着行业的变化和公司自身实际情况的变化进行不断的改进和创新。

在经济全球化发展的必然趋势下，行业间的竞争俨然已演变为质量和品牌之间的竞争，从更深层次来看，又表现为企业文化、质量管理和技术创新的竞争。20多年来，下关沱茶一直在坚持并不断完善、不断创新该管理模式，该模式不仅成了公司管理历史上执行制度的"典范"，更重要的是使下关沱茶的产品质量始终稳定在一个较高的水平上，公司也因此不断取得了重大的发展。该模式早已被列为公司的基本质量管理制度，成为部门车间日常基本工作职责，并得到不断完善、创新发展。在深化工序质量考评制度的同时，更重要的是根据考评结果加快技术进步，加强管理创新，使产品质量持续稳定提升，真正成为行业质量标杆，才能在全球化竞争中站稳脚跟。

本文摘自《创新中国茶》

下关沱茶的诞生及意义

杨 凯 / 文

大理洱海

　　大理是滇西古城，是明代从滇中到老挝、缅甸、泰国清迈的贡道枢纽，也是茶马古道上通往吐蕃的最重要的中转地。

　　大理古产茶，大理的感通寺茶在明代为云南第一，具有普洱茶越陈越香的属性。由于不是本文重点，这里就不展开论述了。

　　清末，大理是产自滇西的普洱茶运输的重要中转地，后路马帮也就是祥云、巍山一带的马帮每年从六大茶山将总产量的大约三分之一运走，其中，三千扛（每担相当于50千克左右）经过大理、丽江运进藏区。其他有就地销售，也有以散茶形式通过四川销往全国的。而以饼茶形式销往内地的普洱茶则由石屏茶帮所控制，走昭通而不是从大理进入四川。

　　清末边境贸易的突起，带来现代商品经济的大发展，不但促进了腾冲的经济建设，也将当时归凤仪县管理的下关建成贸易转运中心，大理、鹤庆、腾冲的商人们纷纷在这里设立总号，一时间，马欢人闹，辐辏云集，摩肩接踵，好不热闹。

　　下关成了大理的新城。

沱茶的诞生

　　下关对茶业最重要的贡献就是发明了沱茶。

　　1903年（另说1902年），大理喜洲商人严子珍和同乡杨鸿春、江西商人彭永昌集资1万两纹银，成立"永昌祥"商号，经营茶叶、生丝、布匹、山货、药材等。这些商品中的茶叶，当时主要是散茶，从云南或走德钦（当时叫阿墩子），进入巴塘、理塘；或走丽江、木里、雅安运往成都或康定（当时叫打箭炉）方向。彭永昌也做些雅安茶经康定进藏的买卖。

　　长期的茶叶运输使他们发现，散茶运输货"泡散"，容易齑碎，饼茶又一饼紧压一饼，透气性差，容易生霉。永昌祥研究了景谷姑娘茶、藏销的心脏形紧茶以后，开发出了一种窝头型，背后有一个碗状的后窝的沱茶，一举占领了四川市场。

　　1917年，他们将沱茶定型为每筒五圆，每个重9两的形制。别小看这个五圆，它是下关沱茶与稍后出现的景谷沱茶最直观的区别。

　　永昌祥在重庆、自贡、汉口等地大力宣传，加快了人们对沱茶的认知，沱茶完全取代了圆茶在内地的地位。

　　20世纪30年代，他们还在缅甸、美国做过宣传尝试，但缅甸市场不接受沱茶，美国则由于所需广告费用太高，不值得投资。

　　这里，我们说一下发明年代问题。1902或1903年，是下关永昌祥的建号年代，1908年，是下关永昌祥设厂分拣、包装茶叶的年代，两者都不是沱茶诞生的年代。这除了上面给出的文件外，永昌祥少东家杨克成的回忆里也有详细的记述。

　　沱茶发明后，并不是所有经营茶叶的商家都跟风生产，早期，只有永昌祥、奚记、德瑞利三家生产。笔者采访了九十多岁高龄的尹隆举将军，他父亲尹守善1926年担任云南总商会会长，当时是下关最著名的茶商，号名复义和。他说，他家的茶当时都是散茶，主要运销成都。

沱茶的工艺

　　滇西商帮（包括较早的鹤庆帮、腾冲帮和后起之秀喜洲帮）由于参与缅甸、四川、西康的大范围商品的交换，以及生丝、石璜、茶叶、玉石、烟土、南药、军需物品等的交易，财富积累相当迅速。有了雄厚的资本，它们的茶叶贸易量也在增大。他们开始在下关设厂，雇用工人进行茶叶分拣和包装。这个时间大约起始于1908年，这一年，永昌祥扶持下关注仲侯、陈德先、陈思贤等人，在下关建立了茶叶工厂，拣选加工茶叶。

　　1916年，永昌祥共生产沱茶十担（约合500千克），运往四川销售。随后，他们在原料阶段增强管理和控制，将传统的普洱茶初制加工粗放，难免萎凋、发酵，克服导致汤色红变的缺点，生产出优质的绿汤上等下关沱茶，充分突出了大叶种茶清香独绝的特点。1923年，他们注册了蓝色松鹤商标。

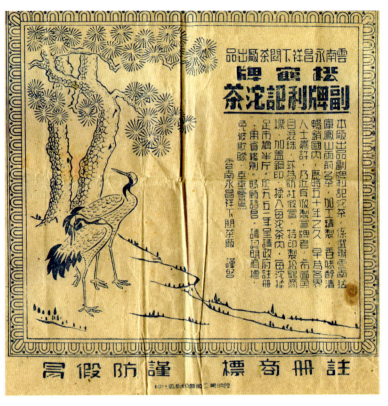

沱茶包纸——蓝色松鹤商标

关于沱茶的配比和工艺，历来有很多说法。

笔者略举一二，罗列于下：

杨克成说法：

现在能把这种配方记得完整的，有前述永昌祥总技师陈思贤。下面是他的口述，由旁人记录下来的配方。

1. 本牌沱茶：每圆重九两二钱。勐库茶六成，凤山茶四成。系一般用料。如头批茶系以三七成配料：三尖二两，二盖三两，底茶四两，外加白毛尖一钱（以上都全用明前春茶，不参加其他）。

2. 副牌沱茶：每圆重八两二钱。凤山茶六成，勐库茶四成，计三尖二两八钱，二盖一两九钱，底茶三两五钱。春尖杂茶可参用一部分；其中并可参用春中一部分在底茶内，最多不能超过三成。

沱茶内飞——正记牌沱茶

3. 正记牌沱茶：每圆重八两二钱。二水尖二成，春中三成，春尖五成（可以用比较次点的）。三尖二两三钱，二盖一两九钱，底茶四两。（在本牌茶抽出粗茶面，可掺入三几成在正记牌内）。

以上重量都是以老秤计算。

按原文用"成"字，有两种含义：第一，是指地区原料品种和采摘时间先后的品种的比例。如一、二，两项牌子的头一个成字指在临沧、双江等县出产的勐库茶和凤庆县出产的凤山茶。而第三项牌子的头一个成字则指在清明节前后采摘二水茶、春中茶、春尖茶。第二，是指每品种茶叶经过拣选以后的品级。如第一项牌子的第二个成字（所谓三七成）则是指三尖二两加毛尖二钱共二两二钱算30%，二盖三两加鹿茶四两共七两算70%，三尖是最细的茶条，揉制时放在沱子的顶面，又称盖面茶；二盖较粗，放在中间；底茶最粗，放在底层。而各级茶叶的品种即照第一个成字的比例搭配，然后再照称斤两。

从这个配方可以看出，本牌沱茶的特点在于：（1）勐库品种用得多；（2）全用头批明前春茶；（3）细茶条拣制认真，分量适合。其中勐库春尖香味浓郁是关键，凤山春尖则还兼备"看样"好。"名牌"的真实内容就是如此。

——杨克成《永昌祥简史》

云南中国茶叶公司的调查

当时的下关沱茶实际分为"关庄沱茶"（亦名 "本庄泛茶"）和"景关泛茶"（亦名"副牌沱茶"）两种。他们的配料分别为：

	头盖	二盖	里茶
重量（旧制）	九钱	一两六钱	五两五钱
本庄用茶	凤山	凤山、勐库	勐库
副牌用料	凤山	勐库、景谷	景谷

沱茶的意义

沱茶的诞生，不只是产品外形的改变，同时，它带来了产业基地的转移和新的饮茶美学。

一、过去，茶叶主产区在思普地区的六大茶山、勐海，而沱茶的原料，更多地选用新茶区凤庆、勐库和景谷原料。云南沱茶主要分成三种：关沱——选用凤庆和勐库原料，每筒5圆；景沱——选用景谷原料，每筒4圆；另一种景关沱。四川、重庆等地对沱茶的大量需求，使得下关每年加工的沱茶产量都在数万担。一时间，茶叶的原料基地北移，由西双版纳变为景谷、勐库、凤庆；同时，加工基地从易武、思茅变为下关、昆明。

二、沱茶的出现，带来了一个对于绿茶更有竞争力的新产品，这使得六大茶山更多地把他们的普洱茶运往中国香港地区和南洋，变成了一种侨销茶。

三、沱茶的出现，使大叶种茶的原料能够更好地得以应用。也就是说，沱茶使用了滇西的高档原料，低档原料加工成牛心形紧茶，销往西藏。这改变了过去勐海等落后地区一年只采摘两次茶叶的粗放模式，可以通过多次采摘，精细分拣，提高云南茶叶产量，提高土地利用率和茶农的收入。

　　永昌祥的成功，带动了整个下关的茶叶产业发展，1930年前后，代工"皇帝"汪仲侯和永昌祥的蜜月结束，他创立了自己的品牌鸿兴祥号，同时，又为昆明陈永兴的姊妹企业永利森代工，共同销售自己的鸿兴祥普洱茶和沱茶。

　　同时在下关生产沱茶的较大的企业还有：喜洲帮成记、复春和，川帮宝元通、协心美，腾冲帮茂恒（首创1/2沱茶，重老秤4两），凤庆商号顺天昌、新华号，昆明矿业银行下属的西南服务社（生产六圆一筒凤凰沱茶）等。

滇西不同文化的交汇，茶马古道、南方丝绸之路、博南古道等几条古道铸造的丰富文化底蕴，风城独特的自然气候条件，为下关创造自己独特的沱茶文化打下基础，这种文化，又被融进普洱茶文化中，丰富了普洱茶的品种，拓展了普洱茶的内涵，为喜欢普洱茶的人留下了无穷的话题。围绕着沱茶的商标文化、商号文化、茶叶工艺都实实在在地存活着，既影响着过去的产业形态，在今天也仍然为我们所利用，今后也必将继续发扬光大。

转自《普洱》杂志

下关沱茶集团的商标演变

杜发源 / 文

清朝以前，云南的茶叶更多是以散茶的形式进行交易，尽管也有不同的团茶、饼茶存在，但相对于大宗的散茶而言，还是小众。没有标准化的加工、储运和销售，很不容易产生差异化的独立包装，也就很难产生区分品牌的商标。1902年碗臼状的沱茶在云南大理的下关问世，开下关茶叶精制加工之先河，也培下了紧压茶牌号和商标产生的沃土。

下关沱茶集团的商标概况

在今天人们所熟知的下关茶厂的前身康藏茶厂成立以前，沱茶已经非常出名了，以永昌祥商号的"松鹤"牌为旗帜的名牌沱茶产品，在川渝地区家喻户晓。1941年康藏茶厂成立至今的80年中，下关茶厂的商标以1990年为界，在此以前所使用的商标都是附属于上级，先后使用过的"宝焰"牌、"复兴"牌、"中茶"牌都是由中茶公司来决定。1990年以后，自有商标才开始申请和使用，从1990年至1999年间，一共在第30类茶叶为主的项目下申请成功了16个商标。这些商标中"宝焰"牌、"松鹤（图）"牌和"南诏"牌，带有品牌系列的性质：边销茶类的砖茶、紧茶、饼茶、方茶等使用"宝焰"牌商标；内销的甲级、乙级、大众以及苍洱沱茶等沱茶类，使用"松鹤（图）"牌商标；以春尖、配茶、苍山雪绿、

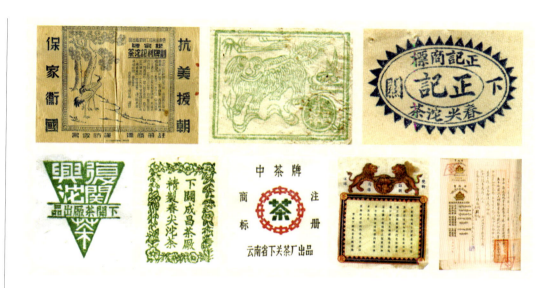

感通茶为代表的小包装散茶，使用"南诏"牌商标；以出口为主的云南沱茶（俗称销法沱），七子饼茶和散装普洱茶使用"中茶"牌商标。另有感通、三道、竹叶（图）和厂徽（图）等属于保护性商标。

　　进入21世纪以来，由于市场对产品品种的需求不断扩大，云南下关沱茶（集团）股份有限公司从2000年到2020年的20年间，有数百个单品问世，为配合对产品名称的保护，云南下关沱茶（集团）股份有限公司又先后注册了松鹤延年、甘普尔、子珍、下关金丝、8653、寺登等100多个商品商标，下关沱茶、复春和、微关世界、微关味客等十多个服务商标。2004年下关茶厂的国有股权拍卖，重组以后的下关沱茶集团重点聚焦于"下关"品牌，大部分产品曾一度集中使用"下关"牌商标，2013年"下关"商标获得中国驰名商标称号。目前，下关沱茶（集团）股份有限公司的商标以"下关"为核心品牌，兼顾"松鹤延年"牌，"宝焰"牌，"南诏"牌等与系列产品相对应的历史传承。

松鹤商标的弘扬

　　1923年5月，国民政府农商部商标局颁布了《商标法》《商标法施行细则》。有资料介绍，就在这一年，永昌祥注册了"永昌祥记"松鹤图商标，经营春尖普茶。但根据郭红军先生的考证，这个时期云南没有茶叶商标在全国被登记注册的记录。他认为：永昌祥茶厂第一次申请注册"松鹤"牌商标是在1937年4月，申请人是永昌祥商号的创始人严子珍（字镇圭），商品类别是"茶类、沱茶"。1937年10月，永昌祥的"松鹤"牌商标通过了商标局的审查，予以正式注册（注册号32651）。遗憾的是，目前尚没有该商标的实物图案面世。如果按照1930年修改后的《商标法》，注册商标的有效期为20年，那么永昌祥的这个商标在中华人民共和国成立以前应该一直有效。这一时期在沱茶上使用的商标，还有茂恒的"松月"牌，成昌的"双狮"牌、"地球"牌；复春和的"鹰球"牌、"金钱"牌和康藏茶厂的"复兴"牌。

1950年7月28日中华人民共和国政务院批准并公布了《商标注册暂行条例》，1951年6月，永昌祥商号申请了"松鹤"牌系列商标，包括正记沱茶、本牌春尖沱茶、副牌利记沱茶。同年8月，中央私营企业管理局予以正式注册（注册号自"商注字第13543号"至"商注字第13545号"）。

永昌祥松鹤牌商标的副牌利记沱茶

1952年5月24日，中茶云南公司通知下关茶厂甲级、乙级沱茶商标的印刷和使用方法，此后下关茶厂生产的甲级和乙级沱茶开始逐步启用"中茶"牌商标，由于对商标使用的规则不够重视，同时考虑成本因素等原因，对"中茶"牌商标的使用还不太规范。

1955年，对私营企业的社会主义改造基本完成，通过公私合营，留存下来的包括永昌祥下关茶厂在内的下关制茶企业，通过购买、公私合营等方式并入了中茶公司的下关茶厂，享誉中外的永昌祥"松鹤"牌沱茶，自此和中华人民共和国的下关茶厂结下了姻缘，下关茶厂百年沱茶的根得以往前延伸。

下关茶厂50年代初期使用的中茶牌商标产品　　　　　　　　　　　　下关茶厂长期使用的中茶牌内飞

1955年5月6日，中茶云南公司批复下关茶厂沱茶小商标及包纸意见，要求规范使用统一注册商标，"不能增减，因此你厂报用小商标中应删去麦穗图案"。原来库存的不规范的"中茶"牌大小商标，只能使用到内销沱茶上，用完之后完全统一到规范的"中茶"牌商标上来。此后使用在沱茶上的"中茶"牌商标一直延续到了20世纪90年代初。

1983年3月1日《中华人民共和国商标法》开始实施。云南省茶公司受中国土产畜产进出口公司的委托，与隶属关系发生了变化的下关茶厂签订了"中茶"牌商标的使用许可协议，下关茶厂继续沿用"中茶"牌商标。1985年茶叶流通体制改革以后，下关茶厂在全省精制茶加工企业中发展最快，一马当先，特别是进入到20世纪90年代以后，自主开展业务，树立独立品牌的意识越来越强。同时，中茶公司出于防止"中茶"牌商标被滥用的目的，开始通知没有合作关系的企业和产品停止使用"中茶"牌商标。1991年下关茶厂迎来建厂50周年大庆，以厂徽图案甄选为突破点，包括商标、专利等无形资产储备工作逐渐展开，为下关沱茶寻找一个和身份相符的商标，成了企业的共识。当年受到全川人士盛赞的永昌祥下关沱茶使用的"松鹤"牌商标自然就作为首选。1991年3月19日，下关茶厂申请"松鹤（图）"牌商标注册，1992年3月10日，"松鹤（图）"牌商标在第30类商品中茶叶项下注册成功，获得第585637号商标注册证。

此后，无论是以云南沱茶或是下关沱茶为名的内销沱茶（即青茶型沱茶），也就是后来新标准中的普洱茶（生茶）的沱茶，都以"松鹤（图）"牌为商标，持续了20多年。普洱沱茶（即外销沱茶），也就是普洱茶（熟茶）类沱茶，因为从20世纪70年代中期开始，以出口为主，并未同时使用"松鹤（图）"牌商标。进入20世纪90年代以后，虽然普洱茶（熟茶）类沱茶内销的份额越来越大，但由于下关茶厂和中茶云南公司之间长期的良好合作关系，相互之间互有股权投资，下关沱茶（集团）股份有限公司在普洱茶（熟茶）类沱茶生产中，使用"中茶"牌商标一直延续到了2004年上半年。

"松鹤（图）"牌商标属于纯图形商标，在最初商标使用和管理都不够严格和规范的时期，下关茶厂把自己的产品称为"松鹤"牌沱茶似乎并没有什么问题。然而当知识产权越来越受到重视，商标的使用管理越来越严格的时候，这样

下关茶厂90年代的出口型沱茶仍然使用中茶牌商标

的表述就有很大风险了，进入21世纪，这种局限所带来的问题越来越凸显。下关沱茶（集团）股份有限公司不得不对原有的商标进行提升和改造，在原来纯图形商标的基础上，增加了"松鹤延年"的文字，以图文混合商标的形式在2007年8月8日提交了新的注册申请，几经周折，2010年1月21日，"松鹤延年"牌商标获准注册，注册号为6209882号，使用商品的范围也由原来的茶，扩展到了茶叶代用品、茶饮料冰茶、咖啡、糖等多种商品。

宝焰商标的传承

康藏茶厂1941年使用的宝焰牌商标

1941年初，康藏茶厂在下关创建，随即开始了紧茶的揉制加工，9月在大理的聚星石印号印刷了内票、外票等"宝焰"牌商标标识，包括"宝焰"牌商标在内的广告画，为下关茶正式使用"宝焰"牌商标的开端。

中华人民共和国成立以后，中茶云南公司接收新康藏茶厂并改名为下关茶厂。在云南中茶的企业中率先恢复了茶叶生产，并沿用原来的"宝焰"牌商标来进行紧茶的生产与销售。1951年8月24日，中茶云南公司同意下关茶厂印制"宝焰"牌内商标和大商标，版面图文除将原生产企业改为"中国茶叶公司云南分公司下关茶厂出品"以外，其他的所有板式和标识都未做调整。从此后下关茶厂为其他企业代为印制商标和包装纸的档案记录来看，这个"宝焰"牌商标当时不仅仅只由下关茶厂使用。

1952年，"中茶"牌商标注册，在全国进行推广，以后"宝焰"牌商标的命运几经坎坷。1955年4月16日，中茶云南公司批复："同意废除大商标，同时将统一商标印于绵包纸上……并希望销区加强宣传工作，保证品质同前一样。"1955

年4月26日中茶云南公司丽江办事处向丽江专区各县贸易支公司和供销合作社发出通知：取消"宝焰"牌饼茶大商标，用中茶牌统一商标……请即向消费者解释，并请反映情况。使用了十几年的"宝焰"牌商标，逐步增加了"中茶"牌商标的元素。

根据1955年5月17日，中茶云南公司批复下关茶厂紧茶商标意见处理情况，在商标使用中，"中茶牌统一商标，并附用藏文注语，已请民族事务委员会批准代译"。1956年4月，中国茶叶采购局根据驻缅甸大使馆及仰光中国银行反映的情况：为维护紧茶在中国西藏和国外市场的信誉，我局拟将"宝焰"牌紧茶办理商标注册。在这段要求全国使用统一的"中茶"牌商标的过程中，下关茶厂及边茶主销区的丽江等各地都提出了不同的意见，当地茶商及所联系的其他大部

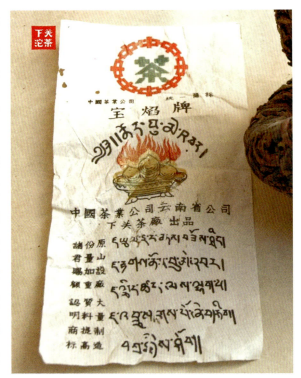

下关茶厂50年代使用带有宝焰牌的中茶牌商标

分茶商认为：取消内商标会影响销售，为了符合民族地区习惯，专以"宝焰"牌作为识别标记，建议该项商标暂时保留。1956年11月16日，中茶云南公司关于紧茶大小商标的批复，同意民族地区之商品标识不宜轻易改变，故对大小商标均不取消，以符合民族地区的习惯，便于当地人民识别。

此后十年，除了统一的"中茶"牌商标以外，独具特色和市场的"宝焰"牌商标依然作为双商标之一正常使用。1966年9月7日，中国茶叶土产进出口总公司发出了《关于更换带有封建主义资本主义色彩的茶名装潢图案及茶叶经营上陈规陋习的通知》，同年9月30日，云南省茶叶进出口公司也转发了这一文件，认为我

省现行市场销售茶叶名称应重新研究。

1966年12月12日，中茶云南公司向中国茶叶总公司，报送了《关于改革紧茶商标和体形的报告》。1967年2月2日，中茶云南公司《关于紧茶改型和改变商标问题的通知》，在征得西藏自治区同意的基础上，把旧商标"宝焰"牌改为新商标，紧茶的形状也从蘑菇形改为砖片形，同时研讨过使用"火炬"牌的情况。根据1967年6月1日中茶云南公司的通知，云南砖茶新设计了"中茶"牌商标和说明书，此后，具有地域特征和文化个性的商标被逐步停止使用，"宝焰"牌商标暂时退出历史舞台，下关茶厂的产品全体系使用"中茶"牌商标的大一统形象全面形成。

直到1983年，新的商标法实施，为"宝焰"牌商标的重新面世提供了可能。1986年10月20日，十世班禅视察下关茶厂。为了给十世班禅准备礼物，地方政府和下关茶厂最后选择了用蘑菇形紧茶这一深得藏族消费者喜爱的传统产品作为礼品，从此"宝焰"牌商标重新开启了新的里程。

1989年11月23日，下关茶厂依照新的商标法规定的商标申请程序，申请"宝

收藏在下关沱茶博物馆的1986年班禅礼茶

焰"牌商标的注册，1990年11月30日，"宝焰"牌商标在第30类商品中茶叶项下获得第535357号商标注册证，成为改革开放以后下关茶厂的第一份注册商标，享有独家使用权。此后下关茶厂生产的紧茶、饼茶、砖茶、方茶等边销茶系列产品，逐步改用为"宝焰"牌商标。由于包装物料结存等因素，重新恢复使用"宝焰"牌商标的过程不是一蹴而就的，直到20世纪90年代中期，同为边销茶体系的云南砖茶、云南紧茶、云南饼茶使用"宝焰"牌商标，还有细微的差别，产销量较小的云南方茶，依然还使用中茶商标的包纸。

"宝焰"牌商标在后期使用的过程中，还有一个小插曲，随着云南下关沱茶（集团）股份有限公司在西藏销量的增加，不少西藏文化人士提出了"宝焰"牌商标中存在瑕疵，云南下关沱茶（集团）股份有限公司还曾经试探性地把修正瑕疵后的商标使用到产品上，但因为不被部分消费者所接受，又重新回到注册商标上来。为此，云南下关沱茶（集团）股份有限公司还于2014年重新申请了修改后的"宝焰"牌注册，2015年3月28日被获准注册，注册证号为12826703号。也许修改后的"宝焰"牌商标依然不是那么完美，所以迄今为止实际使用在商品上的"宝焰"牌商标依然还是那个被认为有瑕疵的"宝焰"牌图文组合商标。

传统的"宝焰"牌商标由红、黄、黑三色组成，图案中的香炉采用宝顶黑边，金色金鼎；炉内四个桃形图像为元宝，象征贡茶；炉中之火焰，象征金鼎中元宝的熊熊烈火燃烧正旺，象征着吉祥如意。

普洱茶的断代、品级与分期

杜发源 / 文

2015年5月15日，我在昆明国际会展中心为来自全国各地的茶友及业内人士交流和分享了中期普洱茶的价值，把中期普洱茶的时间断代认定为从20世纪80年代中期至2005年前。在茶语网将交流情况整理公开后，我们的中期普洱茶价值概念被上升为"话语权争夺战"。其实从建立一个分类体系的角度看，仅仅只有中期茶是远远不够的，无异于切割了文化的历史与未来。为此，我们还应当回答"为什么称中期茶？""除了中期茶，还有什么？"

一、普洱茶的"大年份"分类的梳理

自古以来，理论问题都是专家教授说了算，理论框架都是学术精英或智库权威建立的。然而普洱茶却是个例外，有一个新词叫"意见领袖"，用在普洱茶上实在是贴切，因为普洱茶的很多理论最先都是由他们提出来的，从文化的角度看，民间先行一步也未必是坏事。由于普洱茶有适宜于长期保存和越陈越香的特点，除了历史和文化，产品也比其他茶类多了一些故事，正因为如此，不同时期的普洱茶产品如何区分、如何称呼、如何定义？"意见领袖"众说纷纭。让我们先来梳理一下业内人士对普洱茶的"大年份"分类是如何表达的。

由于无法考据不同的划分方法最早是谁提出来的，我们姑且以"意见领袖"

代之。"意见领袖"们对"大年份"的主流称呼可以概括为三个字：代、级、期，加上三个动词后，"领袖们"的意见可以概括为三派：

断代派：把普洱茶的"大年份"从"中生代普洱茶"这个概念扩展，划分为"中生代普洱茶"——"新生代普洱茶"——老茶。在断代派中，也有业界明星把中期茶称为"新生代普洱茶"。

品级派：这一派主要通过普洱茶的陈化年份和价格，把近百年普洱茶产品大致分为号级茶、印级茶和七子（饼）级茶。

分期派：以普洱茶成品成型时间分期，以"中期茶"为核心，中期茶前面的是老茶，中期茶后面的是新茶，更多地倾向于从普通茶友接触最多的10年左右的茶品中来划分。

用地质学方法来测定的冰期和冰期以前的时代，把地质时代分为太古代、元古代、古生代、中生代和新生代5个时期。断代派借用地质时代的分类标准，突出了普洱茶历史的悠久，但特定名词不容易被消费者理解，而且在"中生代普洱茶"之前改换了另外一个分类概念。

品级派通过普洱茶的陈化年份和价格，生动地再现了百年普洱茶产品大观，突出了文物价值和价格导向，但用程度副词来表示时间的跨度，可能让圈外人容易把茶叶的等级和时间的等级混淆了。而且号级茶之前的历史未能描述；印级茶和七子级茶之间有相互重叠；七子级茶之后的茶品也很难准确表达。

分期派比较简单地从新茶、老茶的角度来分类，通俗易懂。但弱化普洱茶厚重的历史，而且忽视了对普洱茶友熟知且形象展现时代特色的号级（期）茶和印级（期）茶，不利于把普洱茶的差异化产品特色揭示出来。

排除对断代时间的争议，我们从纯称呼的角度将三种意见列表如下：

大年份	一	二	三	四	五
断代派		老茶	中生代茶	新生代茶	
品级派		号级茶	印级茶	七子（饼）级茶	
分期派		老茶	中期茶	新茶	

表中可以发现每种称呼都不够完整，这也正是行业没有对普洱茶产品的"大年份"分类体系进行系统研究的原因。

二、普洱茶的"大年份"分类依据探讨

稍微对普洱茶这个概念有一定研究的茶友都知道，由于在国家强制推行食品生产许可（QS）制度以前，普洱茶执行食品标签制度有比较大的差距，很多产品并不标注生产日期。如何从时间上判断一款普洱茶，既是一个不应绕开的话题，又是一个值得商榷的问题，而且在行业内也引发了很多争议。有人从卖茶的角度认为，五至十年的普洱茶就算是一款老普洱茶了；有人从喝茶的角度上则认为，起码五十年以上的普洱茶才算是老茶。

要确立一个普洱茶分期体系，首先要有一个依据。如果单从日历时间上来界定一款普洱茶，那却是相当不客观、不准确的行为。举个例子，1999年12月出产的普洱茶和2000年1月出产的普洱茶，它俩在时间界定上来说被划归为两个年份，

这是不科学的。分期，可以主要从三个标准来定义：一是相对的时间长度，二是特定的政治经济调整和转折阶段，三是行业政策和代表性事件。把这三个标准合在一起考虑才能相对更加客观地对"大年份"分类。

在分类名称的选用上，也应该遵循几个原则；首先是尊重历史的原则，要通过分类和名称的选用看得清普洱茶发展和变化的历史；其次是兼顾业内和业外的原则，普洱茶首先是一种消费品，并且是一种带有后期陈化和收藏价值的消费品；再次是标准和名称的一致性原则，同时要满足可追溯和可延伸的拓展需求。从而实现客观分类和科学定义。

三、普洱茶的"大年份"断代建议

根据这样的标准和原则，我们可以给以普洱茶产品为核心的普洱茶历史作出这样一个以"时期"对"大年份"进行断代的体系：

1. 远期普洱茶，史料稀少，信息模糊的普洱茶，清光绪年间以前的普洱茶。光绪年间（1875年—1908年），"同庆号"等茶号在易武等地风生水起；永昌祥等迤西商号在下关的普洱茶加工从作坊走向工厂。这期间的光绪二十一年（1895年）原属车里宣慰司管辖孟乌与乌德"准让法管"，光绪二十三年（1897年）至光绪二十五年（1899年），滇南的蒙自、思茅、河口、易武、猛烈，滇西的腾越等先后开关，在法国等帝国主义高压之下，边关打开。在资本主义政治经济思潮影响下，普洱茶行业走进了一个被迫开放的时代。

2. 号期普洱茶，即主要由私人茶号、商号生产普洱茶的时期。是指从清光绪年间到20世纪50年代初公私合营前后期间的私人茶庄制成的茶品。以临安帮、川帮、鹤庆帮、腾冲帮、喜洲帮为首的茶号及其分号遍布滇南、滇西各地加工和运销普洱茶，全面开拓了内销、边销和侨销普洱茶市场。普洱茶名重天下、全川人士盛赞下关沱茶是这一时期的盛况。

也有"意见领袖"提出，号级茶是指从20世纪初起至1938年创立的"中国云南茶业贸易股份有限公司"成立期间的茶品，这种分期有两个问题无法解决：清末民初大量茶号的茶品被排除了；1938年创立的"中茶公司"及其下属的四大茶厂在1938年至中华人民共和国成立前，产量和私人茶号相比份额太少，不足以改变茶号的主体地位。同庆号、福元昌号、宋聘号、永昌祥、茂恒、福春和等精品普洱茶都在这一时期生产，没有理由不归入号期茶。

3. 印期普洱茶，产品以"中茶"商标茶印为主的时期；1952年7月起，八个"中"字围绕一个茶字的"八中"商标开启了印期茶时代，下关茶厂生产的一张被麦穗环绕的"八中"茶印内飞的复兴沱茶成为目前发现的最早的印期茶。尽管有"意见领袖"认为"中茶"商标在中华人民共和国成立之前就已使用，但无论是否真实，也不足以改变之后大一统的"中茶"印时代来临。

4. 中期普洱茶，从20世纪80年代中期至2005年以前生产的成品普洱茶。我们从三组关键词出发来对普洱茶作为断代参考：第一组是"人二后发酵""唛号"等，这代表了20世纪70年代中期的茶业环境；第二组是"经济建设""茶叶流通体制""中茶"牌等，这代表了20世纪80年代中期开始的茶叶流通体制改革，

大气明理 知己好茶

在这个改革之后，茶叶从由国有企业垄断经营，改变为集体和个体参与的经营体制，在20世纪80年代以后，"中茶"商标从可以不用到禁用；第三组是"公司制""国退民进""炒作"等，这代表了从20世纪80年代末期到90年代初所进行的公司制改革，2004年前后的"国退民进"现象以及即将开启的"普洱茶"热词时代。

由于人工后发酵工艺都发生在20世纪70年代中期，中期普洱茶本应从这个时候开始符合重大事件原则，但以"中茶"商标为标识的包装形象茶叶统购统销的主体地位没有随着重大事件的发生而改变。之所以把20世纪80年代定义为中期普洱茶开始的时间，是因为20世纪80年代中期刚好是茶叶流通体制改革，很多不同所有制的茶企都开始生产茶叶，而且从原料、加工工艺及营销方式都带来极大的调整。这种重大的调整也必然使茶叶的内质、外形、包装等都会有相应的调整。而把2005年定义为中期普洱茶的截止时间，是因为在这一时间左右，云南的国有和国有控股茶企基本上结束了经营。那么，从一个放开的时代到另一个更为开放的时代来作为中期普洱茶断代的时间标准，相对也更为合理和客观。

5. 当期普洱茶，从2005年以后生产的普洱茶。这是一个百花齐放和百家争鸣的时代，也是一个群雄逐鹿的洗牌时代。借用一句流行语：这是一个最坏的时代，也是一个最好的时代，一切都无须解释！

按照以上的普洱茶分期结果，我们发现了一个契合点，那就是上层建筑的开放或者封闭成为不同分期的转折点。远期普洱茶到号期普洱茶是从闭关到开关；号期普洱茶到印期普洱茶是从开放到垄断；印期普洱茶到中期普洱茶是从垄断到放开；中期普洱茶到当期普洱茶是从放开到更开放。

历史就是这样的轮回，普洱茶也只是历史长河之沧海一粟。

普洱茶的第一个医学实验报告

——寻找艾米尔实验报告

黄素贞 / 文

这是中国普洱茶第一次国际性的临床健康实验；

这个实验的结果令当时的国际食品界震惊；

它让云南沱茶（普洱熟茶）第一次在欧洲大地上赞誉频频。

这是一个于上世纪70年代末在法国由艾米尔医生主导的实验；

这个实验奠定了未来几十年关于普洱茶功效研究的基石，具有划时代的意义；

它开启了普洱茶保健功能科学认知新时代。

看过无数篇关于普洱茶的文章，但凡提到"销法沱"或者普洱熟茶的健康功效，写作者们都会不约而同的拿1979年在法国巴黎圣安东尼医学院临床教学主任艾米尔·卡罗比医生用云南沱茶所做的临床实验来举例。这个案例出现的频率高了，我们不禁想问，这个临床实验的报告在哪里？这个实验是当时云南沱茶的欧洲代理商甘普尔先生委托权威机构进行的，实验结果出来后也高调举行了新闻发布会。我们有理由相信，这份报告一定有留存下来，那么它究竟在哪里呢？我们能否得见呢？哪怕是影印本。创刊以来，本刊曾通过多方途径，试图寻找到这份报告，直到今年，才机缘巧合找到了这份报告的踪迹，尽管是份传真件扫描，部

始创于1902 大气明理 知己好茶

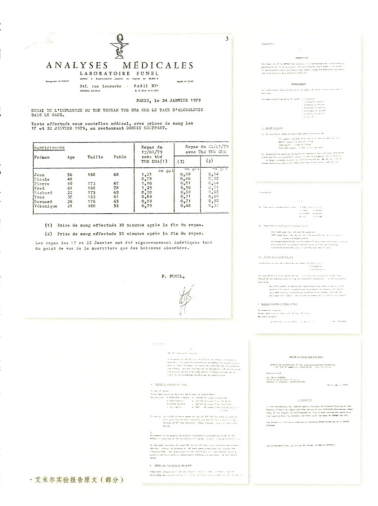

分字迹不那么清晰了，但是它确实真实记录了1979年那个临床对照组实验的全过程和实验结果。

这份报告因为种种原因，多年来一直隐匿在历史时空下，从未在国内媒体上公开，拿到报告的那天，大家都非常兴奋，迅速找人翻译了报告内容，在本期杂志上独家全文刊载，也是艾米尔实验报告在国内媒体上的首度公开。可以说，这是全世界范围内第一次对普洱茶的健康功效进行科学研究的临床实验。其实，在同一年，这个实验也在昆明医学院第一附属医院（云大医院）同步进行，云大医院的实验报告早就在国内媒体上刊载过，但是当时并未在国内引起什么反响，也许有宣传不到位的原因，但更多的应该是那个年代，国人的温饱问题都还没有彻底解决，很少有"三高"之类的"富贵病"，普洱茶的降脂功效在当时不被中国人民大量需要。

艾米尔医学报告原文（部分）

20世纪七八十年代，欧洲人民的生活水平绝对是普遍高于中国人民的，而且欧洲人的饮食结构大多是以高热量、高脂肪、高蛋白的食物为主，是"三高"多发地带，所以，当云南沱茶（普洱熟茶）被法国权威医学机构证实其降血脂的功效等同于甚至优于降脂特效药安妥明，而且长期饮用无任何毒副作用的时候，整个法国都轰动了，从此，销法沱成了在药店里买的保健品，更成了法国人民的生活必需品。也因为甘普尔先生的不懈努力，让法国人乃至欧洲人与云南沱茶结下了几十年的不解之缘。

　　随着21世纪初普洱茶的复兴，有关普洱茶的健康功效研究也越来越多，但是，我们发现，大部分研究都不过是艾米尔实验报告的加强版和细化版，只有量的突破，而没有质的飞跃。这份诞生于1979年，以下关茶厂出产的云南沱茶为研究对象的实验报告，可谓是普洱茶科学研究的"祖师爷"，开启了普洱茶健康医学保健时代。

销法沱茶汤

销法沱

艾米尔实验报告〔全文〕

ANALYSES MÉDICALES
医学分析

LABORATOIRE FUNEL
富能 (Funel) 实验室
Société à Responsabilité Limitée, au Capital de 80·000 F
有限责任公司，注册资金80·000法郎

Enregistré n° 75·5717   Agréé n° 27-37
注册编号：75·5717   认证编号：27-37

245, rue Lecourbe - PARIS XV ᵉ
巴黎15区 - 勒古布街245号
TÊLÉPH· 828·59·23   R·C· Paris 65 B 5475
电话：828·59·23   巴黎工商注册编号 65 B 5475

PARIS, le 24 JANVIER 1979
1979年1月24日，巴黎

ESSAI DE L'INFLUENCE DU THE YUNNAN TUO CHA SUR LE TAUX
D'ALCOOLEMIE DANS LE SANG.
有关云南沱茶对血液酒精含量影响的试验。

Tests effectués sous contrôles médical, avec prises de sang les 17 et 22 JANVIER 1979, au restaurant DODDIN BOUFFANT.

试验是在医学控制下进行，分别于1979年1月17日和22日在DODDIN BOUFFANT饭店进行抽血。

PARTICIPANTS 参加者				Repas du 17/01/79 sans thé TUO CHA 1979/01/17进餐没有喝沱茶 (1)	Repas du 22/01/79 avec Thé TUO CHA 1979/01/22进餐；有喝沱茶	
Prénom 名字	Age 年龄	Taille 身高	Poids 体重		(1)	(2)
				en g/l 单位：g/l	en g/l 单位：g/l	en g/l 单位：g/l
Jean	56	168	68	1.21	0.88	0.54
Nicole	48			0.78	0.60	0.32
Pierre	49	173	67	1.10	0.81	0.64
Fred	61	168	78	1.29	0.90	0.81
Richard	22	175	65	0.90	0.80	0.65
Yves	37	163	61	0.84	0.71	0.60
Bernard	26	176	65	0.89	0.71	0.58
Véronique	21	168	55	0.79	0.68	0.52

1. Prise de sang effectués 30 minutes après la fin du repas.
   在饭后30分钟进行抽血。
2. Prise de sang effectuée 50 minutes après la fin du repas.
   在饭后50分钟进行抽血。

Les repas des 17 et 22 Janvier ont été rigoureusement indetiques tant du point de vue de la nourriture que des boissons absorbées.

1月17日和22日的进餐无论在食物还是摄入饮料方面都完全一致。

P. FUNEL,

OFFICE OF SOCIAL AID FOR PARIS
巴黎社会救助办公室

SERVICE OF GERONTOLOGY OF THE ALQUIER-DEBROUSSE FOUNDATION

ALQUIER-DEBROUSSE老年医疗服务中心

148, Rne de Bagnolet, 75020 PARIS Tel· 371-25-15

巴黎Bagnolet街148号，邮编75020 电话：371-25-15

Service chief:

服务中心主任：

Dr· Emile KAROUBI,   圣安东尼医学院

Director of Clinical Teaching   临床教学主任

Faculty of Medicine, SAINT-ANTOINE   Emile KAROUBI博士

Paris, April, 1978·

1978年4月，巴黎

INTRODUCTION   背景介绍

I, the undersigned, Dr· KAROUSI Emile, Director of Clinical Teaching at the Faculty of Medicine, SAINT-ANTOINE, doctor of the DEBROUSSE Foundation, swear that, at the request of DISTRIFRANCE Co· (1), I have carried out leats on a tea imported from the Republic of CHINA under the name of YUNNAN TUO CHA·

本人KAROUSI Emile博士，文件签署者，现任圣安东尼医学院临床教学主任，DEBROUSSE基金会医生，兹宣布，应DISTRIFRANCE公司要求，本人对一种名为"云南沱茶"的中国进口茶进行了试验。

The YUNNAN is a frontier province of Southern CHINA bordering on to NORTH-VIETNAM·

云南是中国南方边境省份，与越南北部接壤。

DISTRIFRANCE Co·, 9, Avenue de l'Alma, 94 210 LA VARENNE·

达法公司，拉瓦雷讷94210阿尔玛大街9号。

According to the documents provided by DISTRIFRANCE, "known for centuries, TUO CHA is not only an excellent tea for general consumption, but also one of the fleurons of the traditional Chinese pharmocopoeia"·

DISTRIFRANCE提供的材料显示，"沱茶驰名百年，不仅是日常饮用的茶中珍品，更是传统中药典籍中记载的药用植物之一"。

Using these facts as a basis, we decided to carry out our experiments on two possible properties of this tea:

据此，我们决定开展实验研究沱茶可能具有的两种特性：

1) To look for any effect on weight without any restricted eating regime or without any anorexic prescription. We made it clear to each of our patients that we wanted them to continue with their former eating habits, even sometimes with some excesses if that was their habit.

在无任何饮食限制及节食处方的条件下，探索沱茶对体重的影响。对于每一位参与实验的病人，我们都明确表示希望他们保持之前的饮食习惯，即使他们习惯偶尔过量饮食。

2) To look into an auti-lipid effect without any therapeutic prescription being taken for this overload, and in a general way, without any modification to their dietary habits.

在不对过度饮食采取任何治疗方案且总体不改变任何饮食习惯的条件下，研究沱茶的降脂作用。

PHARMACOLOGY　药理学

The black tea of the YUNNAN TUO CHA was subjected to a microacopie and chromatographic analysis by the FINEL Laboratory, 245 Rue Lecourbe, Paris 15eme, from which it was revealed that it was "apure tea, conforming to the French pharmacopoeia, neable in pharmacy as a medicinal product".

这种云南沱茶被置于显微镜下进行色谱分析，这项工作由FINEL实验室（245 Rue Lecourbe, Paris 15eme）完成。分析显示，该茶为"纯品茶珍，符合法国药典，具有药用价值"。

GENERAL POINTS　概要

Our investigation was carried out on 40 cases, of which 27 were women and 13 were men.
我们对27女、13男共40例样本进行了调查。

The ages ranged from 19 to 78 with:
年龄跨度从19岁到78岁：

- 2 below 20【20岁以下2例】
- 4 between 21 and 30【21岁到30岁4例】
- 4 between 31 and 40【31岁到40岁4例】
- 10 between 41 and 50【41岁到50岁10例】
- 11 between 51 and 60【51岁到60岁11例】
- 4 between 61 and 70【61岁到70岁4例】

- 2 over 70【70岁以上2例】
……

I - EFFECT ON WEIGHT / 对体重的影响

1) We considered, after at least one month's treatment as:
在至少一个月的治疗以后，我们按如下标准对结果进行统计：
NIL result → no loss of weight or a loss of less than 1 kg
无效果 → 体重无减轻或减轻少于1kg
MEDIUM result → a loss of 1 ~ 2 kg
效果一般 → 体重减轻1 ~ 2kg
GOOD result → a loss of 2 ~ 3 kg
效果良好 → 体重减轻2 ~ 3kg
VERY GOOD result → a loss of 3 kg or more
效果极佳 → 体重减轻3kg及以上

2) We studied 38 cases and we specified constantly that all those interested should not follow a restricted regime; if not to exaggerate the difference, at least to remain faithful to their eating habits. We are not sure of always having been obeyed but this gives more value to the good results.
我们对38例样本进行了研究并始终明确所有参与者均不应控制饮食；即使不扩大差异，但至少保持原有饮食习惯。我们不能确定此项规定能贯彻执行，但能让得出的结果更有意义。

3) The investigation showed that:
调查结果为：
1 VERY GOOD = 2.63%（1例极佳 = 2.63%）
5 GOOD = 13.15%（5例良好 = 13.15%）
10 MEDIUM = 26.30%（10例一般 = 26.30%）
22 NIL = 57.92%（22例无 = 57.92%）

4) There was no correlation with age since:
结果与年龄无相关性，证据如下：
VERY GOOD case (No. 25) was 68 years old.
效果很好的样本（第25号）为68岁。

GOOD cases (Nos. 15, 20, 28, 31, 33) were 49, 52, 47, 54, and 50 years old respectively.
效果较好的样本（第15、20、28、31和33号）分别为49岁、52岁、47岁、54岁及50岁。

The young subjects (up to 30 years old) who, psychologically, should have been more motivated from the point of view of slimming, classified themselves into three NILs and two MEDIUM.

从心理学角度来看对减肥应更有积极性的年轻样本（30岁及以下）结果却为3例无效果及2例效果一般。

II – EFFECT OH LIPID METABOLISM / 对脂代谢的影响

We studied in turn the effect on the level of TOTAL LIPIDS / CHOLESTEKOL / TRIGLYCERIDES.

我们依次研究了云南沱茶对以下几种脂类水平的影响：TOTAL LIPIDS / 总脂 CHOLESTEKOL / 胆固醇　TRIGLYCERIDES / 甘油三酯。

We considered the development of the levels as a percentage of normal with regard to the averages provided by the analysing laboratory. So we considered generally:

对于分析实验室提供的均值，我们用正常水平所占百分比来表示这些脂类水平的变化。因此总体上我们判定：

as a NIL result, a percentage improvement less than or equal to 25%
百分比增加≤25%为无效果
as a MEDIUM result, a percentage improvement of between 25% and 50%
百分比增加介于25%～50%之间为效果一般
as a GOOD result, a percentage improvement of between 50% and 75%
百分比增加介于50%～75%之间为效果良好
as a VERY GOOD result, the return to normal of the LEVELS considered
所研究的脂类水平恢复正常为效果极佳

1. EFFECT ON LEVELS OF TOTAL LIPIDS / 对总脂水平的影响
We examined 15 cases.
我们检测了15例样本。
Normal was fixed at the level of 7gr. of lipids.
正常总脂水平固定为7g。

We ended up with:
结果为：
3 VERY GOOD results (Nos. 15, 19, 33) = 20% of cases
3例效果极佳（第15、19和33号）＝总样本20%
2 GOOD results (Nos. 18, 23)= 13.33% of cases
2例效果良好（第18和23号）＝总样本13.33%

5 MEDIUM results (Nos. 6, 16, 30, 32, 38)= 33.33% of cases
5例效果一般（第6、16、30、32和38号）= 总样本33.33%
5 NIL results (Nos. 8, 25, 27, 39, 40)= 33.33% of cases
5例无效果（第8、25、27、39和40号）= 总样本33.33%

To sum up / 小结：

In ⅓ of the cases we obtained an improvement in the level of LIPIDS of 50% to 76.92%.
1/3样本正常脂水平所占百分比上升50%至76.92%。
In another ⅓ of the cases this percentage improvement went from 25% to 50%.
另1/3上升25%至50%。

Finally in the NIL results it is necessary to point out a case (NO. 40) where the improvement reached 24.24%, but we adhered strictly to our classification in keeping him in this category.
最后有必要指出，结果为无效果的案例之一（第40号）正常百分比增加达24.24%，但我们仍严格执行分组将其划分为无效果。

These results as a wholes without either, a special regime or treatment, surprised us agreeably and they seen to us to merit a fuller study both in the number of cases but also into how this tea has such an effect. From the outset it seemed to us useful to add TUO CHA the diets of people with high levels of lipids alongside specific therapy, which, of course, it does not pretend to replace.
在无特殊饮食或治疗的前提下，这些结果总体上令我们感到惊喜，我们认为它们值得进行更全面的研究，包括增加样本数量和深入研究该茶的作用原理。从一开始我们就认为，在高脂水平人群的饮食中加入沱茶，将配合而非取代特异性疗法发挥作用。

2. EFFECT ON LEVEL OF TRIGLYCERIDES / 对甘油三酯水平的影响
We used 13 cases.
我们检测了13例样本。
Normal was fixed at the level of 1.30gr. of TRIGLYCERIDES.
正常甘油三酯水平固定为1.30g。

a) Among these 13 cases, six had normal levels to begin with. Among these six cases (NOs. 15, 18, 23, 32, 33, 40) only one (No. 40) developed unfavourably whereas the five others developed favourably, seeing the level of triglycerides diminish still

further. They are therefore to be included in those benefited by the tea.

这13例中的6例在初始时为正常水平。6例（第15、18、23、32、33和40号）中，仅1例（第40号）变化不尽人意，其他5例都往好的方向发展，甘油三酯水平继续下降。因此，他们被划分为该茶的受益者。

b) Among the seven remaining cases, we obtained:
其余7例结果为：

4 VERY GOOD results (Nos. 16, 19, 25, 30)
4例效果极佳（第16、19、25和30号）
3 NIL results (Nos. 8, 27, 39).
3例无效果（第8、27和39号）

c) To sum up: in nine cases out of 13 drinking the tea led to normal or contributed to the towering of the already normal levels of TRIGLYCERIDES, which gives us an appreciable percentage of 69.23% favourable results.

小结：饮用沱茶的13例样本中的9例甘油三酯水平恢复正常或由正常水平继续降低，有效率达69.23%，结果相当可观。

In 4 cases out of 33, i.e. 30.77% of the cases, the results were NIL. It would be intereating to pursue the investigation both in terms of number of cases and into how the tea produces its effect. And our conclusions on the benefit of adding it to the diet of people with high levels of triglycerides can be added to our preceding conclusions on hyper-lipids.

33例中的4例，即30.77%的样本，结果为无效果。研究结果表明该样本值得在样本量及作用原理上继续深入探索。在此研究中，我们的结论为，将沱茶加入高甘油三酯水平的人群食谱将有利其甘油三酯水平的降低，这与在高脂研究中得出的结论相辅相成。

3. EFFECT ON CHOLESTEROL LEVEL / 对胆固醇水平的影响
We had 16 cases.
我们检测了16例样本。
Normal was fixed at the level of 2.30gr. of CHOLESTEROL.
正常胆固醇水平固定为2.30g。

We obtained: / 我们得到：
2 VERY GOOD results = 12.50% of cases (Nos.15, 33)
2例效果极佳 = 总样本12.50%（第15和33号）
3 GOOD results = 18.75% of cases (Nos. 25, 36, 39)

3例效果良好 = 总样本18.75%（第25、36和39号）
3 MEDIUM results = 18.75% of cases (Nos. 19, 23, 38)
3例效果一般 = 总样本18.75%（第19、23和38号）
8 NIL results = 50% of cases (Nos. 6, 8, 16, 18, 27, 30, 32, 40)
8例无效果 = 总样本50%（第6、8、16、18、27、30、32和40号）

To sum up: in 31.25% of these cases the use of TUO CHA tea produced good or very good results and, including the medium result cases, a percentage of 50% was achieved. This, I repeat, appears very interesting.

小结：饮用沱茶的样本中31.25%效果良好或极佳，包括一般效果在内，有效百分比达到50%。再次说明，这个结果十分值得关注。

4. It appears to us equally beneficial to present a comparative study of the effect of this tea on the metabolism of lipids, triglycerides and cholesterol.

我们认为，对比研究沱茶对总脂、甘油三酯和胆固醇代谢的影响同样有益。

In the greet majority of cases (11 out of 15) there is a correlation between the three effects or between two of them; more often than not, lipids and triglycerides. The development of the levels are on a par whether it is a question of favourable or unfavourable effects,as appendix 2 of our report shown.

大部分样本（15例中的11例）显示出三种影响或其中两种之间的相关性，尤其对总脂和甘油三酯。如报告附录2所示，这些脂类水平的变化显示出平行性，不论总体效果有利或不利。

5. EFFECT ON URIC ACID IN THE BLOOD / 对血液中尿酸的影响

Completely independently of our research, we had the opportunity to observe the development of the levels of urie acid seven times during the taking of the tea.

该研究独立于我们的研究计划，我们额外获得机会7次观察饮用沱茶期间样本尿酸水平的变化。

6 times (Nos. 18, 19, 32, 36, 38, 40) we observed a lowering of the level.
我们6次（第18、19、32、36、38和40号）观察到血尿酸水平的降低。

Once (no. 27) it became quite heightened, its development following, in this sense, that of the levels of lipids triglycerides and cholesterol.

1次（第27号）该水平相对升高，从这个意义上讲，此变化是与总脂、甘油三酯及胆固醇水平的变化相对应的。

We refrain from drawing any conclusion from that apart from the parallelism of effect, because some patients had followed a light anti-uric therapy.

除影响的相似性外，我们不作其他结论，因为一些病人曾接受过光照降尿酸疗法。

GENERAL CONCLUSIONS 总结

On the whole, if the effect on weight of YUNNAN TUO CHA tea taken according to our instructions has been shown to be too inconsistent to be taken into consideration, we have been agreeably surprised as regards its effect on the lipid metabolism. It is indisputably on the levels of triglycerides that, statistically, the results look very encouraging; then in order of decreasing efficacy, the effect on total lipids and cholesterol.

总体上，根据我们的说明，如果饮用云南沱茶对体重的影响因自相矛盾而不作考虑，那么其对脂代谢的作用则令人惊喜。它对甘油三酯水平的影响毋庸置疑，从统计学上讲，此项结果十分令人振奋；对总脂及胆固醇水平的作用效果则依次减弱。

We wish to emphasise that this investigation was conducted without notification of the previous eating habits and without therapeutic additives. Also that enables us to recommend strongly the addition of YUNNAN TUO CHA tea to the diet of people with high levels of lipids, as a therapeutic adjuvant necessary in other respects.

我们希望强调的是，此项研究是在不改变以往饮食习惯且无治疗性添加物的条件下进行的。鉴于此，我们强烈建议将云南沱茶加入高脂水平人群的饮食中，作为其他必需疗法的一种辅剂。

It seems to us equally beneficial to have to complete this preliminary study with a study of a larger number of cases but we wished to draw the attention of our colleagues quickly to this simple anodyne possibility without side-effects and fully beneficial.

以更大的样本量来完成这项初始研究十分有必要也同样有益，但我们希望尽快引起同行们的注意，来关注这种简单的有百利而无一害的治疗可能。

Did not Confucius say "it is better to try to light the smallest candle than curse the darkness"?

有句谚语不是说过："与其诅咒黑暗，不如点燃蜡烛"？

转自《普洱》杂志

"销法沱"的故事

昌金强 / 口述

庄生晓梦 / 编辑整理

"销法沱"档案：

原名：云南沱茶

唛号：7663

出生时间：1976年

出生地：云南下关茶厂

常住地：法国及欧洲

出口时间跨度：1977年至21世纪初

总产量：4620多吨

创汇值：7.2亿港币

生命价值：开启普洱茶保健功能认知时代

关于"销法沱"的故事，本刊曾刊登过两篇文章，一篇是由邹家驹先生撰写的《那个叫甘普尔的法国人》（2006年创刊号）；一篇是由罗乃炘先生撰写的《怀念那个叫甘普尔的法国人》（2012年1月刊）写于甘普尔先生过世后（2011年8月20日甘普尔过世，享年93岁）。说起"销法沱"几十年的辉煌历史，甘普尔先

生居功至伟，上述两篇文章，主要叙述的也是甘普尔先生的故事，也值得大家回顾。但是今天，我们要说的"销法沱"故事，以茶为主。

"销法沱"诞生于20世纪70年代，茶叶属于一类商品，国家实行统购统销政策，国家下达茶叶的生产计划，制定茶叶等级、标准，销售渠道也由国家来管控。而当时在云南，行使这一职能的国家单位是中国土产畜产进出口公司云南茶叶分公司——这是20世纪70年代的称呼，20世纪80年代、90年代以后都有更名，本文中一律简称"省公司"。几十年来，"销法沱"生产计划、销售出口的事宜全部由省公司的出口部门统管。今年6月，笔者有幸结识了20世纪70年代就入职省公司出口部门，长年负责"销法沱"业务的昌金强经理。昌经理现任职于云南下关茶厂对外贸易有限责任公司出口部经理，他对"销法沱"很有感情，说起故事，条理清晰，娓娓道来，笔者整理录音后发现不用过多编辑，就已经是一个生动的口述故事了。

"我是1977年进入省公司的，从事全省红茶、普洱茶、沱茶、绿茶、咖啡豆的出口销售工作。一开始，公司只有一个出口部门，后因业务量增加以后划分为两个出口部门：出口一部负责红茶出口，出口二部负责普洱茶、沱茶、绿茶、咖啡豆的出口销售，我被分配到出口二部并担任负责人的工作。"

要说"销法沱"的故事，不得不提一个人——一位时年60岁的老人，法国籍犹太人，名字叫费瑞德·甘普尔（Fred Kempler），二战时，他曾是戴高乐将军麾下的军官。1976年，他到中国香港找香港天生贸易公司的总经理罗良先生洽谈关于航油的业务。甘普尔先生与罗良先生是多年的贸易伙伴和挚友，业务谈完之后，两位老朋友就去街上逛了逛，路过一家老字号的茶叶店，走进去看时，甘普尔先生发现一个类似碗形的色泽红褐的沱茶（熟茶），当时沱茶的出口基本只限于中国香港地区。在老外的印象中，茶叶应该是碎的，或者袋泡或者条状的，怎么可以做得像鸟窝一样？他很好奇，就买了两个，问店家这茶从何而来，店家介绍说这个茶来自中国云南下关茶厂。甘普尔先生回到法国后，觉得云南沱茶太有意思了，就想去一趟云南，但是那个年代，老外来趟中国太不容易了，需要通过

昌金强（左）与甘普尔先生（1998年）

外交渠道，很多审批过程。手续办妥后，云南省外办就指定我们公司接待法国客商。公司安排了专人专车陪同甘普尔先生前往云南下关茶厂参观。当他观看、了解了沱茶的生产制作过程并去大理苍山的茶园参观后，这位时年已60岁的犹太老人非常激动，回到法国后立即就订了2吨云南沱茶。

自此云南下关茶厂生产的云南沱茶（熟茶）进入了法国市场，"销法沱"由此而得名，黄绿色花格印刷的圆盒包装，包装上法语的"THÉ"（茶），花体的"*Tuocha*"字样都是"销法沱"的标志性特征，三十多年来这样的视觉识别标志从未改变。下关茶厂至今也仍在生产这样包装的云南沱茶，生产工艺和配方从未改变。

云南沱茶到了法国后，甘普尔先生买了一辆较大的车，把沱茶装上车，带着自己的几个尚年幼的孩子们环法国推销云南沱茶。他每到一处就孜孜不倦地向法国人介绍来自中国云南神奇的"鸟窝状"的云南沱茶，但由于人们传统观念中对茶的概念及印象的局限性，环法销售并不成功。甘普尔先生是位非常精明的犹太

销法沱(70年代起出口欧洲)

人，他明白要取得销售的成功，不能只凭沱茶奇特的外观，而必须充分了解沱茶中有什么更加奇特的物质，对人体有什么好处和不好的地方，欧洲人都是实证主义者，需要科学的分析。1979年，甘普尔先生委托法国巴黎圣安东尼医学院、法国里昂大学医学系两所法国高等医学权威机构对云南沱茶进行临庆研究实验，临床教学主任艾米尔·卡罗比医生主导实验全过程，同时在云南的昆明医学院第一附属医院（云大医院）同步做临床试验。实验选择了18岁到60岁之间的高血脂人群，做对照组实验，一组喝云南沱茶，一组服用降脂特效药安妥明，一个月以后检测两组人的血脂，实验结果显示：云南沱茶的降脂效果好于安妥明，这个结果令法国的很多医学专家和营养学专家震惊。到了20世纪80年代中后期，法国里昂大学从理论层面，对云南沱茶进行全面的理化分析，出了一本专著，详细阐述了云南沱茶的化学成分，认为云南沱茶对人体中的胆固醇、甘油三酯、血尿酸等有不同程度的抑制作用，此项研究被列入法国医学大词典中。

临床试验成功后，甘普尔先生在巴黎王子酒店举行有关云南沱茶临床试验结果的新闻发布会，邀请了法国医学界、营养界的权威及中国驻法国大使馆，法国各主要媒体60余名记者参加。当晚，法国电视一台、二台就在最佳的黄金时段播出了实验结果的发布会实况，轰动法国。云南沱茶的销量由此大增，从1977年开始出口，从2吨到8吨、20吨、80吨……每年都几倍增长，至1991年的时候，已经超过200吨了。而甘普尔先生也在1979年成为了云南沱茶在欧洲的独家总代理商，并与比利时的大财团共同组建了欧洲最大的食品经销公司"法国DISTRIBORG公司"，在全欧洲总经销云南沱茶。

始创于1902
大气明理 知己好茶
XIAGUAN TUOCHA

20世纪70年代至80年代末期，在法国，云南沱茶不是在茶店里卖，而是在药店或保健品专柜卖，高血脂的病人到医院就诊，医生开的处方经常是："云南沱茶，两粒，药店买去。"

1986年，在西班牙的巴塞罗那第九届世界食品评奖会上，云南沱茶荣获世界食品金冠奖，次年，又

在法国巴黎王子酒店举行发布会

在巴塞罗那世界食品评奖会上卫冕成功。1987年还获德国杜塞尔多夫第十届世界食品金奖，1989年获法国食品金奖，1998年再获美国食品金奖。从此，云南沱茶在整个欧洲名声大噪，美国、加拿大等国家的茶商也纷纷来订购云南沱茶。"那几年，年年都有国际机构的各种奖项让我们去领奖，我们忙于业务，都无暇去国外领奖，所以很多奖项都没有领回来。"随着云南沱茶在法国的知名度越来越高，很多地方的沱茶也都想出口到法国，比如：广东沱茶、重庆沱茶，但是他们的品质不能和我们的云南沱茶相提并论。不久后甘普尔先生在法国把"云南沱茶

Tuocha"注册成了商标。

省政府金冠奖颁奖会1

省政府金冠奖颁奖会2

金冠奖杯

1986年世界食品金冠奖

世界食品金冠奖组图

　　1990年，我们去法国做市场调研，消费者普遍反映，云南沱茶确实是好东西，喝了对身体很好，唯一的缺点就是不方便，在药店买了云南沱茶，还得去五金店买把小锤来敲，也不适合法国人的饮用习惯。对此，我们立即与甘普尔先生研究，最后决定开发、生产袋泡茶形式的云南沱茶。1991年，生产云南沱茶袋泡的事情敲定以后，就是选机器，当时全世界最好的袋泡茶生产设备是意大利的意玛机（IMA）和德国的TEEPACK机，最终我们确定了意大利制造的IMA袋泡茶机。1992年云南沱茶袋泡正式在法国面市，产品成为饮用方便、快捷、符合欧洲消费者习惯方式的日常饮品及保健品进入了法国的超市销售。一台意玛机一年生产不了多少袋泡茶，最多生产20多个货柜，每个货柜55680盒，2吨多，20个货柜也就是40多吨，所以大部分还是以传统沱茶为主。云南沱茶的袋泡茶生产出来以后就供不应求，一到欧洲很快销售一空。只能继续增加机器设备，此后的几年内我们每年都进口IMA袋泡茶机，共进口了7台意玛机，并从重庆茶厂购买了1台。这8台机器到了20世纪90年代末期，已经到了24小时不能停机的程度，工人都得三班倒。哪怕每年做出100多个货柜出口，订单上都还欠20多个货柜做不出来。云南沱茶袋泡在法国经常处于脱销状态，法国方面甚至包飞机运过去，这创造了中国茶叶出口历史上首次用飞机整机运茶叶的记录，每年都有四五个货柜的茶叶需要靠飞机运送过去。有意思的是，这些茶叶的货值是大大低于飞机运费的，但法国方面都愿意出钱来运，可见云南沱茶在欧洲市场是何等炙手可热。

袋泡茶生产出来的前三年，只有原味的，为使产品更丰富、更多样性、更符合法国人多彩的生活方式，甘普尔这位犹太人非常聪明，他就提出，是否可以增加一些口味。法国人注重养生，他提出在沱茶里加人参，我们立即到下关配合下关茶厂的技术人员经过反复的试验、制样并经法国的食品检验机构检验符合饮用标准后，生产了第一货柜人参沱茶袋泡出口法国，反响非常好。甘普尔这样评价人参沱茶：80岁的老头，喝了能上树。此后的几年，又开发增加了水果香型、花香型等口味的沱茶袋泡，几年下来，金橘沱茶袋泡、莲芯沱茶袋泡、玫瑰茉莉沱茶袋泡、茴香沱茶袋泡等纷纷面市。2003年"非典"期间，在法国传说喝云南沱茶能防"非典"，那一年订单特别多。但是正在卖得火的时候，出了一个问题，导致茴香沱茶销售急转直下。日本出口法国的小茴香饮料、茴香糕点、茴香酒之类的产品在法国卖得很火，那年，有一个12岁的小孩，喝了日本的茴香饮料身体出了状况，经抢救无效死亡，法国政府就禁止所有茴香制品入关及销售，当时我们刚好有两个货柜的茴香沱茶袋泡产品已经到了法国，一个货柜已经销售完了，还有一个货柜怎么办？甘普尔先生就说，没关系，我们公司有两万多员工，全部

发给员工抗"非典"。

云南沱茶不仅出口到法国，后来还出口到了西班牙、意大利、英国、比利时等国，虽然没有法国的量大，但是年年都有出口，因此，云南沱茶袋泡的产品中有法文版的、英文版的、意大利版的。因为这个产品销量太好了，很多公司和厂家都想来代理，但是省公司有严格的规定，已经与甘普尔的法国公司签订了为期20年独家总经销协议，不允许其他家来做，其他商家也来做就违反了总经销协议。1996年成立了沱茶部，专管云南沱茶的所有事宜。国外的一些商家看到云南沱茶的商机，就从其他渠道购入，但是甘普尔先生对市场管理非常严格，他专门雇佣经济警察，每天就在市场上转悠，看到谁家在卖云南沱茶，一旦发现进货渠道不对，马上举报。

有一个小故事，一个在法国做贸易的老华侨，从中国香港买了一些云南沱茶去法国卖，虽然是真货，但是来路不对，照样被罚款，一罚就是60万法郎。第一年，他找到我们，各种求情，说都是中国人，就网开一面了，他还写了保证书，保证不再卖了，我们就去和法国方面协调，最后让他免罚。没想到第二年他又去卖了，这回说什么也没办法，60万法郎罚款交上去，可过了半年，他又卖了，又罚。商人就算是顶着被重罚的风险，还是要卖云南沱茶，可见它在法国太畅销了，利润也很高。后来省茶叶公司就开会研究市场管理问题，漏洞出在哪里？因为一部分云南沱茶是卖到香港的，而且香港市场是不能放弃的，于是我们就把两地的包装区分开来，销往中国香港的，印上"专销香港"，销往法国的就在盒子上贴一枚红色的标签，印上年份、条码、产品信息等，从此，有了这个标签的才叫真正的"销法沱"。

21世纪初，由于省公司的改制和一些内部矛盾以及种种或主观或客观的原因，"销法沱"的出口量直线下滑。但回顾"销法沱"30多年的出口历史，由下关茶厂生产的出口法国的"销法沱"达到4620多吨，创汇7.2亿港币。"销法沱"自出口法国以来，都是熟茶，法国人也只认下关熟茶的味道，生茶他们是不喝的。法国人对品质要求很高，如果某一批次的茶稍微品质粗糙一点，他们马上

时任下关茶厂厂长冯炎培（右一）向法国迪斯佛朗西公司总裁一行赠送云南沱茶

就说："不对，这批没有'焦香味'"。什么是"焦香味"谁也说不清，但这就是下关熟茶的特点，法国人就称作"焦香味"，他们对下关熟沱茶的味道非常熟悉。客观来说，云南的茶厂，能够数十年一直维持和延续产品的口感和品质的也只有下关茶厂一家。

欧洲市场在食品安全方面的标准是非常严格乃至苛刻的，对农残、水分、灰分、重金属都有严格的标准，包括后来加进去的各种辅料都是要严格检测的。但是我们的云南沱茶出口了几十年，从来没有哪一个批次出现农残、重金属超标的问题。下关茶厂在做"销法沱"的时候都是按照最严格的标准，最传统的发酵工艺来做，每个沱茶标着100g，但都是按照105g的标准来压制，只能多不能少。

现在，我们还能在市面上找到的"销法沱"的老茶，只有1988年和1992年两款，实际上，这两款分别是1985年和1989年生产的，因为法国的茶叶保质期是三年，包装上标注了到期年份。为什么这两个年份的"销法沱"茶在国内还找得到呢？因为当时我们出口是按货柜来计算，货柜分大、小两种，大货柜可装5.6吨沱茶，小货柜少一半。1985年8月的一个批次的沱茶，云南下关茶厂已经按大货柜的

出口数量生产好了，可是订单临时改成是小货柜出口，标签都贴了，不可能撕下来，按小货柜的量发货以后，剩下的就只能存下来了。到了1989年，同样情况又遇到一次。所以真正意义上的有年份的"销法沱"，就只有这两批存下来，每批就300件，能在国内找到。食品到法国如果过了保质期还没有卖掉，都会被销毁掉的，在法国没人懂越陈越香，能在国外留存下来的"销法沱"是极少的，可以说几乎没有。

云南沱茶销法先驱费瑞德·甘普尔先生于2009年在他的故乡以色列的一次身体全面体检中被医生检查出患有肝癌，但令医生无比惊讶的是，他患肝癌已20年，但从未发作，医生仔细询问甘普尔先生时，甘普尔先生说："我健康的秘诀是，每天早晨喝一大杯云南沱茶，午餐时喝一杯法国红酒，下午再喝云南沱茶，睡前再喝一小杯红酒。"我与甘普尔先生三十余年的友谊、合作给我留下难忘的回忆，记得他对我说的最值得铭记的话是："人的一生做好一件事就成功了，我将云南沱茶介绍给欧洲消费者，也是把健康带给了他们。"

转自《普洱》杂志

两世班禅　两张照片

小妖 / 文

1986年10月20日清晨，一宿未眠的李其康大清早就出门了，作为下关茶厂的工会主席他今天有一个非常重要的接待任务，十世班禅额尔德尼·确吉坚赞下午参观下关茶厂，全厂上下都屏息以待这一刻到来。

2006年5月27日清晨，李其康再三检查数码照相机、电池和内存卡后匆匆出门，任职于下关茶厂行政部的企划主管，负责宣传、摄影、记录下十一世班禅额尔德尼·确吉杰布参观下关茶厂的精彩瞬间。

2015年7月，退休几年的李其康在家尽享天伦之乐，闲暇时间爬山、拍照、练字、写书、寻茶……

7月初，下关的风依旧很大，9点不到提前赴约的李其康老师已坐在车里等了我们好一会儿，今天李老将带领大伙到苍山马耳峰寻茶。李老身体健硕，笑声爽朗，说话中气十足，墨镜、鸭舌帽、热水瓶、相机包，登山拍照的装备比我们小年轻还时髦齐全。能与亲历两世班禅来到下关茶厂的见证者和记录者李其康老师同行，我怎会放弃这个听故事的好机会呢！

在大家都还不知道究竟何人要到下关茶厂的时候，公司领导已将退休回乡下养老的揉茶老师傅请回厂里，揉制牛心形紧茶。因为20世纪50年代末到80年代期间，牛心形紧茶被迫停产，断代近20年揉制牛心形紧茶技艺几近失传。牛心形紧

茶，亦称心脏形紧茶、蘑菇茶，因牛心形紧茶根部有一短小的茶柄，正好卡在敬香者的手指缝中，是藏区佛事活动中必不可少的供品，茶厂高层觉得用此茶品敬赠班禅大师再合适不过，于是精心挑选了当年优质茶菁，由老师傅揉制近50公斤100多枚"宝焰"牌牛心形紧茶，从中精选出50枚装盒作为礼品茶送给大师。"当时一共赠送了三种茶叶，宝焰牌牛心形紧茶也就是我们现在说的班禅紧茶，绿盒子装的内销甲级沱茶，和苍山雪绿茶。"李其康回忆到。

十世班禅手拿沱茶的经典瞬间是李其康非常引以为傲的作品之一，用他话来说，能拍下这张照片完全属于歪打正着。20世纪80年代下关茶厂条件有限，没有专业的摄影器材，那时厂里买了一台700多元的雅西卡相机交给李其康保管，用于平日里活动拍摄。这次厂里请了好几位专业摄影师，并寄予厚望。

李其康说自己是一个组织观念很强的人，当时任职的工会主席负责参与接待，想到没有列入摄影师的行列就不能凑上前拍照，心里难免有些遗憾。当时负责厂方安保任务的保卫科卢科长看见他手里没拿相机，就说："其康，你拿相机照嘛。"一心想着摄影人员没有批准不能入列的李其康遗憾地回答说："我是负责接待的。"没想到卢科长说："那么好的机会，我去说，你赶快拍照。"有了卢科长的担保，李其康拿出相机大步流星地加入摄影队伍中。当时摄影师用的都是专业相机和柯达胶卷，而他手里是雅西卡和公元胶卷，从装备上就差了专业摄影一大截。"虽然装备比不过，但是我清楚我们厂里需要怎么样的照片，胶片相机不比现在的数码相机，可以按个不停回头慢慢筛选，那个时候大家都很爱惜相机里的'子弹'"。十世班禅在参观压制边销茶和沱茶车间的时候不停与相关人士交谈，就在众摄影师拍完这组画面往后挪的时候，李其康发现十世班禅下一个动作很有可能会拿起一块沱茶，他大步凑上前，在十世班禅拿起沱茶的瞬间按下快门，记录下了这永恒的经典。

因为十世班禅的来访，1986年下关茶厂恢复了"宝焰"牌牛心形紧茶的生产，当时十世班禅叫大管家与下关茶厂协商订购了300担(15吨)宝焰牌牛心形紧茶运往青海省政协转运西藏，以后"宝焰"牌牛心形紧茶每年都发货运往西藏销

赠送十世班禅额尔德尼·确吉坚赞礼茶（1986年10月）

赠送十一世班禅额尔德尼·确吉杰布礼茶（2006年5月）

罗布门巴礼盒——十世班禅额尔德尼·确吉坚赞诞辰八十周年特制礼茶（2018年）

售。"这是历史性的时刻，十世班禅让"宝焰"牌牛心形紧茶焕发出新的生命力，很荣幸我用照片记录下了那个时代，那个瞬间，成为一种标志，不需要语言表达的标志。我还收到了十世班禅赠予的一支钢笔和一张他本人标准照片呢。"李其康骄傲地说。

20年后，2006年5月27日，十一世班禅额尔德尼·确吉杰布来到下关茶厂，李其康拿着尼康D70S数码相机凭借丰富的经验记录下更多精彩画面，抓住了十一世班禅在边销茶车间拿起一个牛心形紧茶轻嗅的瞬间，也拍摄下了两世班禅在下关茶厂会面的珍贵时刻，"我特别记得，在展览墙前，十一世班禅专注看着十世班禅的照片，两世班禅在下关茶厂的展览馆里会面，有一种时空穿越的错觉。"李其康感慨地说。

藏汉合欢礼盒——敬献十一世班禅额尔德尼·确吉杰布特制礼茶（2023年5月

1986年10月20日十世班禅用藏文题写了"云南省下关茶厂"厂名。这批经过认可重新生产的礼茶，后人亦称之为"班禅紧茶"。2006年5月27日，十一世班禅亲笔题写"世代茶缘　藏汉合欢"。下关茶厂成为两世班禅都参观过的唯一一家普洱茶企业。故事正听得意犹未尽的时候，车已经开到马耳峰下必须步行进山了，我请李老再多讲些发生在下关茶厂的故事，他逗趣地说："你爬山跟得上我的脚步就听得到故事。"

转自《普洱》杂志

不同原料加工沱茶含氟量对比研究[①]

陈 辉[1]　赵 立[1]　骆爱国[2]　杨春琦[1]　段启雷[1]

李亚莉[2]　苏 丹[2]　何兴旺[1]　褚九云[1]　周红杰[2]

［1. 云南下关沱茶（集团）股份有限公司，云南 下关 671000；　2. 云南农业大学龙润普洱茶学院，云南 昆明 650000］

摘要　本文以云南大叶种晒青毛茶为试验材料，通过对不同等级生沱茶原料、熟沱茶发酵阶段样、不同等级熟沱茶原料、生熟沱茶成品的氟含量、茶多酚、水浸出物对比分析，结合感官审评，结果表明：生沱茶原料氟含量随着原料粗老程度增加，随着茶叶级别降低氟含量呈上升趋势，二级为五级原料的76.41%；经拼配压制后的生沱茶氟含量为97mg/kg；发酵阶段样氟含量随发酵程度的加深呈下降趋势，降低幅度为4.72%；拼配成品熟沱茶的氟含量为119mg/kg。采用适当原料制作的生熟沱茶氟含量均远低于农业部行业标准的200mg/kg。

关键词　茶叶氟；沱茶；固态发酵

① 收稿日期：2016-05-07

基金项目：云南省科技计划项目任务书—降氟处理的高品质小沱茶产品研发（2014BB015）

作者简介：陈辉（1968 年— ），男，河南新乡人，制茶工程师，云南下关沱茶（集团）股份有限公司生产技术部经理，国家茶叶加工技术研发分中心副主任，从事茶叶加工技术及生产管理工作。通讯作者：1051195348@qq.com

中图分类号：TS272.5+4；O613.41　文献标识码：A　文章编号：0577-8921（2016）03-155-04

Comparative study on fluorine content of different raw materials of Tuo Tea

CHEN Hui[1], ZHAO Li[1], LUO Aiguo[2], YANG Chunqi[1], DUAN Qilei[1],

LI Yali[2], SU Dan[2], HE Xingwang[1], CHU Jiuyun[1] , ZHOU Hongjie[2]

（1. Yunnan Xiaguan Tuocha Co., Ltd., Dali 676700, China;
2. College of Pu'er tea, Yunnan Agriculture University, Kunming 650201, China）

Abstract　Contents of fluorine, polyphenols and water soluble extract of raw materials of Tuo tea, including sun-dried green tea, samples taken from various fermentation stages, and finished Tuo-tea products determined, and compared with five samples of commercially available compressed dark teas. The results shows thatfluorine content increases in Tuo-tea raw materials increased with decrease in grading. The fluorine content in 2nd grade tea was 76.41% of that in 5th grade. The finished Tuo-tea product had fluorine 97 mg / kg. During fermentation, the fluorine content in the fermenting tea showed downward trend with fermentation time, and a reduction of 4.72% was pbserved in the final fermented tea. The fluorine content of fermented Tuo-tea product is 119 mg / kg. The fluorine contents in raw materials and fermented Tuo-tea was significantly lower than the Agriculture industry standard 200 mg / kg.

Key words　Tea fluorine; Tuo tea; Solid-state fermination

1 引　言

氟虽然不是人体必需的微量元素，但对人体的正常生长发育仍然有重要的影响，缺氟则容易出现龋齿或者骨质疏松症状；而氟过量摄入则会发生累积性或急

性氟中毒，表现为氟骨症、氟斑牙等症状。

氟斑牙症状为牙齿出现白斑，严重时为褐色斑及牙面缺损；氟骨症的主要表现为骨骼硬化，四肢、关节疼痛，活动受限等。鉴于氟对人体有利也有弊，因此大部分国家对食品中氟的摄入量有所规定，如世界卫生组织推荐人体允许摄入量为2mg/天～4mg/天、儿童2mg/天为宜，我国有关部门曾建议每人每天摄取氟的安全限量为3.5mg。成年人日摄入量长期超过4mg，会导致氟中毒[1-2]。

下关沱茶的边销历史悠久，边销紧茶向来是西藏、内蒙古、新疆等边疆少数民族日常必需品，具有维护民族团结的重要意义[3]，在边疆地区推广低氟茶可以显著降低当地同胞的氟危害程度[4-6]。目前，关于添加不同的降氟剂以降低茶叶氟含量的方法研究较多。林智[7]等认为可以采用收购低氟黑毛茶原料，在加工中去除茶灰等手段，降低砖茶氟含量。高夫军[8]等发现揉捻后的茶叶经过60℃水处理1min，样品氟含量显著下降，而茶叶的品质成分可得到较好保留。王连方[9]等证明DTF降氟效果良好，对茶水pH值、茶液色、味等都无明显影响。万桂敏[10]等发现用蛇纹石降氟后，一些有毒的重金属离子如汞、铅、铬、铜均有不同程度的降低，且茶水的色香味能得到最大程度的保留。李荣林[11]等发现氯化镁、活性钙、活性白土的降氟效果良好。但是以上添加外源物质降氟的方法，存在引入外来污染物的风险，而且操作烦琐，很难大面积推广应用。

马立峰、白学信[12-13]等认为，黑茶成品的氟含量与原料等级密不可分，老叶的氟含量高于新稍12至36倍。龚自明[14]等使用6个低氟品种茶叶适制青砖茶，检测了制作过程中青砖茶的茶多酚、氨基酸、水浸出物和氟的含量变化，并进行了感官审评，最终成品符合标准。针对黑茶含氟量高的现状，如何从加工源头上达到控氟要求，使加工的普洱沱茶符合国家低氟标准，研究云南不同晒青原料、熟沱茶固态发酵阶段样品氟含量变化；探究低氟高品质的沱茶二艺和相关品质指标，为规范沱茶加工提供理论依据，有利于沱茶产业的健康发展。

2 材料与方法

2.1 试验材料

小沱生茶原料主要选用云县、凤庆两个氟含量相对较低的茶叶产区，级别为一至五级的大叶种晒青毛茶。小沱熟茶原料主要选用勐海、永德两个茶区，级别为二至六级的发酵熟茶。

2.2 试验方法

测定代表样的茶多酚含量，参照GB／T 8313-2008《茶叶中茶多酚和儿茶素类含量的检测方法》；测定水浸出物含量，参照GB／T 8305-2013《茶水浸出物测定》；测定氟含量，参照GB／T 21728-2008《砖茶含氟量的检测方法》；对茶叶代表样品进行相应的感官审评，参照GB／T 23776-2009《茶叶感官审评方法》。

3 结果与分析

3.1 不同等级晒青毛茶的含量检测与审评结果

由表1可知，晒青毛茶一至五级的茶多酚含量为22.80%～24.60%，水浸出物含量为45.90%～48%，含氟量为78.7mg/kg～103mg/kg。由表2可知，晒青毛茶原料呈墨绿色，带清香，冲泡后汤色橙黄明亮，滋味厚重回甘，叶底黄绿。

表1　不同等级晒青毛茶的含量检测结果

样品名称	茶多酚(%)	水浸出物(%)	氟(mg/kg)
晒青毛茶一级	23.60	45.90	86.70
晒青毛茶二级	24.60	48.00	78.70
晒青毛茶三级	22.80	47.80	83.50
晒青毛茶四级	23.60	47.90	93.00
晒青毛茶五级	23.20	46.80	103.00

表2　不同等级晒青毛茶的感官审评结果

样品名称	外形	香气	汤色	滋味	叶底
晒青毛茶一级	条索尚紧，墨绿显毫	清香带烟味	橙黄明亮	浓厚回甘	黄绿匀嫩有红梗
晒青毛茶二级	墨绿尚显毫	清香浓郁更饱满	橙黄明亮	浓厚回甘	黄绿尚匀嫩
晒青毛茶三级	墨绿尚显毫	清香馥郁	橙黄明亮	醇厚回甘	黄绿尚整带花杂
晒青毛茶四级	条索粗大，墨绿	清香馥郁带烟味	橙黄明亮	浓醇带涩	黄绿匀整带梗
晒青毛茶五级	条索粗松，墨绿	清香带烟味	橙黄明亮	涩味	黄绿匀整带梗

3.2　熟茶固态发酵过程中的含量检测

由表3可知小沱熟茶固态发酵中物质含量的动态变化，经过长达63天的固态发酵过程，茶多酚含量由原料的21.90%降低为起堆时的12.20%，降低幅度达79.50%;水浸出物含量略微下降，由46%降至44%，降低幅度为4.55%;氟含量变动不大，略微下降，由111mg/kg下降到106mg/kg，降低幅度为4.72%。

3.3　不同等级熟茶的含量检测

由表4可知经分级后的二、三、四级熟茶的氟、茶多酚和水浸出物含量分别为91.90mg/kg～138.00mg/kg、2.70%～6.80%、28.60%～35.10%。

表3　熟茶固态发酵中的含量变化检测结果

样品	茶多酚(%)	水浸出物(%)	氟(mg/kg)	备注
原料	21.90	46.00	111.00	0天
一翻	21.90	49.50	118.00	7天
二翻	22.50	52.70	104.00	15天
三翻	19.70	50.10	104.00	22天
四翻	18.40	49.20	108.00	28天
五翻	15.60	46.70	107.00	40天
六翻	15.10	45.60	106.00	43天
七翻	13.60	44.50	118.00	50天
八翻	13.00	44.40	108.00	58天
起堆	12.20	44.00	106.00	63天

表4　不同等级熟茶的含量检测结果

样品名称	茶多酚(%)	水浸出物(%)	氟(mg/kg)
熟茶二级	6.80	35.10	138.00
熟茶三级	6.60	34.80	110.00
熟茶四级	2.70	28.60	91.90

始创于1902　大气明理 知己好茶

3.4 生熟沱茶成品的含量检测与审评结果

小沱生茶的原料选取二级、三级、四级和五级晒青毛茶作为压制，拼配比例分别为9%、11%、45%和35%。选取二级、三级和四级熟茶作为压制小沱熟茶的原料，拼配比例分别为40%、30%和30%。

表5 生熟沱茶成品的含量检测结果

样品名称	总灰分（%）	水分（%）	水浸出物（%）	茶多酚（%）	重金属（铅）（mg/kg）	粗纤维（%）	含氟量（mg/kg）	微生物群		农残（13项）
								大肠杆菌	致病菌	
小沱生茶	6.10	7.60	46.30	21.40	1.00	—	97	＜300	未检出	未检出
小沱熟茶	7.10	8.80	33.80	6.30	1.70	12.50	119	＜300	未检出	未检出

表6 生熟沱茶成品的感官审评结果

样品	外形	香气	汤色	滋味	叶底
小沱生茶	墨绿显毫	清香馥郁	橙黄明亮	醇甜回甘	黄绿匀嫩
小沱熟茶	棕褐	陈香	红浓明亮	醇厚回甘	棕褐油润

对压制后的生熟沱茶成品进行理化分析和感官审评，由表5可知，小沱生茶的茶多酚含量为21.40%，水浸出物为46.30%，含氟量为97mg/kg；小沱熟茶的茶多酚含量为6.30%，水浸出物为33.80%，含氟量为119mg/kg。两者均未检出致病菌和农药残留。由表6可知，两者感官品质良好，符合GBT22111-2008《地理标志产品普洱茶》中的相关要求。

讨 论

通过比较不同等级晒青毛茶的氟含量，一级晒青毛茶的氟含量为86.70mg/kg，高于二级78.70mg/kg和三级83.50mg/kg；对比二、三、四、五级原料，二级原料氟含量仅为五级原料的76.41%，并可以看出随着原料粗老程度的增加，氟含量呈依次上升趋势，这与马立峰[12]、白学信[13]等的研究结果相一致。经二、

三、四、五级的低氟晒青毛茶原料拼配、蒸压制作的小沱兰茶，外形墨绿显毫，清香馥郁，汤色橙黄明亮，滋味醇甜回甘，叶底黄绿匀嫩，品质特点突出；氟含量仅为97mg/kg，按照农业部行业标准（NY659-2003）规定的茶叶氟含量不得超过200mg/kg，符合氟含量的安全性要求，证明了通过调控晒青毛茶原料的氟含量，从而控制生沱茶的氟含量的方法是切实可行的。

通过对熟茶的发酵阶段样的氟含量等研究，随着沱茶加工过程中发酵程度的加深，茶多酚含量显著降低，由原料的21.90%降低为起堆时的12.20%，降低幅度达79.50%，这与普洱茶发酵后滋味由浓强苦涩转化为甜醇滑爽吻合[14]；水浸出物含量略微下降，由46%降至44%，降低幅度为4.55%；氟含量也呈略微下降，由111mg/kg下降到106mg/kg，降低幅度为4.72%。微生物的生命活动为普洱茶的品质变化与形成奠定基础[15]，但对于微生物与氟元素的具体关系仍未有明确认识，关美玲[16]等认为冠突散囊菌可用于降低茶叶的总氟含量。因此，通过采用多种手段筛选降氟微生物，应用于普洱茶发酵，从生物角度降氟是未来理想的目标。

分析测定不同级别熟茶的氟、茶多酚和水浸出物含量，研究表明随着级数的增加，氟、茶多酚和水浸出物均呈降低趋势。采用二、三、四级拼配制作的熟沱茶成品品质特点为：外形棕褐显陈香，汤色红浓明亮，滋味醇厚回甘，叶底棕褐油润；氟含量为119mg/kg，同样低于农业部的行业标准200mg/kg的要求，结合重金属、微生物、农残等质量安全指标的检测，证明完全满足品饮的安全健康要求。

下关沱茶作为紧压茶类传统代表产品，通过茶园到茶杯各个关键点的控制，从原料、工艺、配方等研究，获得以低氟高品质为显著特征的茶品，消除了品饮茶叶氟中毒的潜在威胁[17-18]。下关茶厂采用新工艺研制的生熟沱茶，为进一步科学化、规范化低氟茶叶的生产工艺、改善人民的身体健康有现实积极意义。

参考文献

[1] Kassem K, Mosekilde L, et al. Effeets of fluoride on human bone cells in vitro: differences in responsiveness between stromal osteoblast preeursors and mature osteoblasts[J]. Acta Errdoerinol, 1994, 130: 381 − 386.

[2] Shellis HP, Duekworih PM. Studies on the cariostatic mechanisms of fluoride[J]. International Dental Journal, 1994, 44 (3): 263 − 273.

[3] 赵泽, 涂序波, 彭琼瑶. 百年沱茶[J]. 大理文化, 2011, (11): 76 − 96.

[4] 李有福, 张强, 万玛措, 等. 青海省低氟砖茶效果观察分析[J]. 中华医学会地方病学分会第 7 届暨中国地方病协会氟砷委员会第 3 届全国氟砷中毒学术会议论文. 2005, 122 − 125.

[5] 柏淑英, 徐吉敏, 道列提, 等. 低氟砖茶对甘肃省阿克塞县饮茶型地方性氟中毒地区人群的干预观察[J]. 中国地方病学杂志, 2009, 28 (4): 429 − 432.

[6] 田淑彩, 刘庆斌, 刘晓波, 等. 低氟砖茶预防不同类型饮茶型氟中毒效果分析[J]. 国外医学(医学地理分册), 2013, 34 (1): 7 − 9.

[7] 林智, 舒爱民, 蒋迎, 等. 降低砖茶氟含量技术研究初报[J]. 中国茶叶, 2002, 24 (1): 16 − 17.

[8] 高夫军, 陆建良, 梁月荣, 等. 茶叶降氟措施研究[J]. 信阳农业高等专科学校学报, 2002, 12 (3): 36−38.

[9] 王连方. DTF 降茶氟剂降茶氟初步研究[J]. 中国地方病防治杂志, 2003, 18 (1): 17 − 19.

[10] 万桂敏, 孙殿军, 高丽, 等. 活化蛇纹石降砖茶水氟含量可行性研究[J]. 中国地方病学杂志, 2003, 22 (1): 16 − 18.

[11] 李荣林, 祝雅松, 李月双. 降低黑茶中可溶态氟含量的研究[J]. 江西农业学报, 2010, 22 (8): 53 − 55.

[12] 马立锋, 阮建云, 石元值, 等. 茶树氟累积特性研究[J]. 浙江农业学报, 2004, 16 (2): 96 − 98.

[13] 白学信. 砖茶高氟的原因调查[J]. 茶叶科学, 2000, 20 (1): 77 − 79.

[14] 龚自明, 郑鹏程, 李传忠, 等. 不同低氟品种青砖茶适制性研究初报[J]. 湖北农业科学, 2012, 51 (24): 5690 − 5692, 5712.

[15] 周红杰, 李家华, 赵龙飞, 等. 渥堆过程中主要微生物对云南普洱茶品质形成的研究[J]. 茶叶科学, 2004, 03: 212 − 218.

[16] 关美玲, 刘仲华, 刘素纯, 等. 黑茶发花过程中冠突散囊菌对茶叶中游离氟含量的影响[J]. 茶叶科学, 2011, 31 (5): 386 − 390.

[17] 陈瑞鸿, 梁月荣, 陆建良, 等. 茶树对氟富集作用的研究[J]. 茶叶, 2002, 28: 187 − 190.

[18] 梁月荣, 傅柳松, 张凌云, 等. 不同茶类和产区茶叶氟含量研究[J]. 茶叶, 2001, 27(2): 32 − 3.

下关小沱茶功能成分及其降血脂作用[①]

赵振军[1]　刘勤晋[2]

（1. 长江大学园艺园林学院，湖北　荆州　434023；2. 西南大学食品科学学院，重庆　北碚　400716）

摘要： 采用高效液相色谱等技术分析了下关小沱茶新茶、下关小沱茶发酵茶的主要功能成分，并以高脂饲料喂养昆明种小白鼠，建立了高脂血症模型，观察下关小沱茶对小白鼠肝脏指数变化及血清指标中血脂成分和动脉硬化指数等方面的影响。结果表明，下关小沱茶新茶中的水浸出物、茶多酚、酯型儿茶素（EGCG、ECG、GCG）与非酯型儿茶素（EGC、DL－C、EC）等功能成分的含量均高于下关小沱茶发酵茶；下关小沱茶发酵茶中没食子酸的含量高于下关小沱茶新茶，并含有少量的洛伐他汀成分。下关小沱茶能显著降低小白鼠的肝脏指数，并能显著降低血清中甘油三酯（TG）、总胆固醇（TC）、低密度脂蛋白胆固醇（LDL－C）含量和动脉硬化指数，提高高密度脂蛋白胆固醇（HDL－C）含

① 收稿日期：2012-05-22
　　基金项目：湖北省教育厅科学技术研究项目（Q20121208）；云南省农业推广关键技术研究项目（2007YNCXB-01-01）
　　作者简介：赵振军（1976年—），男，湖北荆州人，在站博士后，主要从事茶叶安全与功能方面的研究与教学工作，（电话）0716-8060266（电子信箱）zzjnjau@126.com。

量。由于下关小沱茶发酵茶中含有茶多酚、儿茶素及洛伐他汀等功能成分，是一种非常好的降脂保健饮料。

关键词：下关小沱茶；功能成分；降血脂作用

中图分类号：TS272.5＋4；Q946；R589.2 文献标识码：A 文章编号：0439－8114（2013）06－1334-04

The Functional Constituents of Xiaguan Xiaotuocha and Its Hypolipidemic Effect

ZHAO Zhen-jun[1], LIU Qin-jin[2]

(1. College of Horticulture and Landscape Architecture，Yangtze University，Jingzhou 434023，Hubei，China；
2. College of Food Science，Southwest University，Beibei 400716，Chongqing，China)

Abstract：The functional constituents of raw and fermented Xiaguan Xiaotuocha were analyzed by high—performance liquid chromatography. The hyperlipidemia model was established by feeding Kunming mouse with high fat feed. The effect of Xiao- tuocha on the changes of liver index and serum lipid index including lipid constituents and arteriosclerosis index of mouse were observed. The results showed that the content of functional constituents including water extract，tea polyphenol，ester type catechins（EGCG，ECG，GCG）and non—ester type catechins（EGC，DL—C，EC）in raw Xiaotuocha were higher than in fer- mented Xiaotuocha. The fermented Xiaotuocha had higher gallic acid content than raw Xiaotuocha；and lovastatin could be detected in fermented Xiaotuocha·Xiaguan Xiaotuocha could decrease the liver index and triglyceride（TC），total cholesterol（TG），low density lipoprotein cholesterin （LDL—C），and atherogenic index（LDL—C ／ HDL—C）in serum significantly，while in- crease the content of high density lipoprotein cholesterin （HDL—C）·Xiaguan Xiaotuocha contained important

functional con- stituents such as tea polyphenol，catechins，lovastatin and so on，thus was worth popularizing extensively as a hypolipidemic and healthy beverage.

Key words：Xiaguan Xiaotuocha；functional costituents；hypolipidemic effect

下关小沱茶是近年来云南省大理市下关镇等地生产的一种携带便利、 冲泡方便的特种紧压茶， 根据生产工艺的不同， 分为新茶（生沱茶）和发酵茶（熟沱茶）。 由于采用了最新的原料配方、紧压成形等技术并结合下关地区具有地域特点的微生物发酵优势， 形成了其特有的生化品质与降脂功能，因而深受广大消费者的喜爱。 虽然针对普洱茶、生沱茶中生化成分与品质形成、降血脂作用等的研究较多 [1-3]， 但关于下关小沱茶（包括新茶与发酵茶）这种新兴的紧压茶产品的功能成分及降脂作用的研究至今未见报道。 一般认为茶叶中具有降脂作用的成分主要是茶多酚，宋小鸽等 [4] 通过对高脂血症大鼠茶多酚溶液灌胃试验， 发现茶多酚可降低大鼠体内的甘油三酯（TG）、总胆固醇（TC）、低密度脂蛋白胆固醇（LDL-C）的含量， 同时提高了高密度脂蛋白胆固醇（HDL-C）的含量， 具有防治高脂血症的作用。普洱茶中调节血脂的药用有效成分洛伐他汀的发现则为研究普洱茶的降血脂功能提供了新的思路 [5, 6]。 试验通过对下关小沱茶（包括新茶与发酵茶）的功能成分进行分析， 同时结合下关小沱茶的小白鼠降血脂试验，试图为探索下关小沱茶降血脂作用机理提供理论依据。

1 材料与方法

1.1 材料

试验材料选择当年生产的下关小沱茶（新茶与新茶发酵茶）和存放5年的发酵茶，茶样均由云南下关沱茶（集团）股份有限公司提供；试验动物为清洁级昆明种小白鼠；普通颗粒状基础饲料、高脂饲料均由重庆滕鑫生物公司提供， 高脂饲料配方由10.0%猪油、1.0%胆固醇、10.0%蛋黄粉、0.2%牛胆盐和78.8%基础饲料组成； 所用生化试剂盒均购于上海北海生物技术工程有限公司， 其他化学试剂均为分析纯。仪器与设备主要有FA2004A电子天平（上海精天电子仪器有限公司），旋转蒸发器（上海青浦沪西仪器厂），DNP-9052型电热恒温培养箱（上海精宏实验设备有限公司），BS-IE振荡培养箱（江苏金坛市富华仪器有限公司）；2010型液相色谱仪（日本岛津公司）；TU-1900PC型紫外－可见分光光度计（北京普析通用仪器有限责任公司）等。

1.2 方法

1.2.1 茶汤制备 称取磨碎的下关小沱茶3种茶样各25g，在100℃沸水中用500mL煮沸的去离子水回流萃取30min，过滤后将茶汤真空低温干燥（45℃～50℃），完全干燥后加去离子水溶解，最后定容制备成浓度为500mg/mL的茶汤，4℃贮藏，备用。

1.2.2 高脂血症模型建立及试验动物分组 选择生长健康、体格健壮的成年小白鼠144只，按体重随机分为10个组，其中普通对照组（CK）有小白鼠16只，喂普通颗粒状基础饲料；高脂血症模型组（HF）有小白鼠16只，喂高脂饲料；沱茶茶汤灌胃组有8个组，每组14只小白鼠，按灌胃茶汤的类型与浓度分为新茶灌胃组（RTHF），编号分别为1～4组，对应的新茶茶汤浓度分别为500mg/（kg·bw）、1000mg/（kg·bw）、2000mg/（kg·bw）、5000mg/（kg·bw）；发酵茶（存放5年的发酵茶）灌胃组（FTHF），编号分别为5～8组，对应的发酵茶茶汤浓度分别为500mg/（kg·bw）、1000mg/（kg·bw）、2000mg/（kg·bw）、5000mg/（kg·bw）。每组小白鼠雌雄各半，组间小白鼠体重经单因素统计分析没有出现显著差异。

1.2.3 功能成分测定 下关小沱茶3种茶样茶汤的水浸出物含量采用重量法[7]测定、茶多酚含量采用酒石酸铁法[7]测定、氨基酸含量采用茚三酮比色法[7]测定；咖啡碱、没食子酸与儿茶素组分（包含酯型儿茶素EGCG、ECG、GCG与非酯型儿茶素EGC、DL－C、EC）分析及洛伐他汀含量的检测采用高效液相色谱法[2,8]。

1.2.4 小白鼠有关指标测定 茶汤灌胃40d后，各组小白鼠禁食16h以上，然后摘眼球取血，并取出肝脏称重；血液样本在常温下静置30min后3000r/min离心

15min[9, 10]，获得的小白鼠血清在冰箱中4℃保存，备用。应用生化试剂盒分别测定小白鼠血清中的总胆固醇、甘油三酯、高密度脂蛋白胆固醇、低密度脂蛋白胆固醇的含量，具体操作参照生化试剂盒使用说明书完成。计算肝脏指数和动脉硬化指数，肝脏指数＝肝重/体重；动脉硬化指数（AI）＝低密度脂蛋白含量/高密度脂蛋白含量[11]。

1.3 统计方法

采用 SPSS 10．0 统计软件对小白鼠生长指标与血清指标进行方差分析（ANOVA）和邓肯氏多重极差检验（Duncan's multiple range test），所得数据以"均值±标准误"表述。

2 结果与分析

2.1 下关小沱茶的功能成分

下关小沱茶各茶样主要成分检测结果见表1。由表1可见，下关小沱茶茶汤中水浸出物和茶多酚含量随发酵时间的增加呈降低趋势；而没食子酸的含量随发酵时间增加逐渐升高；蛋白质、咖啡碱的含量变化不大，几乎不受发酵及贮藏年限等因素的影响。此外，从发酵茶中检测到了洛伐他汀的存在，其含量以存放5年的发酵下关小沱茶最高，当年生产并发酵的下关小沱茶要低一些，而当年下关小沱茶新茶不含洛伐他汀。

表1 下关小沱茶主要成分

成分	新茶	当年发酵茶	存放 5 年的发酵茶
水浸出物//%	36.41	34.22	33.56
蛋白质//mg/g	0.41	0.43	0.39
茶多酚//%	28.07	12.21	9.63
咖啡碱//mg/g	30.16	29.32	28.47
没食子酸//mg/g	0.87	5.78	6.27
洛伐他汀//μg/g	无	0.08	0.09

2.2 下关小沱茶中儿茶素组分分析

下关小沱茶各茶样中儿茶素组分分析检测结果见表2。从表2可见，当年生产的下关小沱茶新茶中酯型儿茶素（EGCG、ECG、GCG）与非酯型儿茶素（EGC、DL－C、EC）的含量均高于发酵的下关小沱茶；

表2　下关小沱茶中儿茶素成分

（单位：μg/g）

儿茶素成分	新茶	当年发酵茶	存放5年的发酵茶
EGC	0.83	0.33	0.32
DL－C	2.81	1.82	1.47
EC	3.28	0.65	0.58
EGCG	6.69	1.86	0.49
GCG	1.83	0.62	0.16
ECG	9.15	2.47	0.65

当年生产的下关小沱茶新茶、当年生产并发酵的下关小沱茶及存放5年的发酵下关小沱茶中的酯型儿茶素与非酯型儿茶素的比值分别为2.55、1.77和0.55，这个结果与下关小沱茶发酵时间长短呈现出一种负相关的关系。

2.3 下关小沱茶茶汤灌胃对小白鼠生长的影响

下关小沱茶茶汤灌胃对小白鼠体重生长的影响结果见表3。在实验期间观察到，普通对照组、高脂血症模型组以及下关小沱茶茶汤灌胃各浓度组的小白鼠毛质洁白、具光泽，饮食正常、无稀便出现；其中新茶灌胃组随茶汤浓度的增加，小白鼠的兴奋度增强，特别是高浓度的新茶组（2、3、4组）出现了高频率的小白鼠争斗现象，并有7只雄性小白鼠因为争斗而死亡；而存放5年的发酵茶灌胃组的小白鼠其行为未出现异常。在保证饲料不出现剩余的前提下，每天喂食小白鼠正常所需的饲料量，结果高脂血症模型组小白鼠的体重极显著高于普通饲料组和下关小沱茶茶汤灌胃组的小白鼠体重（$P<0.01$）。在茶汤灌胃等量浓度前提下，新茶组小白鼠体重高于发酵茶组的小白鼠体重；随着灌胃浓度的增加，小白鼠体重总体上呈降低的趋势。在肝脏指数上，高脂血症模型组小白

鼠的肝脏指数极显著高于普通对照组和下关小沱茶茶汤灌胃各浓度组的小白鼠肝脏指数（P＜0.01）。

2.4 下关小沱茶茶汤灌胃对小白鼠血清指标中血脂成分的影响

下关小沱茶茶汤灌胃对小白鼠血脂指标的影响结果见表3。从表3可见，下关小沱茶茶汤灌胃的新茶、存放5年的发酵茶2大组的小白鼠血清总胆固醇、甘油三酯、低密度脂蛋白胆固醇含量及动脉硬化指数与高脂血症模型组相比极显著降低（P＜0.01），高密度脂蛋白胆固醇含量较高脂血症模型组与普通对照组的极显著升高（P＜0.01）；下关小沱茶茶汤灌胃浓度相同的新茶、存放5年的发酵茶之间对降低小白鼠血清总胆固醇、甘油三酯、低密度脂蛋白胆固醇含量的效果没有显著差异（P＞0.05）；随着茶汤灌胃浓度的增加，小白鼠血清中的甘油三酯、低密度脂蛋白胆固醇含量基本上呈下降趋势，而高密度脂蛋白胆固醇含量呈升高趋势；下关小沱茶茶汤灌胃的新茶、存放5年的发酵茶2大组的小白鼠动脉硬化指数极显著低于高脂血症模型组（P＜0.01），其中存放5年的发酵茶灌胃后降低动脉硬化指数的效果比同等浓度新茶组灌胃的要好，并且高浓度比低浓度的效果要好。

3 讨论

研究显示，当年生产并发酵的下关小沱茶和存放5年的发酵下关小沱茶中的主要功能成分茶多酚、酯型儿茶素与非酯型儿茶素等的含量明显低于当年生产的下关小沱茶新茶，但没食子酸含量高于当年生产的下关小沱茶新茶，个中原因可能与下关小沱茶在发酵过程中，茶叶中的茶多酚特别是酯型儿茶素与非酯型儿茶素均发生氧化降解，形成了小分子没食子酸类等物质有关[12, 13]。与非酯型儿茶素相比，酯型儿茶素更容易氧化降解，导致下关小沱茶发酵茶中非酯型儿茶素占总儿茶素的比例逐渐增加。

表 3　下关小沱茶茶汤灌胃对小白鼠生长及血清指标中血脂成分的影响

组别	数量 只	体重 g	肝脏 指数	总胆固醇 mmol/L	甘油三酯 mmol/L	高密度脂 蛋白 mmol/L	低密度脂 蛋白 mmol/l	动脉硬化 指数
普通对 照组	16	42.01±3.54 dD	0.05±0.04 cC	2.13±0.47 aA	1.28±0.27 cdCD	1.26±0.18 cC	1.65±0.33 aA	1.31±0.26 bB
高脂血 症模型 组	16	45.94±6.61 aA	0.08±0.11 aA	5.67±0.83 dD	1.69±0.32 dD	1.01±0.35 dD	3.81±1.29 dD	3.77±0.76 dD
新茶组 1	14	44.45±4.58 bB	0.07±0.01 abB	3.99±0.57 bcB	1.05±0.37 cC	1.67±0.32 bB	2.79±0.75 cC	1.71±0.47 cC
新茶组 2	13	43.60±4.34 bcBC	0.07±0.01 abB	3.72±0.49 bB	0.78±0.30 abAB	1.36±0.27 bB	2.52±0.79 bcBC	1.85±0.79 cC
新茶组 3	12	43.76±6.71 bcBC	0.06±0.12 bBC	3.66±0.35 bB	0.58±0.13 aA	1.49±0.33 bB	1.75±0.73 aA	1.24±0.38 bB
新茶组 4	10	42.73±4.54 cC	0.06±0.08 bBC	4.06±0.57 cC	0.98±0.27 bcBC	2.14±0.59 aA	1.94±0.86 abAB	0.99±0.46 aA
存放 5年 发酵 茶组 5	14	44.00±4.23 bBC	0.07±0.12 abB	3.95±0.63 bcB	1.06±0.19 cC	1.96±0.42 abAB	2.56±1.04 bcBC	1.31±0.41 bB
存放 5年 发酵 茶组 6	14	43.24±4.78 bcC	0.06±0.09 bBC	3.76±0.63 bB	0.97±0.19 bcBC	2.07±0.49 abAB	2.20±1.13 bB	1.06±0.35 aA
存放 5年 发酵 茶组 7	14	41.94±4.46 dD	0.06±0.10 bBC	3.58±0.78 bB	0.85±0.28 abAB	2.02±0.29 abAB	1.90±0.62 abAB	0.94±0.29 aA
存放 5年 发酵 茶组 8	14	42.56±2.76 cC	0.06±0.15 bBC	4.15±0.62 cC	0.79±0.17 abAB	2.15±0.22 aA	1.81±0.86 aA	0.84±0.43 aA

注: 同列里不同英文小写字母表示在P＜0.05水平上的差异显著性, 不同英文大写字母表示在P＜0.01水平上的差异显著性。

　　当年生产的下关小沱茶（包括新茶、发酵茶）与存放5年的发酵下关小沱茶中咖啡碱的含量没有明显差异，说明下关小沱茶中咖啡碱的含量不会受到发酵的影响；但是在下关小沱茶茶汤灌胃小白鼠试验过程中发现，新茶灌胃组随浓度增加，小白鼠兴奋度增加，特别是高浓度的新茶灌胃组（2、3、4组）出现了高频率的小白鼠争斗现象，并有7只雄性小白鼠因为争斗而死亡，而发酵茶灌胃组的小白鼠行为未见异常。相同浓度的新茶、发酵茶其咖啡碱含量相当，而小白鼠兴奋度出现差异的结果说明新茶、发酵茶中的咖啡碱对神经系统的兴奋作用出现了差异，这可能与新茶、发酵茶中的咖啡碱存在形态有关。有研究表明，普洱发酵茶中的咖啡碱是以与茶多酚络合的形态存在[14]，而络合态的咖啡碱对动物神经系统

的兴奋刺激能力明显降低。

试验还从发酵的下关小沱茶中检测到了洛伐他汀的存在（含量为 0.08~0.09μg/g），洛伐他汀是下关小沱茶在发酵过程中由青霉属（Penicillium spp.）[15] 和木霉属（Trichodermas pp.）[16] 的部分真菌产生的一种内酯化合物，其在降低人类及动物的总胆固醇和低密度脂蛋白胆固醇方面具有显著效果。

高脂血症主要是指人类体内血清总胆固醇、甘油三酯高于正常值上限的脂代谢障碍病症[17]，血清总胆固醇、甘油三酯水平升高是动脉粥样硬化性疾病的重要危险因素，尤其是同时伴有低密度脂蛋白胆固醇升高或高密度脂蛋白胆固醇降低时危险性更大，因为低密度脂蛋白胆固醇是影响动脉粥样硬化疾病发生的重要诱导因素，其含量水平与冠心病发病率呈正相关[18]。动脉硬化指数是血脂各成分及其之间的关系结合起来进行综合考虑、可反映患动脉硬化疾病可能性高低的重要指标。下关小沱茶茶汤灌胃高脂血症模型小白鼠试验表明，下关小沱茶茶汤对小白鼠血清总胆固醇、甘油三酯和低密度脂蛋白胆固醇均有明显的降低作用。在不改变高脂饮食的情况下，通过下关小沱茶茶汤灌胃可以显著降低高脂小白鼠的血清总胆固醇、甘油三酯、低密度脂蛋白胆固醇的水平以及动脉硬化指数，说明下关小沱茶具有较好的降血脂和降低高脂小白鼠患动脉硬化疾病的能力。

下关小沱茶降血脂动物试验结果表明，发酵茶的效果优于当年新茶，说明下关小沱茶降血脂功效可能跟茶多酚或儿茶素（特别是酯型儿茶素EGCG）的含量高低没有必然的联系；决定下关小沱茶降血脂功效高低的因素可能与其他功能成分如洛伐他汀有关，并且可能是下关小沱茶中的茶多酚与其他功能成分（如洛伐他汀等）协同作用的结果。

致谢：试验得到云南下关沱茶（集团）股份有限公司多次提供样品，特此致谢。

参考文献：

[1] 邵宛芳，杨树人. 云南普洱茶品质与化学成分关系的初步研究[J]. 云南农业大学学报，1994，9
（1）：17—22.

[2] 徐仲溪，王坤波，周跃斌，等. 沱茶生化成分与品质形成的关系[J]. 湖南农业大学学报（自然科
学版），2005，31（1）：53—56.

[3] 吴文华. 晒青毛茶、普洱茶降血脂功能比较[J]. 福建茶叶，2004（4）：30.

[4] 宋小鸽，唐照亮，侯正明，等. 茶多酚对大鼠高血脂预防作用[J]. 中医研究，1998，11（1）：
19—20.

[5] HWANG L S，LIN L C，CHEN N T，et al. Hypolipidemic effect and antiatherogenic
potential of pu－erh tea[J]. ACS Symp Ser，2003（59）：87—103.

[6] 谢春生，谢知音. 普洱茶中降血脂的有效成分他汀类化合物的新发现[J]. 河北医学，2006
（12）：1326—1327.

[7] 钟萝，王月根，施兆鹏，等. 茶叶品质理化分析[M]. 上海：上海科学技术出版社，1989，
235—248.

[8] MIAO X S，METCALFE C D. Determination of cholesterol－lowering statin drugs in
aqueous samples using liquid chro- matography-electrospray ionization tandem mass
spectrometry[J]. Journal of Chromatography A，2003，989：131—141.

[9] 郭于瑜. 血液的抗凝及血清的分离方法简介[J]. 贵州畜牧兽医，2002，26（3）：29—30.

[10] 陆洁. 一次性塑料试管对血清分离的影响[J]. 中国现代医学杂志，2000，10（11）：105.

[11] 吴文华. 晒青毛茶和普洱茶降血脂作用比较试验[J]. 中国茶叶，2006（1）：15.

[12] 陈宗道，刘勤晋，周才琼. 微生物与普洱茶发酵[J]. 茶叶科技，1985（4）：4—7.

[13] 周红杰，李家华，赵龙飞，等. 渥堆过程中主要微生物对云南普洱茶品质形成的研究[J]. 茶叶
科学，2004，24（3）：212—218.

[14] 刘勤晋. 中国普洱茶之科学读本[M]. 广州：广东旅游出版社，2005.

[15] ENDO A，KURODA M，TASUJITA Y. ML—236A，ML—236B and ML－236C，new
inhibitors of cholestrogenesis produced by Penicillium citrinum[J]. J Antibiot，1976，
29：1346—1348.

[16] ENDO A，HAUSAMI K，YAMADA A，et al. The synthesis of compactin（ML—236B）
and monacolin K in fungi[J]. J An- tibiot，1986，39：1609—1616.

[17] 张洁宏，赵鹏，李彬，等. 清轻胶囊辅助降血脂功能的实验研究[J]. 中国热带医学，2009，9
（1）：53—54.

[18] 李博，李志西，魏瑛，等. 麸皮及黑曲对玉米醋减肥降血脂作用的影响[J]. 西北农林科技大学
学报（自然科学版），2009，37（2）：194—198.

后　记

　　参与本书的编写，尤其是一本记载着公司十年振兴之路的产品成果的图册，我们每个人的内心都是抑制不住地兴奋，但更多是忐忑不安，总担心对不住期待已久的读者和茶友。

　　1941年—2021年，下关茶厂80年的岁月历久弥香。2011年，云南下关沱茶（集团）股份有限公司编写了《下关沱茶图鉴2009年—2010年》，向广大读者和茶友展示了那两年公司生产的茶品及信息。一晃十年过去了，公司也收到众多经销商和茶友的建议，希望有一本详细记录近年来公司生产的茶品的图册。于是，《下关沱茶图鉴2011年—2020年》的续编工作提上日程。2021年4月，公司正式成立了《下关沱茶图鉴2011年—2020年》编写小组，并由公司营销中心、技术中心、生产部、行政部、采购部、财务部等其他部门共同协作，参与此项工作。编写小组成员及各部门分工合作，进行产品梳理、样品搜集、照片拍摄、档案信息整理、核对等。十年时间，八百余款单品的图片及信息庞大，很多事务难度都超乎想象，异常艰辛。过程之中，生产部与财务部分别提供产品名录互相佐证；技术中心积极梳理每一款茶品的品质特征；采购部提供包装信息；营销中心提供历年产品图片并协助拍摄缺漏图片；客户部追溯产品研发背景等资料；其他部门协助提供重要文献文章。集团队之力，历时两年有余，才完成这一本《下关沱茶图鉴2011年—2020年》。期间遇到众多问题，公司领导非常重视，多次指导甚至召集专题会议逐一研究解决。

作为《下关沱茶图鉴2009年—2010年》的续篇，此书沿用了前书的基本结构，较为全面地展示了茶品的开发背景、成型类别、发酵情况、商标标识、本期年份、识别条码、产品标准、包装规格、包装形式、品质特征等茶品档案。因时间跨度较长，图鉴中的图片采用的是多年来日常工作所拍摄保存的图片，受拍摄设备、环境条件、拍摄技术等方面的限制，很多图片出现颜色失真、角度偏移的问题。虽然我们已尽最大努力整理茶品的各种信息，但茶品档案信息出现的错误和缺漏仍然不能避免。

本书的编撰，幸得云南美术出版社张文璞老师、肖超老师及其团队的耐心指导。在编排工作中，多次给予重要建议并提供编辑排版工作方面的帮助，使本书得以出版面世。

感谢下关沱茶集团陈国风董事长、褚九云总经理通过序言等形式对编写团队的鼓励与包容；感谢监事会朱子纲主席、营销中心李小波总监、技术中心蒲松涛总监、大区经理王江洪……的审读与校核，感谢所有参与本书编辑和出版工作的其他老师和同事！

同样感谢每一位阅读此书的读者和茶友！

编者

2023年3月